陕西社科丛书

碳达峰与碳中和

TANDAFENG YU TANZHONGHE

主　编　朱长征

副主编　孙艺杰

谢　萌

马靖莲

西北大学出版社

·西安·

图书在版编目(CIP)数据

碳达峰与碳中和 / 朱长征主编. —西安：西北大学出版社，2023.3

ISBN 978-7-5604-5103-9

Ⅰ. ①碳… Ⅱ. ①朱… Ⅲ. ①二氧化碳—节能减排—研究—中国 Ⅳ. ①X511

中国国家版本馆 CIP 数据核字(2023)第 038104 号

碳达峰与碳中和

TANDAFENG YU TANZHONGHE

主　编　朱长征

副主编　孙艺杰　谢　萌　马靖莲

出版发行　西北大学出版社

(西北大学校内　邮编：710069　电话：029-88302621　88303593)

http://nwupress.nwu.edu.cn　E-mail：xdpress@nwu.edu.cn

经　销　全国新华书店

印　刷　西安华新彩印有限责任公司

开　本　787 毫米×1092 毫米　1/16

印　张　24

版　次　2023 年 3 月第 1 版

印　次　2023 年 3 月第 1 次印刷

字　数　366 千字

书　号　ISBN 978-7-5604-5103-9

定　价　78.00 元

《碳达峰与碳中和》编写学术委员会

（按姓名首字母排序）

前 言

2020年9月，中国国家领导人在第七十五届联合国大会一般性辩论上的讲话提出中国将提高国家自主贡献力度，二氧化碳排放力争于2030年前达到峰值，努力争取2060年前实现碳中和。“双碳”目标的推进，是我国实现可持续发展、高质量发展的内在要求，也是推动构建人类命运共同体的必然选择。编写团队在前期充分调研的基础上，撰写了这本书，对国家“双碳”知识进行科普，有利于加深社会各界对“双碳”政策的认识和理解。

本书分为十二章，主要内容包括碳达峰与碳中和的基础概念与理论、中国碳达峰与碳中和的目标与政策、全球碳达峰与碳中和的总体状况、碳达峰与碳中和的国际经验、第一产业碳达峰与碳中和、第二产业碳达峰与碳中和、第三产业碳达峰与碳中和、碳达峰与碳中和的技术支撑、实现碳达峰与碳中和的调控工具、碳达峰与碳中和的公众参与、碳达峰与碳中和的行动方案、碳达峰与碳中和的企业案例。

编写过程中的具体分工如下：第一章由西安邮电大学方静编写；第二章由西安邮电大学王佳编写；第三章由西安邮电大学丁肖肖、朱长征编写；第四章由西安邮电大学方静编写；第五章由西安科技大学周自翔，西安邮电大学朱长征、孙艺杰编写；第六章由西安邮电大学樊雅婷、董培炎、雷倩、朱长征编写；第七章由陕西服装工程学院谢萌，西安邮电大学丁肖肖、游泓燕编写；第八章由陕西服装工程学院谢萌编写；第九章由西安财经大学马靖莲编写；第十章由西安邮电大学刘鹏博编写；第十一章由西安邮电大学孙艺杰编写；第十二章由西安邮电大学丁肖肖、朱长征编写。全书由朱长征教授统稿。此外，参加资料收集和文字校对的还有吴滋菁、王萌、耿冬等。

本书在编写过程中，广泛参考、吸收了国内外众多学者、企业界人士的研究成果。在此，对本书所借鉴成果的作者、对撰写过程中提供帮助的单位和个人致以衷心的感谢！同时，有些参考资料由于无法确定来源和作者，因此没有在参考文献中列出，在此表示深深的歉意。

由于作者的能力和水平有限，有关方面的知识还需要进一步研究，有些观点还需要进一步接受检验。在本书的表述中会出现这样或那样的问题，敬请各位专家、读者提出宝贵意见并能及时反馈，以便重印时修改完善。

编　者

2023年2月

目　录

第一章　碳达峰与碳中和的基础概念与理论

随着中国政府在第七十五届联合国大会上向世界对碳达峰和碳中和做出郑重承诺，社会各界对碳达峰、碳中和的关注度日益提升。本章系统地介绍了碳达峰、碳中和等相关基础概念，并剖析了其相关支撑理论，阐述了做好碳达峰、碳中和工作的重要意义。

第一节　碳与二氧化碳

一、碳简介

（一）碳的概念

碳（Carbon）是一种非金属元素，化学符号为 C，在常温下具有稳定性，对人体表现为不易反应、极低的毒性，甚至可以以石墨或活性炭的形式安全地摄取，位于元素周期表的第二周期ⅣA 族。

碳是一种很常见的元素，它以多种形式广泛存在于大气、地壳和生物之中。拉丁语为 Carbonium，意为“煤、木炭”。碳单质很早就被人们认识和利用，碳的一系列化合物——碳有机物，更是生命的根本。碳是生铁、熟铁和钢的成分之一。碳在化学上自我结合而形成大量化合物，成为生物上和工业上重要的分子。生物体内绝大多数分子都含有碳元素。

（二）碳的产生途径

1. 矿藏

碳既以游离元素存在于金刚石、石墨等矿石之中，也以钙、镁及其他电正性元素的碳酸盐化合物的形式存在。以二氧化碳形式存在，是大气中少量但极其重要的组分。预计碳在地壳岩石中的总丰度变化范围相当大，但典型数值可取 180ppm（1ppm 为百万分之一）。按丰度顺序，碳元素位于第 17 位，在钡、锶、硫之后，锆、钒、氯、铬之前。其中，石墨广泛分布于全世界，然而大多数几乎没有价值。大量的晶体或薄片存在于变性的沉积硅酸盐岩石中，如石英、云母、片岩和片麻岩。晶体大小从不足 1 毫米到 6 毫米左右。它沉积微扁豆状矿体，可达 30 米厚，平均含碳量达 25%，最高可达 60%。微晶石墨有时也称为“无定形体”，存在于富碳的变性沉淀中，某些墨西哥的沉积物含有高达 95%的碳。

金刚石出自古代火山的筒状火成砾岩即火山筒，它嵌在一种比较柔软的、暗色的碱性岩石中，称为“蓝土”或“含钻石的火成岩”，1870 年在南非的吉姆伯利城，首次发现这样的火山筒。随着地质年代的变迁，借火山筒的风化腐蚀，在冲刷砂砾中和海滩上也能找到金刚石。典型的含钻石火山筒中金刚石的含量极低，数量级为 500 万分之一。

还有三种其他形式的碳被大规模制造并广泛运用于工业，包括焦炭、炭黑和活性炭。

2. 自然界循环

在地面条件下，一种元素从一处到另一处是很罕见的。因此，地球上的碳含量是一个有效常数。碳在自然界中的流动构成了碳循环。例如，植物从环境中吸收二氧化碳用来储存生物质能，如碳呼吸和卡尔文循环（一种碳固定的过程）。一些生物质能通过捕食而转移，而一些碳以二氧化碳的形式被动物呼出。例如，一些二氧化碳会溶解在海洋中，死去的植物或动物的遗骸可能会形成煤、石油和天然气，这些可以通过燃烧释放碳，而细菌不能利用得到。

3. 恒星

在我们的宇宙中，大约 90%的恒星最终会变成白矮星。这些密度非常大的白矮星会在接下来的几十亿年里逐渐冷却，最终坍缩。然而，在它们最终坍缩之前，这些星体会在宇宙中留下自己宝贵的遗产。它们会把自己形成的星际尘埃散布在宇宙中，这些尘埃中包括了丰富的元素，尤其是坍缩前，在只有几分之一秒的瞬间，通过“3 氦过程”——即 3 个氦原子核（粒子）聚合成碳原子核的过程，产生碳元素。这一过程始于两个氦 4 核的融合，形成一个铍 8 核。铍 8 核非常不稳定，半衰期只有 8×10^{17} 秒，衰变回两个氦核。当然半衰期只是一个平均值，有些原子核的寿命要长得多。如果第三个氦核在铍核衰变之前与铍核融合，那么就形成了稳定的碳 12（图 1.1）。

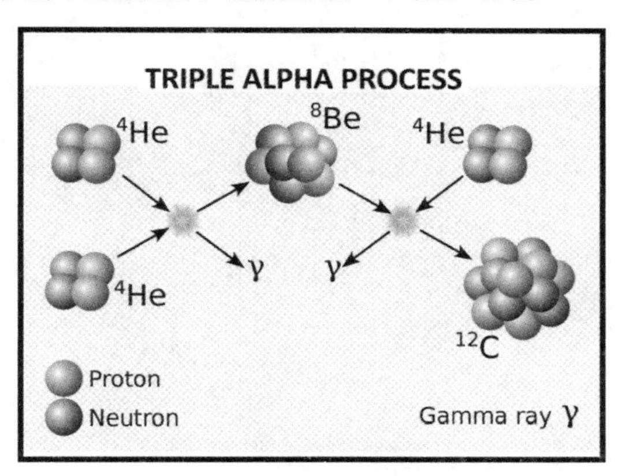

图 1.1　恒星中碳的主要生成方式

二、二氧化碳简介

（一）二氧化碳的概念

二氧化碳（Carbon Dioxide），一种碳氧化合物，化学式为 CO_2，化学式量为 44.009 5，常温常压下是一种无色无味或无色无臭而其水溶液略有酸味的气体，也是一种常见的温室气体，还是空气的组分之一（占大气总体积的

0.03%～0.04%）。

（二）二氧化碳的产生途径

二氧化碳气体在自然界中含量丰富，其产生途径主要有以下几种：①有机物（包括动植物）在分解、发酵、腐烂、变质的过程中都可释放出二氧化碳；②石油、石蜡、煤炭、天然气燃烧过程中释放出二氧化碳；③石油、煤炭在生产化工产品过程中释放出二氧化碳；④所有粪便、腐植酸在发酵、熟化的过程中也能释放出二氧化碳；⑤所有动物在呼吸过程中，都要吸氧气吐出二氧化碳（图 1.2）。

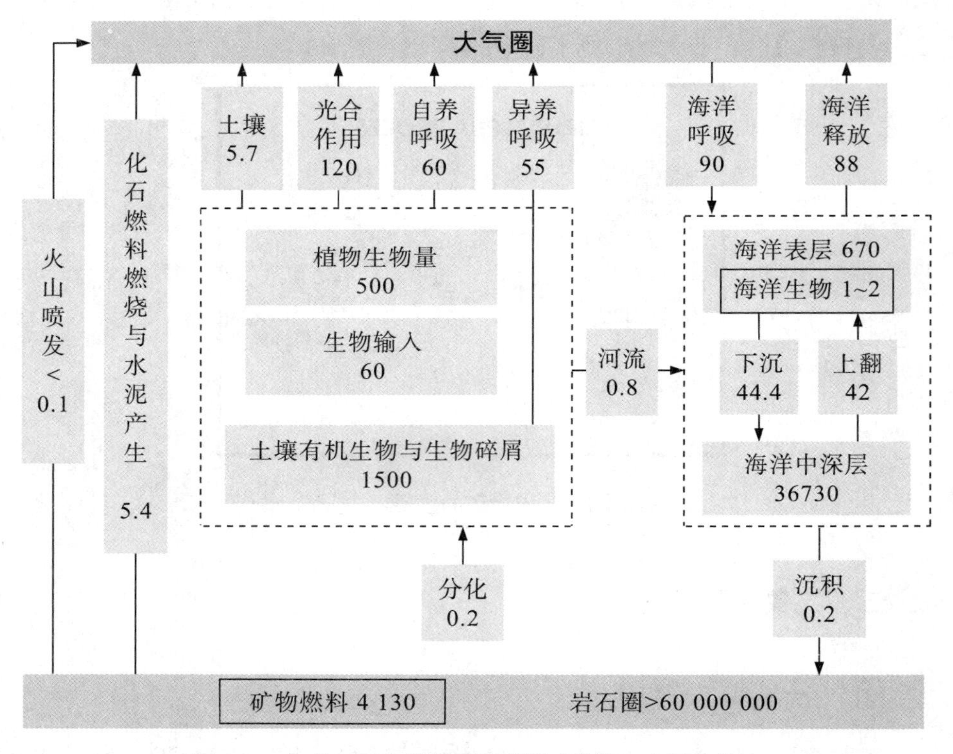

图 1.2　全球二氧化碳循环示意图（单位：十亿吨/年）

（三）二氧化碳的性质

在物理性质方面，二氧化碳的熔点为 56.6℃（527kPa），沸点为 78.5℃，密度比空气密度大（标准条件下），溶于水。在化学性质方面，二氧化碳的化学性质不活泼，热稳定性很高（2 000℃时仅有 1.8%分解），不能燃烧，通常也不支持燃烧。属于酸性氧化物，具有酸性氧化物的通性，因与水反应生成的是碳酸，所以是碳酸的酸酐。

二氧化碳一般可由高温煅烧或由石灰石和稀盐酸反应制得，主要应用于冷藏易腐败的食品（固态）、做制冷剂（液态）、制造碳化软饮料（气态）和均相反应的溶剂（超临界状态）等。关于其毒性，研究表明低浓度的二氧化碳没有毒性，高浓度的二氧化碳则会使动物中毒。

（四）二氧化碳对环境的影响

（1）天然的温室效应。大气中的二氧化碳等温室气体在强烈吸收地面长波辐射后，向地面辐射出波长更长的长波辐射，对地面起到了保温作用。

（2）增强的温室效应。自工业革命以来，由于人类活动排放了大量的二氧化碳等温室气体，使得大气中温室气体的浓度急剧升高，结果造成温室效应日益增强。据统计，工业化以前全球年均大气二氧化碳浓度为 278ppm，2021 年全球年均大气二氧化碳浓度为 414ppm。

（3）全球气候变暖。不断增强的温室效应导致全球气候变暖，产生一系列不可预测的全球性气候问题。国际气候变化经济学报告中显示，如果人类一直维持如今的生活方式，到 2100 年，全球平均气温将有 50%的可能会上升 4℃。如果全球气温上升 4℃，地球南北极的冰川就会融化，全球海平面将会上升，全世界 40 多个岛屿国家和人口密集的沿海大城市都将面临被淹没的危险，全球数千万人的生活将会面临危机，甚至产生全球性的生态平衡紊乱，最终导致全球发生大规模的迁移和冲突。

第二节　碳排放及其测算

一、碳排放

碳排放是人类生产经营活动过程中向外界排放温室气体（二氧化碳、甲烷、氧化亚氮、氢氟碳化物、全氟碳化物和六氟化硫等）的过程。碳排放是关于温室气体排放的一个总称或简称。温室气体中最主要的组成部分是二氧化碳（CO_2），因此人们将“碳排放”理解为“二氧化碳排放”。

人类的任何活动都有可能造成碳排放，各种燃油、燃气、石蜡、煤炭、天然气在使用过程中都会产生大量二氧化碳，城市运转、人们日常生活、交通运输（飞机、火车、汽车等）也会排放大量二氧化碳；所有的燃烧过程（人为的、自然的）都会产生二氧化碳。事实上，碳排放和我们每天的衣食住行息息相关。其中，煤油、石油、天然气等化石燃料使用最为广泛，也是二氧化碳的主要来源。

二、碳排放的测算

关于碳排放的测算，联合国政府间气候变化专门委员会（Intergovernmental Panel on Climate Change，IPCC）指南推荐采用三种方法来计算碳排放量。

方法 1：从估算供给国家燃料的碳含量或主要燃烧活动（不同来源类别）排放量来进行计算，分为基准方法与区段方法。基准方法为估算国家燃料数量（表观消费）→碳单位转换→扣除燃料中固碳部分的碳量→乘以氧化系数对二氧化碳进行折算→转换为二氧化碳总排放量。区段方法为所有燃料品种（不包括生物量）和所有部门二氧化碳排放量之和，即二氧化碳总排放量。

方法 2 中碳排放的计算是基于碳质量平衡法，由输入碳含量减去非二氧化碳的碳输出量。具体方法是：二氧化碳排放＝（原料投入量×原料含碳量－产品产出量×产品含碳量－废物输出量×废物含碳量）×44/12。根据每年用于国家生产生活的新化学物质和设备，计算为满足新设备能力或替换去除气体而消耗的新化学物质份额。该方法的优势是可反映碳排放发生地的实际排放量，不仅能够区分各类设施之间的差异，还可以分辨单个和部分设备之间的区别；尤其当年际间设备不断更新的情况下，该种方法更为简便。

方法 3 是实测法，主要是基于排放源实测基础数据，汇总得到相关碳排放量。又分为两种实测方法，即现场测量和非现场测量。现场测量一般是在烟气排放连续监测系统（CEMS）中搭载碳排放监测模块，通过连续监测浓度和流速直接测量其排放量；非现场测量是通过采集样品送到有关监测部门，利用专门的检测设备和技术进行定量分析。二者相比，由于非现场实测时采样气体会发生吸附反应、解离等问题，因此，现场测量的准确性要明显高于非现场测量。

第三节　如何理解碳达峰与碳中和

一、碳达峰与碳中和的概念

碳达峰，顾名思义是指二氧化碳排放总量在某一个时间点达到历史最高值（历史峰值或历史拐点）。这个时间点并非一个特定的时间点，而是一个平台期，其间碳排放总量依然会有波动，但总体趋势平缓，之后碳排放总量会逐渐稳步回落。因此，碳达峰整体上就包含达峰路径、达峰时间和达峰水平三个关键要素（图 1.3）。

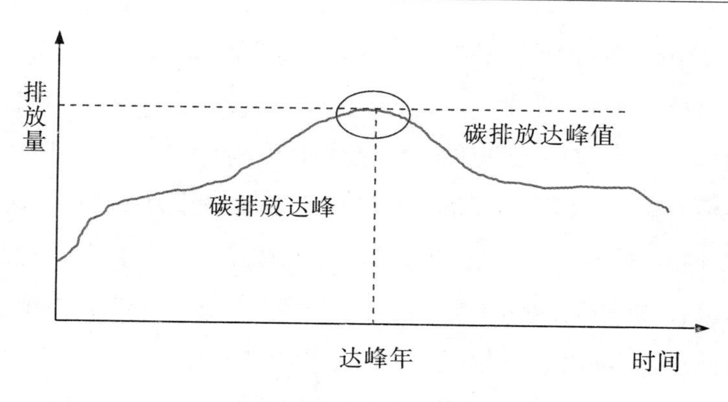

图 1.3　碳达峰示意图

碳中和是指企业、团体或个人测算在一定时间内直接或间接产生的温室气体排放总量，然后通过植树造林、节能减排等形式，抵消自身产生的二氧化碳排放量，实现二氧化碳“净零排放”（即碳排放量=碳吸收量，或碳源=碳汇，图 1.4）。

2020 年 9 月 22 日，中国政府在第七十五届联合国大会一般性辩论上向世界郑重承诺：“中国将提高国家自主贡献力度，采取更加有力的政策和措施，二氧化碳排放力争于 2030 年前达到峰值，努力争取 2060 年前实现碳中和。”2021 年 3 月 5 日，国务院政府工作报告中指出，扎实做好碳达峰、碳中和各项工作，制订 2030 年碳排放达峰行动方案，优化产业结构和能源结构。

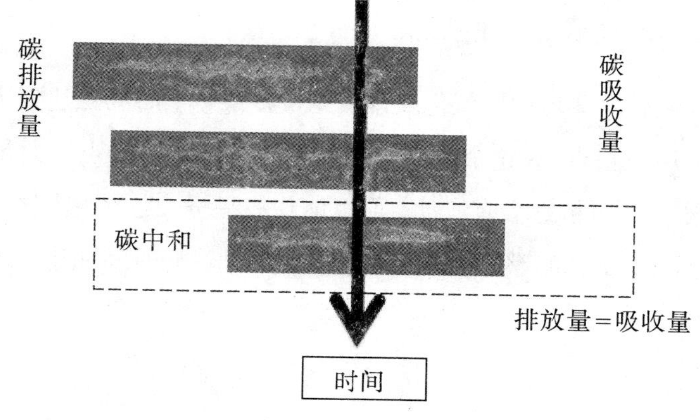

图 1.4　碳中和示意图

二、碳达峰与碳中和的关系

碳达峰是碳中和的前置条件，只有实现碳达峰，才能实现碳中和。碳达峰的时间和峰值水平直接影响碳中和实现的时间和难度：达峰时间越早，实现碳中和的压力越小；峰值越高，实现碳中和所要求的技术进步和发展模式转变的速度就越快、难度就越大。碳达峰是手段，碳中和是最终目的。碳达峰时间与峰值水平应在碳中和愿景约束下确定。峰值水平越低，减排成本和减排难度就越低；从碳达峰到碳中和的时间越长，减排压力就会越小。因此，碳达峰和碳中和之间存在着“此快彼快、此低彼易、此缓彼难”的辩证关系（图 1.5）。

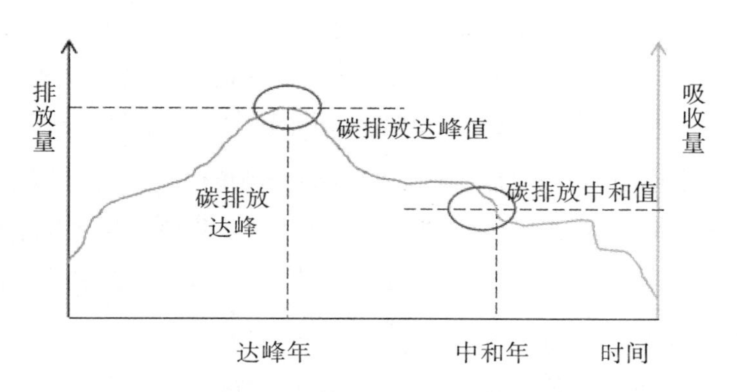

图 1.5　碳达峰和碳中和的关系示意图

三、碳达峰与碳中和政策出台的背景

（一）国际背景

气候变化是人类面临的全球性问题，随着各国二氧化碳的排放，温室气体猛增，对生命系统形成威胁。在这一背景下，世界各国以全球协约的方式减排温室气体。

其中，欧盟带头宣布绝对减排目标。2020 年 9 月 16 日，欧盟委员会主席冯德莱恩公布欧盟的减排目标：2030 年，欧盟的温室气体排放量将比 1990 年至少减少 55%，到 2050 年，欧洲将成为世界第一个实现“碳中和”的陆地；此外，中国提出碳达峰、碳中和目标之后，日本、英国、加拿大、韩国等发达国家相继提出到 2050 年前实现碳中和目标的政治承诺。日本承诺，将此前 2050 年目标从排放量减少 80%修改为实现碳中和；英国提出，在 2045 年实现净零排放，2050 年实现碳中和；加拿大政府也明确提出，要在 2050 年实现碳中和。除美国、印度之外，世界主要经济体和碳排放大国也相继做出了减少碳排放的承诺。

（二）国内背景

2020 年 9 月 22 日，我国领导人在第七十五届联合国大会期间提出，中国“二氧化碳排放力争 2030 年前达到峰值，努力争取 2060 年前实现碳中和”。2020 年 12 月 12 日，我国领导人在气候雄心峰会上，再次重申碳达峰、碳中和目标，并提出具体数量目标：到 2030 年，中国单位国内生产总值二氧化碳排放将比 2005 年下降 65%以上，非化石能源占一次能源消费比重将达到 25%左右，森林蓄积量将比 2005 年增加 60 亿立方米，风电、太阳能发电总装机容量将达到 12 亿千瓦以上。

中国是世界最大的碳排放国，但中国与西方及日本等发达国家不同，还处在碳排放上升阶段，因而做出这些承诺更为不易。中国以高碳排放的化石能源为主，其中煤炭消费比重占 58%，石油消费比重占 19%；而美国和欧盟煤炭消费比重仅为 12%和 11%。根据能源转型委员会报告，到 2050 年一次能源结构将发生巨大变化，其中化石燃料需求降幅超过 90%，风能、太阳能和生物质能将成为主要能源，风能、太阳能比重将达到 75%。因此，中国必须加速从化石能源为主的能源消费结构转向可再生能源为主的结构。

近年来，我国积极参与国际社会碳减排活动，主动顺应全球绿色低碳发展潮流，具备实现碳中和的条件（图 1.6）。所以说，碳达峰和碳中和不仅是全球的目标，更是我国高质量发展的必然路径。

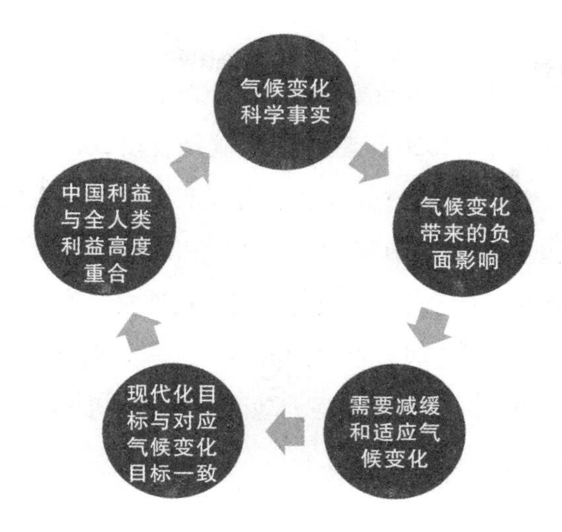

图 1.6　碳达峰与碳中和的产生背景

四、做好碳达峰与碳中和的重大意义

在新发展阶段，我国做好碳达峰与碳中和工作，加快经济社会发展全面绿色转型，不仅对全球生态环境治理，而且对我国实现高质量发展和全面建设社会主义现代化强国具有重大意义。

（一）国际意义

（1）做好碳达峰与碳中和工作是提升应对全球气候变化能力的行动路径。大气中二氧化碳的浓度过高导致气温变暖，成为全球气候变化问题的主要表现，对社会经济系统和生态环境系统的正常运行带来了极大的负面影响，全球应对气候变化行动力的长期不足导致了地球正在面临危险的“气候紧急状态”。应对全球气候变化和节能减排不仅需要世界各国和地区的共同努力，更需要作为世界第二大经济体的中国的参与和行动。因此，中国提出 2030 年碳达峰和 2060 年碳中和的目标，为世界应对气候变化注入了新的活力。

（2）做好碳达峰与碳中和工作是推动构建人类命运共同体的大国担当。中国积极参与全球气候治理，为《巴黎协定》的达成和生效实施发挥了重要作用，成为全球生态文明建设的重要参与者、贡献者、引领者。中国历来重信守诺，狠抓国内碳减排工作，2020年单位GDP碳排放较2005年累计下降48.4%，超额完成应对气候变化行动目标。中国作为世界上最大的发展中国家，提出力争2030年前实现碳达峰、2060年前实现碳中和的自主贡献目标，将完成碳排放强度全球最大降幅，用历史上最短的时间从碳排放峰值实现碳中和，体现了最大的雄心力度，需要付出艰苦卓绝的努力。中国实现碳达峰与碳中和，必将为全球实现《巴黎协定》目标注入强大动力，为进一步构建人类命运共同体、共建清洁美丽世界做出巨大贡献。

（二）国内意义

（1）做好碳达峰与碳中和工作是推动高质量发展的必然要求。我国经济社会发展取得了举世瞩目的伟大成就，人民群众的获得感幸福感安全感显著增强。与此同时，我国已进入高质量发展阶段，调结构转方式任务艰巨繁重，传统产业占比依然较高，战略性新兴产业、高技术产业尚未成为经济增长的主导力量，产业链供应链还处于向中高端迈进的重要关口。做好碳达峰与碳中和工作，加强我国绿色低碳科技创新，持续壮大绿色低碳产业，将加快形成绿色经济新动能和可持续增长极，显著提升经济社会发展质量效益，为我国全面建设社会主义现代化强国提供强大动力。

（2）做好碳达峰与碳中和工作是加强生态文明建设的战略举措。党的十八大以来，我国生态文明制度体系不断健全，生态环境质量不断提高，生态文明建设发生了历史性、转折性、全局性变化。但也要看到，我国生态文明建设仍然面临诸多矛盾和挑战，生态环境稳中向好的基础还不稳固。“十四五”时期，我国生态文明建设进入以降碳为重点战略方向、推动减污降碳协同增效、促进经济社会发展全面绿色转型、实现生态环境质量改善由量变到质变的关键时期。做好碳达峰、碳中和工作，大力实施节能减排，全面推进清洁生产，加快发展循环经济，将加快形成绿色生产生活方式，不断促进生态文明建设取得新成就。

（3）做好碳达峰与碳中和工作是维护能源安全的重要保障。能源是经济社会发展须臾不可缺少的资源。2020 年，我国能源消费总量中非化石能源消费比重不足 16%。随着工业化、新型城镇化进一步推进，能源消耗量还将刚性增长。目前我国不少领域一些能源品类的外采率不断攀升，2020 年，石油、天然气外采比重分别达到 73%和 43%，安全保障面临较大压力。做好碳达峰与碳中和工作，坚持先立后破，以保障安全为前提构建现代能源体系，以绿色、可持续的方式满足经济社会发展所必需的能源需求，提高能源自给率，增强能源供应的稳定性、安全性、可持续性。

第四节　碳达峰与碳中和的相关理论

一、温室效应理论

温室效应，又称“花房效应”，是指透射阳光的密闭空间由于与外界缺乏热对流而形成的保温效应，即太阳短波辐射可以透过大气射入地面，而地面增暖后放出的长波辐射却被大气中的二氧化碳等物质所吸收，从而产生大气变暖的效应。

地球大气中起温室作用的气体称为温室气体，主要有二氧化碳（CO_2）、甲烷、臭氧、一氧化二氮、氟利昂以及水汽等。温室效应主要是因为人类活动增加了温室气体的数量和品种，使地球发生可感觉到的气温升高。自工业革命以来，人类向大气中排入的二氧化碳等吸热性强的温室气体逐年增加，大气的温室效应也随之增强，其引发的一系列问题已引起了世界各国的关注。

早在 1938 年，英国气象学家卡林达在分析了 19 世纪末世界各地零星的 CO_2 观测资料后，就指出当时 CO_2 浓度已比世纪初上升了 6%。据世界气象组织（WMO）观测，全球大气中二氧化碳浓度在2019年突破410ppm。

自19世纪以来的100年间全球地表气温上升0.2～0.69℃。从1880—1998年的119年的资料看，全球变暖的趋势为0.53℃/100a。气候变暖主要发生在20世纪20年代至40年代以及70年代中期以来的两个时期，进入80年代全球温度的上升有加速的趋势，90年代后全球平均温度数次创历史最高纪录。一般而言，全球变暖呈现较大的区域差异，高纬度地区的增温大于低纬度地区，陆地变暖比海洋明显。

温室效应所引起的气候变化问题归根到底是发展问题，提倡“双碳”目标下的“低碳经济”，就是希望通过节能、提高效率，发展低能耗的、低碳的能源，用低碳的生产方式和生活方式，用增加碳汇等办法，最终实现降低温室气体排放的目的。

二、生态文明理论

生态文明主要是合乎生态的或环境友好的人类文明性（社会化）生存生活方式及其总和，集中体现为人与自然、社会与自然、人与人之间的和平、和谐与共生，且更多的是针对我们所处的工业文明时代或环境而言的。

卢风在《生态文明新论》中对“生态文明”的界定是：“生态文明指用生态学指导建设的文明，指谋求人与自然和谐共生、协同进化的文明。”贾卫列等在《生态文明建设概论》中对“生态文明”的界定是：“生态文明是人类适应、改造自然过程中建立的一种与自然和谐共生的生产方式。”具体地说，生态文明是人类文明发展的新时代，生态文明是社会进步的新理念和发展观，生态文明是一场以生态公正为目标、以生态安全为基础、以新能源革命为基石的全球性生态现代化运动。严耕等在《中国省域生态文明建设评价报告》中对“生态文明”的界定是：“生态文明是自然与文明和谐双赢的文明，生态文明建设就是通过对传统工业文明的弊端反思，转变不合时宜的思想观念，调整相应的政策法规，引导人们改变不合理的生产方式、生活方式，发展绿色科技，在增进社会福祉的同时，实现生态健康、环境良好、资源节约，化解文明与自然的冲突，确保社会的可持续发展。”

近年来，“生态文明”这一术语也逐渐被纳入官方的发展与政治意识形态话语。2003 年 6 月 25 日发布的《中共中央国务院关于加快林业发展的决定》，正式提出要“建设山川秀美的生态文明社会”，而 2007 年 10 月党的十七大的工作报告，从“建设生态文明”和“生态文明观念”两个侧面，系统阐述了生态文明及其建设对于实现社会主义现代化的目标与战略重要性。党的十八大时，中国共产党对于“社会主义现代化”事业及其总体布局的理解与表述，已从当初的“两个文明一起抓”演进成为经济、政治、文化、社会与生态文明建设的“五位一体”。作为中国梦的一个重要组成部分，“美丽中国”的生态文明建设目标在党的十八大第一次被写进了政治报告。党的十九大工作报告在总结以往实践的基础上提出了构成新时代坚持和发展中国特色社会主义基本方略的“十四条坚持”，其中就明确地提出“坚持人与自然和谐共生”。在具体论述生态文明建设的重要性时，报告前所未有地提出了“像对待生命一样对待生态环境”“实行最严格的生态环境保护制度”等论断，报告在论及着力解决突出环境问题时，甚至提出了“打赢蓝天保卫战”的理念。

实现碳达峰与碳中和就是向生态文明建设迈出的重要一步，《中共中央国务院关于完整准确全面贯彻新发展理念做好碳达峰碳中和工作的意见》《2030 年前碳达峰行动方案》等政策文件的陆续发布，就是部署生态文明建设的具体行动。做好碳达峰、碳中和工作，可以为构建人与自然和谐共生的现代化提供有力支撑保障。实现碳达峰、碳中和，是党中央统筹国内国际两个大局做出的重大战略决策，是着力解决资源环境约束突出问题、实现中华民族永续发展的必然选择，是构建人类命运共同体的庄严承诺。将碳达峰、碳中和纳入生态文明建设整体布局，进一步丰富了生态文明建设的内涵要求，彰显了碳达峰、碳中和工作的战略定位和重大意义。

三、可持续发展理论

可持续发展理论（Sustainable Development Theory）是指既满足当代人的需要，又不对后代人满足其需要的能力构成危害的发展，以公平性、持续性、共同性为三大基本原则，其最终目的是达到共同、协调、公平、高效、多维的发展。

可持续发展理论的形成经历了相当长的历史过程。20 世纪五六十年代，人们在经济增长、城市化、人口、资源等所形成的环境压力下，对“增长＝发展”的模式产生怀疑并展开讲座。1962 年，美国女生物学家 Rachel Carson（莱切尔·卡逊）发表了一部引起很大轰动的环境科普著作《寂静的春天》，作者描绘了一幅由于农药污染造成的可怕景象，惊呼人们将会失去“春光明媚的春天”，在世界范围内引发了人类关于发展观念的争论。10 年后，两位著名美国学者 Barbara Ward（巴巴拉·沃德）和 Rene Dubos（雷内·杜博斯）享誉全球的著作《只有一个地球》问世，把人类生存与环境的认识推向一个新境界。同年，一个非正式国际著名学术团体（罗马俱乐部）发表了有名的研究报告《增长的极限》（The Limits to Growth），明确提出“持续增长”和“合理的持久的均衡发展”的概念。

1987 年，世界环境与发展委员会在题为《我们共同的未来》的报告中，第一次阐述了“可持续发展”的概念。在可持续发展思想形成的历程中，最具国际化意义的是 1992 年 6 月在巴西里约热内卢举行的联合国环境与发展大会。在这次大会上，来自世界 178 个国家和地区的领导人通过了《21 世纪议程》《气候变化框架公约》等一系列文件，明确把发展与环境密切联系在一起，使可持续发展走出了仅仅在理论上探索的阶段，响亮地提出了可持续发展的战略，并将之付诸为全球的行动。

可持续发展的思想是人类社会发展的产物。它体现着对人类自身进步与自然环境关系的反思。这种反思反映了人类对自身以前走过的发展道路的怀疑和抛弃，也反映了人类对今后选择的发展道路和发展目标的憧憬和向往。人们逐步认识到过去的发展道路是不可持续的，或至少是持续不够的，因而是不可取的。唯一可供选择的道路是走可持续发展之路。可持续发展是发展中国家和发达国家都可以争取实现的目标，广大发展中国家积极投身到可持续发展的实践中也正是可持续发展理论风靡全球的重要原因。美国、德国、英国等发达国家和中国、巴西这样的发展中国家都先后提出了自己的21世纪议程或行动纲领。尽管各国侧重点有所不同，但都不约而同地强调要在经济和社会发展的同时注重保护自然环境。正是因为这样，很多人类学者都不约而同地指出，可持续发展思想的形成是人类在20世纪中，对自身前途、未来命运与所赖以生存的环境之间最深刻的一次警醒。

当前，我国可持续发展建设进入了以降碳为重点战略方向，推动减污降碳协同增效，促进经济社会发展全面绿色转型，实现生态环境质量改善由量变到质变的关键时期。纵观全球，在推动绿色低碳转型方面，中国拥有市场优势、产业优势和制度优势，形成了“双碳”的国家目标，制订了战略规划与行动计划。在实现第二个百年奋斗目标的征程中，通过创新驱动和绿色驱动，中国一定会在实现中国式现代化建设目标的同时实现“双碳”目标，这是中国基于推动构建人类命运共同体的责任担当和实现可持续发展的内在要求做出的重大战略决策。

第二章　中国碳达峰与碳中和的目标与政策

气候变化是人类面临的全球性问题。随着各国二氧化碳排放，温室气体猛增，对生态环境造成巨大威胁。在全球气候变化背景下，世界各国以全球协约的方式减排温室气体，中国由此提出碳达峰与碳中和的目标。本章就我国各级政府层面和各产业碳达峰与碳中和目标与政策展开阐述。

第一节　中国碳达峰与碳中和的目标与政策

一、中央层面碳达峰与碳中和的目标与政策

2020 年 9 月 22 日，在第七十五届联合国大会上，中国国家领导人向国际社会做出庄严承诺，中国“力争二氧化碳排放 2030 年前达到峰值，努力争取 2060 年前实现碳中和”。

2020 年 10 月 29 日，中国共产党十九届五中全会通过的《中共中央关于制定国民经济和社会发展第十四个五年规划和二〇三五年远景目标的建议》中提出，到 2035 年，广泛形成绿色生产生活方式，碳排放达峰后稳中有降，生态环境根本好转，美丽中国建设目标基本实现。“十四五”期间，加快推动绿色低碳发展，降低碳排放强度，支持有条件的地方率先达到碳排放峰值，制订 2030 年前碳排放达峰行动方案，推进碳排放权市场化交易，加强全球气候变

暖对我国承受力脆弱地区影响的观测。

2020 年 12 月 16 日至 18 日，中央经济工作会议将“做好碳达峰、碳中和工作”作为 2021 年八大重点任务之一，要求抓紧制订 2030 年前碳排放达峰行动方案，支持有条件的地方率先达峰。要加快调整优化产业结构、能源结构，推动煤炭消费尽早达峰，大力发展新能源，加快建设全国用能权、碳排放权交易市场，完善能源消费“双控”制度。要继续打好污染防治攻坚战，实现减污降碳协同效应。要开展大规模国土绿化行动，提升生态系统碳汇能力。

2021 年 9 月 22 日，中共中央在《国务院关于完整准确全面贯彻新发展理念做好碳达峰碳中和工作的意见》文件中明确了为完整、准确、全面贯彻新发展理念，做好碳达峰、碳中和工作的主要目标，如表 2−1 所列。

表 2−1　中共中央关于碳达峰与碳中和的主要目标

时间	主要目标
到 2025 年	1. 绿色低碳循环发展的经济体系初步形成，重点行业能源利用效率大幅提升； 2. 单位国内生产总值能耗比 2020 年下降 13.5%； 3. 单位国内生产总值二氧化碳排放比 2020 年下降 18%； 4. 非化石能源消费比重达到 20%左右； 5. 森林覆盖率达到 24.1%，森林蓄积量达到 180 亿立方米，为实现碳达峰、碳中和奠定坚实基础
到 2030 年	1. 经济社会发展全面绿色转型取得显著成效，重点耗能行业能源利用效率达到国际先进水平； 2. 单位国内生产总值能耗大幅下降； 3. 单位国内生产总值二氧化碳排放比 2005 年下降 65%以上； 4. 非化石能源消费比重达到 25%左右，风电、太阳能发电总装机容量达到 12 亿千瓦以上； 5. 森林覆盖率达到 25%左右，森林蓄积量达到 190 亿立方米，二氧化碳排放量达到峰值并实现稳中有降
到 2060 年	1. 绿色低碳循环发展的经济体系和清洁低碳安全高效的能源体系全面建立，能源利用效率达到国际先进水平； 2. 非化石能源消费比重达到 80%以上，碳中和目标顺利实现，生态文明建设取得丰硕成果，开创人与自然和谐共生新境界

二、部委层面碳达峰与碳中和的目标与政策

（一）生态环境部

生态环境部出台一系列全国碳排放权交易管理政策，主要政策如表2-2所列。

表2-2　生态环境部关于全国碳排放权交易管理政策

文件/政策	内容
碳排放交易配额管理两项政策	2020年12月29日推出了《2019—2020年全国碳排放权交易配额总量设定与分配实施方案（发电行业）》《纳入2019—2020年全国碳排放权交易配额管理的重点排放单位名单》，这两项政策开始推进全国碳排放权市场交易
《碳排放权交易管理办法（试行）》	建设全国碳排放权交易市场是利用市场机制控制和减少温室气体排放、推动绿色低碳发展的重大制度创新，也是落实我国二氧化碳排放达峰目标与碳中和愿景的重要抓手
《关于统筹和加强应对气候变化与生态环境保护相关工作的指导意见》	积极应对气候变化国家战略，更好履行应对气候变化牵头部门职责，统筹和加强应对气候变化与生态环境保护相关工作
《企业温室气体排放报告核查指南（试行）》	规范全国碳排放权交易市场企业温室气体排放报告核查活动
碳排放交易管理三项政策	《碳排放权登记管理规则（试行）》《碳排放权交易管理规则（试行）》《碳排放权结算管理规则（试行）》，这三项政策规范全国碳排放权登记、交易、结算活动
《关于开展重点行业建设项目碳排放环境影响评价试点的通知》	组织部分省份开展重点行业建设项目碳排放环境影响评价试点，实施碳排放环境影响评价，推动污染物和碳排放评价管理统筹融合，促进应对气候变化与环境治理协同增效
《关于做好全国碳排放权交易市场数据质量监督管理相关工作的通知》	要求迅速开展企业碳排放数据质量自查工作，各地生态环境局对本行政区域内重点排放单位2019和2020年度的排放报告和核查报告组织进行全面自查
《关于在产业园区规划环评中开展碳排放评价试点的通知》	充分发挥规划环评效能，选取具备条件的产业园区，在规划环评中开展碳排放评价试点工作

（二）国家发展和改革委员会

国家发展和改革委员会（以下简称发改委）在部署2021年发展改革工作任务时表示，持续深化国家生态文明试验区建设，部署开展碳达峰、碳中和相关工作，完善能源消费双控制度，持续推进塑料污染全链条治理。将坚决贯彻落实党中央、国务院决策部署，抓紧研究出台相关政策措施，积极推动经济绿色低碳转型和可持续发展，大力调整能源结构；加快推动产业结构转型；着力提升能源利用效率；加速低碳技术研发推广；健全低碳发展体制机制；努力增加生态碳汇。

（三）财政部

财政部积极支持应对气候变化。2020年12月31日，全国财政工作会议为应对气候变化相关工作做出了部署，会议提出要坚持资金投入同污染防治攻坚任务相匹配，大力推动绿色发展。推动重点行业结构调整，支持优化能源结构，增加可再生、清洁能源供给。要加强污染防治，巩固北方地区冬季清洁取暖试点成果。支持重点流域水污染防治，推动长江、黄河全流域建立横向生态补偿机制。支持优化能源结构，增加可再生、清洁能源供给。推进重点生态保护修复，积极支持应对气候变化，推动生态环境明显改善。

（四）工业和信息化部

2021年1月26日，工业和信息化部在国务院新闻办召开的新闻发布会上表示，钢铁压减产量是落实国家领导人提出的我国碳达峰、碳中和目标任务的重要举措。工业和信息化部与发改委等相关部门正在研究制定新的产能置换办法和项目备案的指导意见。逐步建立以碳排放、污染物排放、能耗总量为依据的存量约束机制，实施工业低碳行动和绿色制造工程。

（五）国家能源局

国家能源局继续致力于推动能源绿色低碳转型。未来要加大煤炭的清洁化开发利用，大力提升油气勘探开发力度，加快天然气产供储销体系建设，要加快风能、太阳能、生物质能等非化石能源开发利用，还要以新一代信息基础设施建设为契机，推动能源数字化和智能化发展。

（六）中国人民银行

2021 年 1 月 4 日，中国人民银行工作会议部署 2021 年十大工作，明确落实“碳达峰、碳中和”是仅次于货币、信贷政策的第三大工作。要求做好政策设计和规划，引导金融资源向绿色发展领域倾斜，增强金融体系管理气候变化相关风险的能力，推动建设碳排放交易市场为碳排放合理定价。逐步健全绿色金融标准体系，明确金融机构监管和信息披露要求，建立政策激励约束体系，完善绿色金融产品和市场体系，持续推进绿色金融国际合作。

第二节　中国省域碳达峰与碳中和的目标与政策

一、试点省市碳达峰与碳中和的政策

（一）部分试点省市政策

1. 试点范围

从 2010 年《国家发展改革委关于开展低碳省区和低碳城市试点工作的通知》中公布的“五省八市”，到 2017 年公布的 45 个城市，我国已在 31 个省级行政区内（不包括港澳台）均开展低碳试点工作。

2. 部分低碳试点城市名单及峰值年份、创新重点

在 2016 年的《国务院关于印发“十三五”控制温室气体排放工作方案的通知》中提出，我国支持“推动部分区域率先达峰”，并且“鼓励其他区域提出峰值目标，明确达峰路线图”。因此，在国家公布的第三批试点省市中明确地提出了峰值年份和创新重点，具体如表 2−3 所列。

表 2–3　部分低碳试点城市名单、峰值年份和创新重点

省/区	城市	峰值年份	创新重点
内蒙古自治区	乌海市	2025	1. 建立碳管理制度； 2. 探索重点单位温室气体排放直报制度； 3. 建立低碳科技创新机制； 4. 推进现代低碳农业发展机制； 5. 建立低碳与生态文明建设考评机制
辽宁省	沈阳市	2027	1. 建立重点耗能企业碳排放在线监测体系； 2. 完善碳排放中央管理平台
	大连市	2025	1. 制定推广低碳产品认证评价技术标准； 2. 建立“碳标识”制度； 3. 建立绿色低碳供应链制度
	朝阳市	2025	1. 建立碳排放总量控制制度； 2. 建立低碳交通运行体系
黑龙江省	逊克县	2024	探索低碳农业发展模式和支撑体系
江苏省	南京市	2022	1. 建立碳排放总量和强度“双控”制度； 2. 建立碳排放权有偿使用制度； 3. 建立低碳综合管理体系
	常州市	2023	1. 建立碳排放总量控制制度； 2. 建立低碳示范企业创建制度； 3. 建立促进绿色建筑发展及技术推广的机制
浙江省	嘉兴市	2023	探索低碳发展多领域协同制度创新
	金华市	2020 左右	探索重点耗能企业减排目标责任评估制度
	衢州市	2022	1. 建立碳生产力评价考核机制； 2. 探索区域碳评和项目碳排放准入机制； 3. 建立光伏扶贫创新模式与机制
安徽省	合肥市	2024	1. 建立碳数据管理制度； 2. 探索低碳产品和技术推广制度

续表

省/区	城市	峰值年份	创新重点
安徽省	淮北市	2025	1. 建立新增项目碳核准准入机制； 2. 建立评估机制和目标考核机制； 3. 建立节能减碳监督管理机制； 4. 探索碳金融制度创新； 5. 推进低碳关键技术创新
	黄山市	2020	1. 实施总量控制和分解落实机制； 2. 发展“低碳+智慧旅游”特色产业
	六安市	2030	1. 开展低碳发展绩效评价考核； 2. 健全绿色低碳和生态保护市场体系
	宣城市	2025	探索低碳技术和产品推广制度创新
福建省	三明市	2027	1. 建立碳数据管理机制； 2. 探索森林碳汇补偿机制
江西省	共青城市	2027	建立低碳城市规划制度
	吉安市	2023	探索在农村创建低碳社区及碳中和示范工程
	抚州市	2026	在资溪县创建碳中和示范区工程
山东省	济南市	2025	1. 探索碳排放数据管理制度； 2. 探索碳排放总量控制制度； 3. 探索重大项目碳评价制度
	烟台市	2017	1. 探索碳排放总量控制制度； 2. 探索固定资产投资项目碳排放评价制度； 3. 制定低碳技术推广目录
	潍坊市	2025	1. 建立“四碳合一”制度； 2. 建设碳数据信息平台
湖北省	长阳土家族自治县	2023	在清江画廊旅游区、长阳创新产业园、龙舟坪郑家榜村创建碳中和示范工程
湖南省	长沙市	2025	1. 推进试点“三协同”发展机制； 2. 建立碳积分制度
	株洲市	2025	1. 推进城区老工业基地低碳转型； 2. 创建城市低碳智慧交通体系

续表

省/区	城市	峰值年份	创新重点
湖南省	湘潭市	2028	探索老工业基地城市低碳转型示范
	郴州市	2027	建设绿色金融体系
广东省	中山市	2023—2025	深化碳普惠制度
广西壮族自治区	柳州市	2026	1. 建立跨部门协同的碳数据管理制度； 2. 建立碳排放总量控制制度； 3. 建立温室气体清单编制常态化工作机制
海南省	三亚市	2025	选择独立小岛区域创建碳中和示范工程
	琼中黎族苗族自治县	2025	1. 建立低碳乡村旅游开发模式； 2. 探索低碳扶贫模式和制度
四川省	成都市	2025 之前	1. 实施“碳惠天府”计划； 2. 探索碳排放达峰追踪制度
云南省	玉溪市	2028	1. 建立重点企业排放数据报送监督与分析预警机制； 2. 制定园区/社区排放数据的统计分析工作规范
	普洱市思茅区	2025 之前	建设温室气体排放基础数据统计管理体系
西藏自治区	拉萨市	2024	创建碳中和示范工程
陕西省	安康市	2028	1. 试点实施“多规合一”； 2. 建立碳汇生态补偿机制； 3. 建立低碳产业扶贫机制
甘肃省	兰州市	2025	1. 探索多领域协同共建低碳城市； 2. 建设跨部门发展和工作管理平台
	敦煌市	2019	全面建设碳中和示范工程
青海省	西宁市	2025	建立居民生活碳积分制度
宁夏回族自治区	银川市	2025	1. 健全低碳技术与产品推广的优惠政策和激励机制； 2. 推进低碳技术与产品平台建设； 3. 建立发掘、评价、推广低碳产品和低碳技术的机制
	吴忠市	2020	在金积工业园区创建碳中和示范工程

续表

省/区	城市	峰值年份	创新重点
新疆维吾尔自治区	昌吉市	2025	1. 创建碳排放总量控制联动机制； 2. 建设碳排放数据管理平台和数据库； 3. 建立固定资产投资碳排放评价制度
	伊宁市	2021	1. 开展政府部门低碳绿色示范； 2. 探索创建低碳技术推广服务平台； 3. 建立碳汇补偿机制
	和田市	2025	1. 建立碳排放总量控制制度； 2. 建立企业碳排放总量考评管理制度； 3. 建立重大建设项目碳评制度； 4. 创建碳排放管理综合服务平台
新疆生产建设兵团	第一师阿拉尔市	2025	1. 探索总量控制和碳数据管理制度； 2. 推广低碳产品和技术； 3. 探索新建项目碳评估制度

（二）试点省市任务要求

1. 明确工作方向和原则要求

把全面协调可持续作为开展低碳试点的根本要求，以全面落实经济建设、政治建设、文化建设、社会建设、生态文明建设五位一体总体布局为原则，进一步协调资源、能源、环境、发展与改善人民生活的关系，合理调整空间布局，积极创新体制机制，不断完善政策措施，加快形成绿色低碳发展的新格局，开创生态文明建设新局面。

2. 编制低碳发展规划

结合本地区自然条件、资源禀赋和经济基础等方面情况，积极探索适合本地区的低碳绿色发展模式。发挥规划综合引导作用，将调整产业结构、优化能源结构、节能增效、增加碳汇等工作结合起来。将低碳发展理念融入城市交通规划、土地利用规划等城市规划中。

3. 建立以低碳、绿色、环保、循环为特征的低碳产业体系

结合本地区产业特色和发展战略，加快低碳技术研发示范和推广应用。推广绿色节能建筑，建设低碳交通网络。大力发展低碳的战略性新兴产业和现代服务业。探索建立重大新建项目温室气体排放准入门槛制度。

4. 建立温室气体排放数据统计和管理体系

编制本地区温室气体排放清单，加强温室气体排放统计工作，建立完整的数据收集和核算系统，为制定地区温室气体减排政策提供依据。

5. 建立控制温室气体排放目标责任制

结合本地实际，确立科学合理的碳排放控制目标，并将减排任务分配到所辖行政区以及重点企业。制定本地区碳排放指标分解和考核办法，对各考核责任主体的减排任务完成情况开展跟踪评估和考核。

6. 积极倡导低碳绿色生活方式和消费模式

推动个人和家庭践行绿色低碳生活理念。引导适度消费，抑制不合理消费，减少一次性用品使用。推广使用低碳产品，拓宽低碳产品销售渠道。引导低碳住房需求模式。倡导公共交通、共乘交通、自行车、步行等低碳出行方式。

二、各省市“十四五”规划的“双碳”任务

“双碳”目标提出后，不同省市因为所处地区的产业结构、资源禀赋、技术能力、自身条件等各个方面的差异影响，故其任务重心、发展规划也不尽相同。下面将按照区域划分进行详述。

（一）华北地区

华北地区包括北京市、天津市、河北省、山西省以及内蒙古自治区。这个区域是我国主要的煤炭生产区。随着“双碳”目标的提出，而煤炭又是碳排放的主要能源来源，因此，华北地区成为我国传统能源产能结构调整的首要阵地。华北地区碳达峰、碳中和的“十四五”目标主要是要加快传统能源结构的改革，推进煤炭安全高效开采和清洁高效利用（表 2–4）。

表 2-4　华北地区各省区市“十四五”规划下的“双碳”任务

华北地区	“十四五”发展目标与任务	工作重心
北京市	碳排放稳中有降，碳中和迈出坚实步伐，为应对气候变化做出北京示范	坚定不移打好污染防治攻坚战。加强细颗粒物、臭氧、温室气体协同控制，突出碳排放强度和总量“双控”，明确碳中和时间表、路线图
天津市	扩大绿色生态空间，强化生态环境治理，推动绿色低碳循环发展，完善生态环境保护机制体制	加快实施碳排放达峰行动。制订实施碳排放达峰行动方案，持续调整优化产业结构能源结构，推动钢铁等重点行业率先达峰和煤炭消费尽早达峰，大力发展可再生能源，推进绿色技术研发应用。积极对接全国碳排放权交易市场，完善能源消费“双控”制度，协同推进减污降碳，实施工业污染排放双控，推动工业绿色转型
河北省	制订实施碳达峰、碳中和中长期规划，支持有条件市县率先达峰。开展大规模国土绿化行动，推进自然保护地体系建设，打造塞罕坝生态文明建设示范区。强化资源高效利用，建立健全自然资源资产产权制度和生态产品价值实现机制	推动碳达峰、碳中和。制订碳达峰行动方案，完善能源消费总量和强度“双控”制度，提升生态系统碳汇能力，推进碳汇交易，加快无煤区建设，实施重点行业低碳化改造，加快发展清洁能源，光电、风电等可再生能源新增装机 600 万千瓦以上，单位 GDP 二氧化碳排放下降 4.2%
山西省	绿色能源供应体系基本形成，能源优势特别是电价优势进一步转化为比较优势、竞争优势	实施碳达峰、碳中和山西行动。把开展碳达峰作为深化能源革命综合改革试点的牵引举措，研究制订行动方案
内蒙古自治区	建设国家重要能源和战略资源基地、农畜产品生产基地，打造我国向北开放重要桥头堡，走出一条符合战略定位、体现内蒙古特色，以生态优先、绿色发展为导向的高质量发展新路子	做好碳达峰、碳中和工作，编制自治区碳达峰行动方案，协同推进节能减污降碳。做优做强现代能源经济，推进煤炭安全高效开采和清洁高效利用，高标准建设鄂尔多斯国家现代煤化工产业示范区

（二）华东地区

华东地区包括上海市、江苏省、浙江省、安徽省、江西省、福建省、山东省。该区域位处沿海地带，也是我国综合技术水平最高、能源消费量最多的经济区。因此，华东地区“十四五”时期的规划目标主要是要加快新能源对传统石化能源的结构替代，提高非化石能源消费比重（表 2–5）。

表 2–5　华东地区各省市“十四五”规划下的“双碳”任务

华东地区	“十四五”发展目标与任务	工作重心
上海市	坚持生态优先、绿色发展，加大环境治理力度，加快实施生态惠民工程，使绿色成为城市高质量发展最鲜明的底色	启动第八轮环保三年行动计划。制订实施碳排放达峰行动方案，加快全国碳排放权交易市场建设
江苏省	大力发展绿色产业，加快推动能源革命，促进生产生活方式绿色低碳转型，力争提前实现碳达峰，充分展现美丽江苏建设的自然生态之美、城乡宜居之美、水韵人文之美、绿色发展之美	制订实施二氧化碳排放达峰及“十四五”行动方案，加快产业结构、能源结构、运输结构和农业投入结构调整，扎实推进清洁生产，发展壮大绿色产业，加强节能改造管理，完善能源消费双控制度，提升生态系统碳汇能力，严格控制高耗能、高排放项目，加快形成绿色生产生活方式，促进绿色低碳循环发展
浙江省	推动绿色循环低碳发展，坚决落实碳达峰、碳中和要求，实施碳达峰行动，大力倡导绿色低碳生产生活方式，推动形成全民自觉，非化石能源占一次能源比重提高到 24%，煤电装机占比下降到 42%	启动实施碳达峰行动。编制碳达峰行动方案，开展低碳工业园区建设和“零碳”体系试点。大力调整能源结构、产业结构、运输结构，大力发展新能源，优化电力、天然气价格市场化机制，落实能源“双控”制度，非化石能源占一次能源比重提高到 20.8%，煤电装机占比下降 2 个百分点；加快淘汰落后和过剩产能，腾出用能空间。加快推进碳排放权交易试点
安徽省	强化能源消费总量和强度“双控”制度，提高非化石能源比重，为 2030 年前碳排放达峰赢得主动	制订实施碳排放达峰行动方案。严控高耗能产业规模和项目数量。推进“外电入皖”，全年受进区外电 260 亿千瓦时以上。推广应用节能新技术、新设备，完成电能替代 60 亿千瓦时。推进绿色储能基地建设。建设天然气主干管道 160 公里，天然气消费量扩大到 65 亿立方米。扩大光伏、风能、生物质能等可再生能源应用，新增可再生能源发电装机 100 万千瓦以上。提升生态系统碳汇能力，完成造林 140 万亩

续表

华东地区	“十四五”发展目标与任务	工作重心
江西省	严格落实国家节能减排约束性指标，制订实施全省2030年前碳排放达峰行动计划，鼓励重点领域、重点城市碳排放尽早达峰。坚持“适度超前、内优外引、以电为主、多能互补”的原则，加快构建安全、高效、清洁、低碳的现代能源体系。积极稳妥发展光伏、风电、生物质能等新能源，力争装机达到1900万千瓦以上	加快充电桩、换电站等建设，促进新能源汽车消费。建成大唐新余电厂二期、南昌至长沙特高压交流工程、奉新抽水蓄能电站
福建省	深入贯彻习近平生态文明思想，实施可持续发展战略，围绕碳达峰、碳中和目标，全面树立绿色发展导向，构建现代环境治理体系，努力实现生态环境更优美、人居环境更完善	创新碳交易市场机制，大力发展碳汇金融。开发绿色能源，完善绿色制造体系，加快建设绿色产业示范基地，实施绿色建筑创建行动；促进绿色低碳发展；制订实施二氧化碳排放达峰行动方案，支持厦门、南平等地率先达峰，推进低碳城市、低碳园区、低碳社区试点
山东省	打造山东半岛“氢动走廊”，大力发展绿色建筑，降低碳排放强度，制订碳达峰、碳中和实施方案	加快建设日照港岚山港区30万吨级原油码头三期工程。抓好沂蒙、文登、潍坊、泰安二期抽水蓄能电站建设。压减一批焦化产能。严格执行煤炭消费减量替代办法，深化单位能耗产出效益综合评价结果运用，倒逼能耗产出效益低的企业整合出清。推进青岛中德氢能产业园等建设

（三）东北地区

东北地区包括辽宁省、吉林省、黑龙江省。该区域重工业发达，主要有沈大工业带、长吉工业带、哈大齐工业带三个工业带，能源消耗和碳排放问题也较为严重。东北地区“十四五”时期的规划目标以发展能源替代和建设绿色工业园区为主（表2-6）。

表 2–6　东北地区各省“十四五”规划下的“双碳”任务

东北地区	“十四五”发展目标与任务	工作重心
黑龙江省	推动创新驱动发展实现新突破，争当攻破更多“卡脖子”技术的开拓者	落实碳达峰要求；因地制宜实施煤改气、煤改电等清洁供暖项目，优化风电、光伏发电布局；建立水资源刚性约束制度
吉林省	巩固绿色发展优势，加强生态环境治理，加快建设美丽吉林	启动二氧化碳排放达峰行动，加强重点行业和重要领域绿色化改造，全面构建绿色能源、绿色制造体系，建设绿色工厂、绿色工业园区，加快煤改气、煤改电、煤改生物质，促进生产生活方式绿色转型
辽宁省	围绕绿色生态，单位地区生产总值能耗、二氧化碳排放达到国家要求。围绕安全保障，提出能源综合生产能力达到 6 133 万吨标准煤	开展碳排放达峰行动。科学编制并实施碳排放达峰行动方案，大力发展风电、光伏等可再生能源，支持氢能规模化应用和装备发展；建设碳交易市场，推进碳排放权市场化交易

（四）华中地区

华中地区包括河南省、湖北省、湖南省。该区域是我国重要的建材生产区域，碳排放压力较大。为了落实碳达峰和碳中和目标，华中地区各省在“十四五”时期以调整优化产业结构和能源结构为主（表 2–7）。

表 2–7　华中地区各省“十四五”规划下的“双碳”任务

华中地区	“十四五”发展目标与任务	工作重心
河南省	构建低碳高效的能源支撑体系，实施电力“网源储”优化、煤炭稳产增储、油气保障能力提升、新能源提质工程，增强多元外引能力，优化省内能源结构；持续降低碳排放强度，煤炭占能源消费总量比重降低 5 个百分点左右	大力推进节能降碳。制订碳排放达峰行动方案，探索用能预算管理和区域能评，完善能源消费双控制度，建立健全用能权、碳排放权等初始分配和市场化交易机制

续表

华中地区	“十四五”发展目标与任务	工作重心
湖北省	推进“一主引领、两翼驱动、全域协同”区域发展布局，加快构建战略性新兴产业引领、先进制造业主导、现代服务业驱动的现代产业体系，建设数字湖北，着力打造国内大循环重要节点和国内国际双循环战略链接	研究制订省碳达峰方案，开展近零碳排放示范区建设；加快建设全国碳排放权注册登记结算系统；大力发展循环经济、低碳经济，培育壮大节能环保、清洁能源产业；推进绿色建筑、绿色工厂、绿色产品、绿色园区、绿色供应链建设；加强先进适用绿色技术和装备研发制造、产业化及示范应用
湖南省	落实国家碳排放达峰行动方案，调整优化产业结构和能源结构，构建绿色低碳循环发展的经济体系，促进经济社会发展全面绿色转型；加快构建产权清晰、多元参与、激励约束并重的生态文明制度体系	加快推动绿色低碳发展。发展环境治理和绿色制造产业，推进钢铁、建材、电镀、石化、造纸等重点行业绿色转型，大力发展装配式建筑、绿色建筑。支持探索零碳示范创建

（五）华南地区

华南地区包括广东省、广西壮族自治区、海南省。该区域制造业发达，海上资源丰富，发展风能、海洋能和太阳能的自然条件优越。因此，华南地区碳达峰、碳中和的“十四五”目标主要是利用沿海资源大力推进发展清洁能源，推动传统产业生态化绿色化改造等（表 2–8）。

表 2–8　华南地区各省区“十四五”规划下的“双碳”任务

华南地区	“十四五”发展目标与任务	工作重心
广东省	打造规则衔接示范地、高端要素集聚地、科技产业创新策源地、内外循环链接地、安全发展支撑地，率先探索有利于形成新发展格局的有效路径	落实国家碳达峰、碳中和部署要求，分区域分行业推动碳排放达峰，深化碳交易试点；加快调整优化能源结构，大力发展天然气、风能、太阳能、核能等清洁能源，提升天然气在一次能源中占比；研究建立用能预算管理制度，严控高耗能项目

续表

华南地区	“十四五”发展目标与任务	工作重心
广西壮族自治区	持续推进产业体系、能源体系和消费领域低碳转型，制订二氧化碳排放达峰行动方案；推进低碳城市、低碳社区、低碳园区、低碳企业等试点建设，打造北部湾海上风电基地，实施沿海清洁能源工程	推动传统产业生态化绿色化改造，打造绿色工厂20个以上，加快六大高耗能行业节能技改。规划建设智慧综合能源站
海南省	提升清洁能源、节能环保、高端食品加工等三个优势产业；清洁能源装机比重达80%左右，可再生能源发电装机新增400万千瓦。清洁能源汽车保有量占比和车桩比达到全国领先	研究制订碳排放达峰行动方案；清洁能源装机比重提升至70%，实现分布式电源发电量全额消纳

（六）西南地区

西南地区包括重庆市、四川省、贵州省、云南省、西藏自治区共五个省区市。该区域处于长江中上游，拥有水利、光伏、风力发电等独特有力的自然条件。西南地区碳达峰、碳中和的“十四五”目标主要开展围绕低碳化生产和开展水电风电等新能源发电项目（表2–9）。

表2–9　西南地区各省区“十四五”规划下的“双碳”任务

西南地区	“十四五”发展目标与任务	工作重心
重庆市	探索建立碳排放总量控制制度，实施二氧化碳排放达峰行动，采取有力措施推动实现2030年前二氧化碳排放达峰目标。开展低碳城市、低碳园区、低碳社区试点示范，推动低碳发展国际合作，建设一批零碳示范园区	完善基础设施网络。能源网，提速实施渝西天然气输气管网工程，扩大“陕煤入渝”规模，提升“北煤入渝”运输通道能力，争取新增三峡电入渝配额，推动川渝电网一体化发展，推进“疆电入渝”，加快栗子湾抽水蓄能电站等项目前期工作

续表

西南地区	“十四五”发展目标与任务	工作重心
四川省	单位地区生产总值能源消耗、二氧化碳排放降幅完成国家下达目标任务，大气、水体等质量明显好转，森林覆盖率持续提升；粮食综合生产能力保持稳定，能源综合生产能力显著增强，发展安全保障更加有力	制订二氧化碳排放达峰行动方案，推动用能权、碳排放权交易；持续推进能源消耗和总量强度“双控”，实施电能替代工程和重点节能工程。倡导绿色生活方式，推行“光盘行动”，建设节约型社会，创建节约型机关
贵州省	积极应对气候变化，制订贵州省2030年碳排放达峰行动方案，降低碳排放强度，推动能源、工业、建筑、交通等领域低碳化	规范发展新能源汽车，培育发展智能网联汽车产业。公共领域新增或更新车辆新能源汽车比例不低于80%，加强充电桩建设
云南省	采取一切有效措施，降低碳排放强度，控制温室气体排放，增加森林和生态系统碳汇，积极参与全国碳排放交易市场建设，科学谋划碳排放达峰和碳中和行动	加快国家大型水电基地建设，推进800万千瓦风电和300万千瓦光伏项目建设，培育氢能和储能产业，发展“风光水储”一体化，可再生能源装机达到9500万千瓦左右，完成发电量4050亿千瓦时
西藏自治区	加快清洁能源规模化开发，形成以清洁能源为主、油气和其他新能源互补的综合能源体系。加快推进“光伏+储能”研究和试点，大力推动“水风光互补”，推动清洁能源开发利用和电气化走在全国前列，2025年建成国家清洁可再生能源利用示范区	能源产业投资完成235亿元，力争建成和在建电力装机1300万千瓦以上。推进金沙江上游、澜沧江上游千万千瓦级水光互补清洁能源基地建设。加快统一电网规划建设，推进藏中电网500千伏回路、金沙江上游电力外送、川藏铁路建设电力保障、青藏联网二回路电网工程，实现电力外送超过20亿千瓦时；全力加快雅鲁藏布江下游水电开发前期工作，力争尽快开工建设

（七）西北地区

西北地区包括新疆维吾尔自治区、宁夏回族自治区、甘肃省、青海省和陕西省。该区域位于中国西北部内陆，日照充足、干旱缺水，风沙较多且地势较广，不利于电网的铺设，但有利于开展光伏和风电项目。因此，西北地区碳达峰、碳中和的“十四五”目标主要为大力推进新能源建设。

表 2–10　西北地区各省区“十四五”规划下的“双碳”任务

西北地区	“十四五”发展目标与任务	工作重心
陕西省	生态环境质量持续好转，生产生活方式绿色转型成效显著，三秦大地山更绿、水更清、天更蓝	推动绿色低碳发展；加快实施“三线一单”生态环境分区管控，积极创建国家生态文明试验区；开展碳达峰、碳中和研究，编制省级达峰行动方案；积极推行清洁生产，大力发展节能环保产业，深入实施能源消耗总量和强度双控行动，推进碳排放权市场化交易
甘肃省	用好碳达峰、碳中和机遇，推进能源革命，加快绿色综合能源基地建设，打造国家重要的现代能源综合生产基地、储备基地、输出基地和战略通道。坚持把生态产业作为转方式、调结构的主要抓手，推动产业生态化、生态产业化，促进生态价值向经济价值转化增值，加快发展绿色金融，全面提高绿色低碳发展水平	编制省碳排放达峰行动方案；鼓励甘南开发碳汇项目，积极参与全国碳市场交易；健全完善全省环境权益交易平台
青海省	碳达峰目标、路径基本建立。开展绿色能源革命，发展光伏、风电、光热、地热等新能源，打造具有规模优势、效率优势、市场优势的重要支柱产业，建成国家重要的新型能源产业基地	着力推进国家清洁能源示范省建设，重启玛尔挡水电站建设，改扩建拉西瓦、李家峡水电站，启动黄河梯级电站大型储能项目可行性研究；继续扩大海南、海西可再生能源基地规模，推进青豫直流二期落地，加快第二条青电外送通道前期工作
新疆维吾尔自治区	力争到“十四五”末，全区可再生能源装机规模达到 8 240 万千瓦，建成全国重要的清洁能源基地；立足新疆能源实际，积极谋划和推动碳达峰、碳中和工作，推动绿色低碳发展	着力完善各等级电压网架，加快 750 千伏输变电工程建设，推进“疆电外送”第三通道建设，推进阜康 120 万千瓦、哈密 120 万千瓦抽水蓄能电站建设，推进农村电网改造升级，提高供电可靠性

续表

西北地区	"十四五"发展目标与任务	工作重心
宁夏回族自治区	制订碳排放达峰行动方案，推动实现减污降碳协同效应；全链条布局清洁能源产业；坚持园区化、规模化发展方向，围绕风能、光能、氢能等新能源产业，高标准建设新能源综合示范区；到2025年，全区新能源电力装机力争达到4000万千瓦	实行能源总量和强度"双控"，推广清洁生产和循环经济，推进煤炭减量替代，加大新能源开发利用

第三节　中国各产业碳达峰与碳中和的目标与政策

一、第一产业碳达峰与碳中和的目标与政策

早在"十一五"规划时期，我国明确提出了控制温室气体排放的目标要求；"十二五"规划提出健全节能减排激励约束机制，健全节能减排法律法规和标准；"十三五"规划强调碳排放总量得到有效控制，推进能源革命，推进非化石能源比重，有效控制电力、钢铁、建材、化工等重点工业碳排放；在最新的《"十四五"规划和2035年远景目标纲要》中，提出发展绿色金融，推进清洁生产，推进重点行业和重要领域绿色化改造，支持有条件的地方率先达到碳排放峰值。

2020年中央经济工作会议把"做好碳达峰、碳中和工作"作为2021年的重点任务之一，提出我国二氧化碳排放力争2030年前达到峰值，力争2060年前实现碳中和，并要求抓紧制订2030年前碳排放达峰行动方案。碳达峰、碳中和的核心，是推动发展方式向全面绿色低碳转型，而农业拥有绿色生态的鲜明底色，在实现碳达峰、碳中和的征程中的作用举足轻重。推进农业农村领域碳达峰、碳中和，是加快农业生态文明建设的重要内容，是落实乡村振兴战略的重要举措，是全面应对气候变化的重要途径。

近年来，我国提出了许多关于农业碳达峰和碳中和方面的政策措施。其主要内容如表 2−11 所列。

表 2−11 农业碳达峰与碳中和的政策

时间	文件/会议	政策措施
2020 年 10 月	关于促进农业产业化龙头企业做大做强的意见	1. 研究应用减排减损技术和节能装备； 2. 开展减排、减损、固碳、能源替代等示范，打造一批零碳示范样板； 3. 畜禽粪污资源化利用整县推进、农村沼气工程、生态循环农业等项目； 4. 引导龙头企业强化生物、信息等技术集成应用，发展精细加工，推进深度开发，提升加工副产物综合利用水平； 5. 鼓励龙头企业开展农业自愿减排减损
2021 年 8 月	农业农村碳达峰与碳中和座谈会	1. 抓紧建立农业农村减排固碳监测评价体系、完善核算认证体系； 2. 探索农业农村碳排放交易有效路径； 3. 建立绿色农产品低碳生产示范区、农业农村低碳零碳先行区； 4. 积极推进沼气等生物质能高效利用，尽快解决“三沼”出口问题； 5. 加快农业农村有机废弃物资源化利用； 6. 要加强宣传引导，强化低碳食品消费意识

2021 年 12 月 29 日，国家能源局、农业农村部、国家乡村振兴局印发的《加快农村能源转型发展助力乡村振兴的实施意见》中提出，到 2025 年，建成一批农村能源绿色低碳试点，风电、太阳能、生物质能、地热能等占农村能源的比重持续提升，农村电网保障能力进一步增强，分布式可再生能源发展壮大，绿色低碳新模式新业态得到广泛应用，新能源产业成为农村经济的重要补充和农民增收的重要渠道，绿色、多元的农村能源体系加快形成。

二、第二产业碳达峰与碳中和的目标与政策

当前，我国仍处于工业化、城镇化深入发展的历史阶段，传统行业所占比重依然较高，战略性新兴产业、高技术产业尚未成为经济增长的主导力量，能源结构偏煤、能源效率偏低的状况没有得到根本性改变。重点区域、重点行业污染问题没有得到根本解决，资源环境约束加剧，碳达峰、碳中和时间窗口偏紧，技术储备不足，推动工业绿色低碳转型任务艰巨。同时，绿色低碳发展是当今时代科技革命和产业变革的方向，绿色经济已成为全球产业竞争重点。一些发达经济体正在谋划或推行碳边境调节机制等绿色贸易制度，提高技术要求，实施优惠贷款、补贴关税等鼓励政策，对经贸合作和产业竞争提出新的挑战，增加了我国绿色低碳转型的成本和难度。面对新形势、新任务、新要求，要提高政治站位，迎难而上，攻坚克难，坚定不移走生态优先、绿色低碳的高质量发展道路。

2021 年 12 月 3 日，工业和信息化部发布《“十四五”工业绿色发展规划》，明确“十四五”期间工业绿色低碳发展的主要目标，提出 1 个行动、构建 2 大体系、推动 6 个转型九方面的重点任务，配套实施 8 个重大工程，并提出包括加大财税金融支持在内的 4 项保障措施。

到 2025 年，工业产业结构、生产方式绿色低碳转型取得显著成效，绿色低碳技术装备广泛应用，能源资源利用效率大幅提高，绿色制造水平全面提升，为 2030 年工业领域碳达峰奠定坚实基础。其中，碳排放强度持续下降，单位工业增加值二氧化碳排放降低 18%。除此之外，到 2025 年，我国能源效率稳步提升，规模以上工业单位增加值能耗降低 13.5%。资源利用水平明显提高，大宗工业固废综合利用率达到 57%，主要再生资源回收利用量达到 4.8 亿吨，单位工业增加值用水量降低 16%。污染物排放强度显著下降，重点行业主要污染物排放强度降低 10%。绿色制造体系日趋完善，重点行业和重点区域绿色制造体系基本建成，绿色环保产业产值达到 11 万亿元。

（一）工业碳达峰与碳中和的目标与政策

1. 能源部门

在中央财经委员会第九次会议和中央政治局第三十六次集体学习中，针对碳达峰与碳中和的工作，会上强调的第一项重点任务就是构建清洁低碳安全高效的能源体系。“清洁低碳安全高效”八个字，就是现代能源体系的核心内涵，同时也是对能源系统如何实现现代化的总体要求。《“十四五”现代能源体系规划》主要从以下三个方面，推动构建现代能源体系：

一是增强能源供应链安全性和稳定性。保障安全是能源发展的首要任务，“十四五”时期将从战略安全、运行安全、应急安全等多个维度，加强能源综合保障能力建设。到2025年，综合生产能力达到46亿吨标准煤以上，更好地满足经济社会发展和人民日益增长的美好生活用能需求。

二是推动能源生产消费方式绿色低碳变革。“十四五”是碳达峰的关键期、窗口期，能源绿色低碳发展是关键，重点就是做好增加清洁能源供应能力的“加法”和减少能源产业链碳排放的“减法”，推动形成绿色低碳的能源消费模式，到2025年，将非化石能源消费比重提高到20%左右。

三是提升能源产业链现代化水平。科技创新是能源发展的重要动力，“十四五”时期将进一步发挥好科技创新引领和战略支撑作用，增强能源科技创新能力，加快能源产业数字化和智能化升级，推动能源系统效率大幅提高，全面提升能源产业基础高级化和产业链现代化水平。

《“十四五”现代能源体系规划》全面落实《国民经济和社会发展“十四五”规划纲要》有关能源发展的目标任务，《纲要》中与能源相关的目标指标共4个，分别为：单位国内生产总值能源消耗和二氧化碳排放分别降低13.5%、18%，能源综合生产能力达到46亿吨标准煤以上，非化石能源消费比重提高到20%左右。这些目标在《规划》中做出了详细阐述（表2-12）。

表 2-12　能源部门碳达峰与碳中和的目标

时间	目标指标	目标值
2025年	国内能源年综合生产能力	46亿吨标准煤以上
	原油年产量	2亿吨左右
	天然气年产量	2300亿立方米以上
	发电装机总容量	30亿千瓦
	单位GDP二氧化碳排放	五年累计下降18%
	非化石能源消费比重	达到20%左右
	非化石能源发电量比重	达到39%左右
	电能占终端用能比重	达到30%

2. 石化部门

工业部门能源消耗占全球总能耗的40%，石化和化工行业碳排放量约占工业总排放的20%。碳达峰与碳中和目标的提出，石油和化学工业首当其冲地面临着严峻的碳减排压力。石油和化学工业将积极应对成本、技术、工艺、管理、替代能源竞争等诸多挑战，推动实现低碳化发展和碳中和目标。

2021年1月，17家石油和化工企业、化工园区以及中国石油和化学工业联合发布了《中国石油和化学工业碳达峰与碳中和宣言》，其从推进能源结构清洁低碳化、大力提高能效、提升高端石化产品供给水平、加快部署二氧化碳捕集利用、加大科技研发力度、大幅增加绿色低碳投资强度等六方面提出倡议并做出承诺。

3. 建材部门

建筑材料行业是国民经济重要的原材料及制品业，也是典型的资源能源承载型行业。作为世界最大的建筑材料生产和消费国，加快推进以碳减排为重要抓手的生态文明建设，提前实现碳达峰已成为行业不可推卸的历史使命，也是推进建筑材料行业安全发展、高质量发展，加快形成“双循环”发展新格局的迫切需要。

2021 年 1 月，中国建筑材料联合会向全行业发出的《推进建筑材料行业碳达峰、碳中和行动倡议书》提出，中国建筑材料行业要在 2025 年前全面实现碳达峰，水泥等行业要在 2023 年前率先实现碳达峰，具体措施如下：

一是调整优化产业产品结构，推动建筑材料行业绿色低碳转型发展。将与碳减排密切相关的能耗、环境排放等作为约束性指标列入行业发展目标中，加强对碳排放的源头控制，坚决遏制违规新增产能，推动建筑材料行业向轻型化、终端化、制品化转型。支持企业谋划发展绿色低碳新业态、新技术、新装备、新产品，有序安排生产，压减生产总量和碳排放量。

二是加大清洁能源使用比例，促进能源结构清洁低碳化。统筹推进产业结构与能源结构调整，进一步优化建筑材料行业能源消费结构，逐步提高清洁能源的使用比重。鼓励企业积极采用可再生能源技术，研发并推广非化石能源替代技术、生物质能技术、储能技术等。

三是加强低碳技术研发，推进建筑材料行业低碳技术的推广应用。开发和挖掘技术性减排路径和空间，探索建筑材料行业低碳排放的新途径，优化低碳建材新产品。发挥建筑材料行业消纳废弃物的优势，提升工业副产品在建筑材料领域的循环利用率，替代和节约资源，降低温室气体过程排放。推广碳捕集与碳贮存及利用等碳汇技术，通过采取矿山复绿等有效措施，积极推进碳中和。

四是提升能源利用效率，加强全过程节能管理。坚持节约优先，加强重点用能单位的节能监管，严格执行能耗限额标准，树立能效领跑者标杆，推进企业能效对标达标。建立企业能源使用管理体系，利用信息化、数字化和智能化技术加强能耗的控制和监管。在水泥、平板玻璃、陶瓷等行业，开展节能诊断，加强定额计量，挖掘节能降碳空间，进一步提高能效水平。

五是推进有条件的地区和产业率先达峰。广东、江苏、山东、安徽、浙江、河北等水泥产量大省的企业，要研究制订本企业降碳达峰计划。积极推进建筑材料行业在经济发展水平高和绿色发展基础好的地区和产业率先实现碳达峰。水泥作为碳排放的重点产业要率先实现碳达峰，广东、江苏、山东、安徽、浙江、河北等水泥产量大省的企业，要研究制订不同企业不同的降碳达峰计划，自觉压减产量，不新增产能，率先落实二氧化碳强度和总量“双控”要求。

六是做好建筑材料行业进入碳市场的准备工作，全力配合政府部门做好建筑材料行业碳排放权交易市场建设基础性工作。全力配合政府做好建筑材料行业碳排放权交易市场建设基础性工作，逐步完善建筑材料各产业碳排放限额与评价工作，推进与扩展建筑材料各主要产业碳排放标准的研发与制定。水泥和平板玻璃行业要率先做好进入全国碳市场准备，提前谋划和组织好有关企业参与碳交易方案制订、碳交易模拟试算、运行测试等前期工作。

4. 水泥部门

2021 年 1 月，中国水泥协会主持召开了水泥行业碳达峰行动方案和路线图视频座谈会。会议就水泥行业碳达峰行动方案和路线图、制定水泥行业实现碳达峰、推进碳中和措施进行了深入研究和探讨，并对水泥行业碳达峰工作提出了建议。会议中提出相关的建议和具体措施，如表 2-13 所列。

表 2-13　水泥部门碳达峰与碳中和的政策

时间	建议	实现路径措施
2021 年	1. 水泥行业要认真梳理碳减排措施，并细化每一项措施对碳达峰的贡献，从降碳源头治理到全生命周期，研究建立模型，为碳达峰和碳中和提供有力数据支撑； 2. 成立专项工作组，由政府、企业、行业协会共同参与，合理制定工作目标、计划和进行指标分解工作，共同推进率先碳达峰工作； 3. 大企业集团要带头落实主体责任，科学制定碳减排目标和方案，为推进水泥行业提前实现碳达峰做出应有的贡献	1. 使用替代燃料，提高燃料替代率，有效减少化石能源； 2. 提高能效水平，通过节能减排技术应用和推广实现减排目标； 3. 提升水泥产品利用效率、减少水泥用量； 4. 开发低碳水泥，推广应用低碳水泥； 5. 优化调整水泥产品原材料结构，实现熟料替代，减少熟料用量； 6. CCS、CCUS（碳捕集、利用、封存）技术推广应用及发展

5. 钢铁部门

钢铁工业是我国国民经济的重要基础产业，是实现绿色低碳发展的重要领域。根据全球能源互联网发展合作组织的调研报告中的测算结果，2019 年，中国工业领域中钢铁行业的碳排放占比达到了 15%。

2022 年 2 月 7 日，工信部、国家发改委、生态环境部联合发布了《关于促进钢铁工业高质量发展的指导意见》的文件，其中明确提出了钢铁行业"确保 2030 年前碳达峰"这一目标。除此之外，中钢协也曾透露其将发布的《钢铁行业碳达峰及降碳行动方案》中将行业碳达峰目标初步暂定于"2025 年前，钢铁行业实现碳达峰；到 2030 年，钢铁行业碳排放量较峰值降低 30%，预计实现碳减排量 4.2 亿吨"。具体而言，钢铁行业实现碳达峰、碳减排的 4 个节点为：2025 年碳达峰；2030 年，碳排放总量稳步下降；2035 年，有较大的幅度下降；2060 年前，中国钢铁行业将深度脱碳。

（二）建筑业碳达峰与碳中和的目标与政策

根据《2020 全球建筑现状报告》，2019 年源自建筑运营的二氧化碳排放约达 100 亿吨，占全球与能源相关的二氧化碳排放总量的 28%。

从国内来看，我国大量文件的出台促使建筑领域绿色低碳发展的飞速进步。但是，介于中国建筑领域碳排放的总量庞大，建筑碳排放涉及建材生产运输、建筑施工、建筑运行和建筑拆除处置四个阶段的建筑全生命周期。因此，在当前碳达峰、碳中和的背景下，建筑领域的碳达峰是实现整体碳达峰的关键一环。

建筑业是国民经济的支柱产业，为我国经济持续健康发展提供了有力支撑，但建筑业能耗和碳排放比例较大。对此，2020 年 7 月，住建部、发改委、工信部等 13 个部门联合印发《关于推动智能建造与建筑工业化协同发展的指导意见》，文件中明确要求实行工程建设项目全生命周期内的绿色建造，推动建立建筑业绿色供应链，提高建筑垃圾的综合利用水平，促进建筑业绿色改造升级。与此同时，由住建部、发改委等七部门印发的《绿色建筑创建行动方案》中也明确了2022年城镇新建建筑中绿色建筑面积占比达到70%，既有建筑能效水平不断提高，装配化建造方式占比稳步提升，绿色建材应用进一步扩大。

关于如何实现建筑领域碳达峰与碳中和，不少学者也提出了很多很好的建议，部分建议如下：

（1）建筑碳达峰与碳中和从顶层设计开始，目前已出台部分政策引导，但实现建筑的碳中和仍需要完善的政策支持和引导。

（2）开展绿色建造示范工程创建行动，推广绿色化、工业化、信息化、集约化、产业化建造方式，加强技术创新和集成，利用新技术实现精细化设计和施工。

（3）实现建筑领域的碳中和，需要建筑全生命周期的各个阶段共同发力，从建材生产、建筑建造、建筑运行、建筑拆除四方面发展绿色低碳新技术。

（4）建筑领域的碳中和首先要有该领域明确的碳排放量计算的方法和标准，全面执行绿色建筑评价标准体系，准确核算建筑的碳足迹，需要出台更全面的技术指南。

（5）开展建筑领域碳排放监测、核算和交易系统，提升建筑能耗和碳排放监测能力，需要充分利用碳市场，在碳市场上进行碳配额或核证减排量的交易来抵消建筑的碳排放，并应用CCUS、林业碳汇等手段。

三、第三产业碳达峰与碳中和的目标与政策

（一）交通运输业碳达峰与碳中和的目标与政策

2019年9月19日，中共中央、国务院印发《交通强国建设纲要》提出，强化节能减排和污染防治，优化交通能源结构，推进新能源、清洁能源应用，促进公路货运节能减排，推动城市公共交通工具和城市物流配送车辆全部实现电动化、新能源化和清洁化；打好柴油货车污染治理攻坚战，统筹油、路、车治理，有效防治公路运输大气污染；严格执行国家和地方污染物控制标准及船

舶排放区要求，推进船舶、港口污染防治；降低交通沿线噪声、振动，妥善处理好大型机场噪声影响。开展绿色出行行动，倡导绿色低碳出行理念。

2021 年 2 月 24 日，中共中央、国务院印发《国家综合立体交通网规划纲要》指出，加快推进绿色低碳发展，交通领域二氧化碳排放尽早达峰。推进绿色低碳发展，促进交通基础设施与生态空间协调，最大限度保护重要生态功能区、避让生态环境敏感区，加强永久基本农田保护；实施交通生态修复提升工程，构建生态化交通网络；加强科研攻关，改进施工工艺，从源头减少交通噪声、污染物、二氧化碳等排放；加大交通污染监测和综合治理力度，加强交通环境风险防控，落实生态补偿机制；优化调整运输结构，推进多式联运型物流园区、铁路专用线建设，形成以铁路、水运为主的大宗货物和集装箱中长距离运输格局；加强可再生能源、新能源、清洁能源装备设施更新利用和废旧建材再生利用，促进交通能源动力系统清洁化、低碳化、高效化发展，推进快递包装绿色化、减量化、可循环。

2021 年 8 月 25 日，交通运输部、科学技术部联合发布《关于科技创新驱动加快建设交通强国的意见》，其中提到，促进安全绿色技术与交通运输融合发展。推动资源集约节约及再生利用、碳达峰与碳中和、生态修复等理论方法及技术攻关。研发新型动力系统、高效清洁载运装备、新能源安全储运装备、船舶和码头油气回收和安全检测成套设备。发展生物降解包装、智能打包、循环及共享包装等新材料新技术。

2021 年 9 月 22 日，中共中央、国务院印发的《关于完整准确全面贯彻新发展理念做好碳达峰碳中和工作的意见》中指出了要实现碳达峰、碳中和目标，就须得坚持“全国统筹、节约优先、双轮驱动、内外畅通、防范风险”原则，并且就必须加快推进低碳交通运输体系建设做出部署，其内容如下：

（1）推动产业结构优化升级。制订能源、钢铁、有色金属、石化化工、建材、交通、建筑等行业和领域碳达峰实施方案。以节能降碳为导向，修订产业结构调整指导目录。开展钢铁、煤炭去产能“回头看”，巩固去产能成果。开展碳达峰试点园区建设。加快商贸流通、信息服务等绿色转型，提升服务业低碳发展水平。

（2）大力发展绿色低碳产业。加快发展新一代信息技术、生物技术、新能源、新材料、高端装备、新能源汽车、绿色环保以及航空航天、海洋装备等战略性新兴产业。建设绿色制造体系，推动互联网、大数据、人工智能、第五代移动通信（5G）等新兴技术与绿色低碳产业深度融合。

（3）大幅提升能源利用效率。把节能贯穿于经济社会发展全过程和各领域，持续深化工业、建筑、交通运输、公共机构等重点领域节能，提升数据中心、新型通信等信息化基础设施能效水平。健全能源管理体系，强化重点用能单位节能管理和目标责任。瞄准国际先进水平，加快实施节能降碳改造升级，打造能效“领跑者”。

（4）优化交通运输结构。加快建设综合立体交通网，大力发展多式联运，提高铁路、水路在综合运输中的承运比重，持续降低运输能耗和二氧化碳排放强度。优化客运组织，引导客运企业规模化、集约化经营。加快发展绿色物流，整合运输资源，提高利用效率。

（5）推广节能低碳型交通工具。加快发展新能源和清洁能源车船，推广智能交通，推进铁路电气化改造，推动加氢站建设，促进船舶靠港使用岸电常态化。加快构建便利高效、适度超前的充换电网络体系。提高燃油车船能效标准，健全交通运输装备能效标识制度，加快淘汰高耗能高排放老旧车船。

（6）积极引导低碳出行。加快城市轨道交通、公交专用道、快速公交系统等大容量公共交通基础设施建设，加强自行车专用道和行人步道等城市慢行系统建设。综合运用法律、经济、技术、行政等多种手段，加大城市交通拥堵治理力度。

2022 年 1 月 18 日，国务院印发的关于《“十四五”现代综合交通运输体系发展规划》中提出，我国要全面推进绿色低碳转型，坚持“绿水青山就是金山银山”和“生态优先”的理念，全面推动交通运输规划、设计、建设、运营、养护全生命周期绿色低碳转型，协同推进减污降碳，形成绿色低碳发展长效机制，让交通更加环保、出行更加低碳。下面是文件中对于低碳交通实施的内容概述（表 2－14）。

表 2－14　交通运输业碳达峰与碳中和的政策

路径	政策实施措施
优化调整运输结构	1. 深入推进运输结构调整，逐步构建以铁路、船舶为主的中长途货运系统； 2. 加快铁路专用线建设，推动大宗货物和中长途货物运输“公转铁”“公转水”； 3. 优化“门到门”物流服务网络，鼓励发展城乡物流共同配送、统一配送、集中配送、分时配送等集约化配送模式； 4. 提高工矿企业绿色运输比例，扩大城市生产生活物资公铁联运服务供给
推广低碳设施设备	1. 规划建设便利高效、适度超前的充换电网络，重点推进交通枢纽场站、停车设施等区域充电设施设备建设； 2. 鼓励在交通枢纽场站以及公路铁路等沿线合理布局光伏发电及储能设施； 3. 推动交通用能低碳多元发展，积极推广新能源运输车辆，稳步推进铁路电气化改造，进一步降低交通工具能耗； 4. 持续推进港口码头岸电设施、机场飞机辅助动力装置替代设施建设，推进船舶受电设施改造，不断提高岸电使用率
加强重点领域污染防治落实船舶大气污染物排放控制区制度	1. 推动船舶污染物港口接收设施与城市公共转运处置设施有效衔接，健全电子联单监管制度； 2. 完善长江经济带船舶和港口污染防治长效机制； 3. 完善干散货码头堆场防风抑尘设施； 4. 开展交通运输噪声污染治理，妥善处理大型机场噪声影响，消除现有噪声污染
全面提高资源利用效率	1. 推动交通与其他基础设施协同发展，打造复合型基础设施走廊； 2. 统筹集约利用综合运输通道线位、岸线等资源，提高国土空间综合利用率； 3. 推进科学选线选址，推广节地技术，强化水土流失防护和生态保护设计； 4. 推进快递包装减量化、标准化、循环化； 5. 推动废旧设施材料等资源化利用

续表

路径	政策实施措施
完善碳排放控制政策	1. 实施交通运输绿色低碳转型行动； 2. 研究制定交通运输领域碳排放统计方法和核算规则； 3. 加强碳排放基础统计核算，建立交通运输碳排放监测平台； 4. 推动近零碳交通示范区建设； 5. 建立绿色低碳交通激励约束机制，分类完善通行管理、停车管理等措施

（二）金融业碳达峰与碳中和的目标与政策

为推动我国绿色低碳转型发展，实现碳达峰、碳中和目标，需要各方面的共同努力，绿色金融作为现代经济的血脉，是不可或缺的一环，也必将在我国的低碳转型发展过程中发挥重要作用。

实际上，中国是全球首个建立系统性绿色金融政策框架的国家。早在 2016 年 8 月，中国央行等七部门就共同出台了《关于构建绿色金融体系的指导意见》，其中就确立了中国绿色金融体系建设的顶层架构，内容如表 2-15 所列。

表 2-15　金融业碳达峰与碳中和的政策

路径	具体措施
大力发展绿色信贷	1. 构建支持绿色信贷的政策体系； 2. 推动银行业自律组织逐步建立银行绿色评价机制； 3. 推动绿色信贷资产证券化； 4. 研究明确贷款人环境法律责任等
推动证券市场支持绿色投资	1. 完善绿色债券的相关规章制度； 2. 采取措施降低绿色债券的融资成本； 3. 研究探索绿色债券第三方评估和评级标准； 4. 积极支持符合条件的绿色企业上市融资和再融资； 5. 支持开发绿色债券指数、绿色股票指数以及相关产品； 6. 逐步建立和完善上市公司和发债企业强制性环境信息披露制度； 7. 引导各类机构投资者投资绿色金融产品

续表

路径	具体措施
设立绿色发展基金，通过政府和社会资本合作（PPP）模式动员社会资本	1. 支持设立各类绿色发展基金，实行市场化运作； 2. 支持在绿色产业中引入 PPP 模式，鼓励将节能减排降碳、环保和其他绿色项目与各种相关高收益项目打捆，建立公共物品性质的绿色服务收费机制
发展绿色保险	1. 在环境高风险领域建立环境污染强制责任保险制度； 2. 鼓励和支持保险机构创新绿色保险产品和服务； 3. 鼓励和支持保险机构参与环境风险治理体系建设
完善环境权益交易市场、丰富融资工具	1. 发展各类碳金融产品； 2. 推动建立排污权、节能量（用能权）、水权等环境权益交易市场
支持地方发展绿色金融	探索通过再贷款、宏观审慎评估框架、资本市场融资工具等支持地方发展绿色金融
推动开展绿色金融国际合作	1. 广泛开展绿色金融领域的国际合作； 2. 积极稳妥推动绿色证券市场双向开放； 3. 推动提升对外投资绿色水平
防范金融风险，强化组织落实	1. 完善与绿色金融相关监管机制，有效防范金融风险； 2. 相关部门要加强协作、形成合力，共同推动绿色金融发展； 3. 各地区要从当地实际出发，以解决突出的生态环境问题为重点，积极探索和推动绿色金融发展； 4. 加大对绿色金融的宣传力度

此外，在这个基础上，央行在 2021 年还将“落实碳达峰碳中和重大决策部署，完善绿色金融政策框架和激励机制”列为重点工作，确立了“三大功能”“五大支柱”的绿色金融发展政策思路。其具体内容如图 2.1、图 2.2 所示。

2021 年 10 月，《中共中央国务院关于完整准确全面贯彻新发展理念做好碳达峰碳中和工作的意见》中明确了要积极发展绿色金融，建立健全绿色金融标准体系等具体措施，该文件主要是从四个方面阐述关于做好绿色金融支持低碳发展转型的措施：

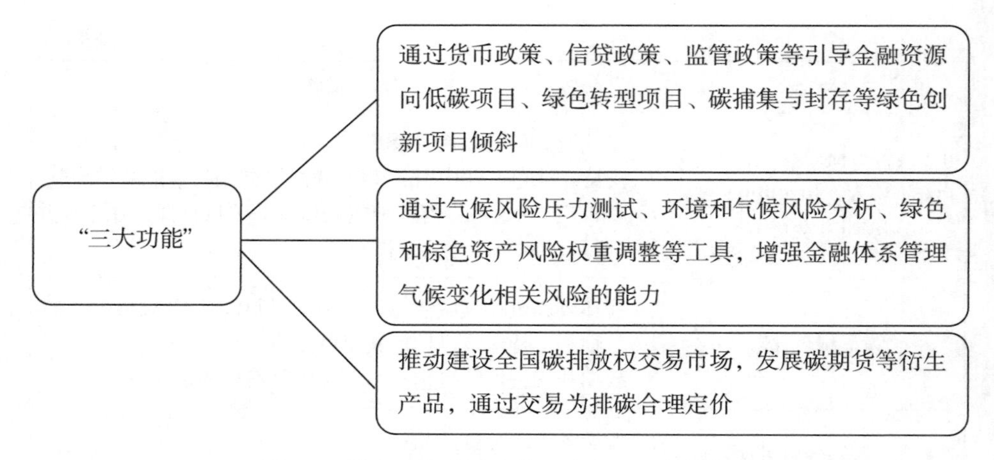

图 2.1　绿色金融发展政策思路之"三大功能"

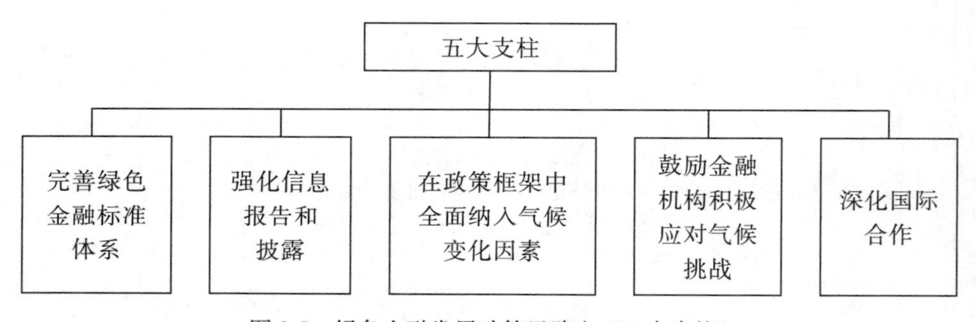

图 2.2　绿色金融发展政策思路之"五大支柱"

（1）完善投资政策。须充分发挥政府的投资引导作用，构建与碳达峰、碳中和相适应的投融资体系，严控煤电、钢铁、水泥、石化等高碳项目投资，加大对节能环保、新能源、碳捕集利用与封存等项目的支持力度。完善支持社会资本参与政策，激发市场主体绿色低碳投资活力。国有企业要加大绿色低碳投资，积极开展低碳零碳负碳技术研发应用。

（2）积极发展绿色金融。有序推进绿色低碳金融产品和服务开发，设立碳减排的货币政策工具，将绿色信贷纳入宏观审慎评估框架，引导银行等金融机构为绿色低碳项目提供长期限、低成本资金。鼓励开发性政策性金融机构按照市场化、法治化的原则为实现碳达峰、碳中和提供长期稳定的融资支持。支持符合条件的企业上市融资和再融资用于绿色低碳项目建设运营，扩大绿色债券规模。研究设立国家低碳转型基金。鼓励社会资本设立绿色低碳产业投资基金。建立健全绿色金融标准体系。

（3）完善财税价格政策。各级财政要加大对绿色低碳产业发展、技术研发等的支持力度。完善政府绿色采购标准，加大绿色低碳产品采购力度。落实环境保护、节能节水、新能源和清洁能源车船税收优惠。研究与碳减排相关的税收政策。建立健全促进可再生能源规模化发展的价格机制。完善差别化电价、分时电价和居民阶梯电价政策。严禁对高耗能、高排放、资源型行业实施电价优惠。加快推进供热计量改革和按供热量收费。加快形成具有合理约束力的碳价机制。

（4）推进市场化机制建设。依托公共资源交易平台，加快建设完善全国碳排放权交易市场，逐步扩大市场覆盖范围，丰富交易品种和交易方式，完善配额分配管理。将碳汇交易纳入全国碳排放权交易市场，建立健全能够体现碳汇价值的生态保护补偿机制。健全企业、金融机构等相关的碳排放报告和信息披露制度。完善用能权有偿使用和交易制度，加快建设全国用能权交易市场。加强电力交易、用能权交易和碳排放权交易的统筹衔接。发展市场化节能方式，推行合同能源管理，推广节能综合服务。

（三）批发零售业碳达峰与碳中和的目标与政策

我国的批发零售行业在不断发展的同时，能源消耗和碳排放也越来越大。因此，促进零售行业的碳达峰与碳中和对于实现“30 · 60”目标具有重要意义。

从 2007 年 12 月 31 日的“限塑令”到 2021 年 1 月 1 日的“吸管禁塑令”，这些不断出台的新措施、新规定都是为了减少零售行业的能源消耗和碳排放。近期出台的部分法律规定和政策，其详细内容如表 2-16 所列。

表 2–16 零售业碳达峰与碳中和的政策

时间	法律规定/文件	具体内容
2020年9月1日	中华人民共和国固废物污染环境防治法	1. 电子商务、快递、外卖等行业应当优先采用可重复使用、易回收利用的包装物，优化物品包装，减少包装物的使用，并积极回收利用包装物； 2. 县级以上地方人民政府商务、邮政等主管部门应当加强监督管理。国家鼓励和引导消费者使用绿色包装和减量包装； 3. 国家依法禁止、限制生产、销售和使用不可降解塑料袋等一次性塑料制品； 4. 商品零售场所开办单位、电子商务平台企业和快递企业、外卖企业应当按照国家有关规定向商务、邮政等主管部门报告塑料袋等一次性塑料制品的使用、回收情况； 5. 国家鼓励和引导减少使用、积极回收塑料袋等一次性塑料制品，推广应用可循环、易回收、可降解的替代产品
2020年11月27日	商务领域一次性塑料制品使用、回收报告办法（试行）	1. 环保替代产品，包括纸袋、可循环使用的布袋、提篮和可降解塑料制品等； 2. 将开发相应的网络报告系统，并组织开展了两期报告工作（每半年一期），以此强化市场主体的环保意识、责任意识和法律意识，推动源头减量； 3. 聚焦商品零售、外卖、电商、住宿、会展等重点场所、业态，按照国家规定的时限、区域，梯次推进限塑禁塑工作，对不可降解塑料袋、不可降解一次性塑料吸管、一次性塑料用品的限塑禁塑划出了时间线
2021年10月24日	关于完整准确全面贯彻新发展理念做好碳达峰碳中和工作的意见	1. 加快形成绿色生产生活方式； 2. 大力推动节能减排，全面推进清洁生产，加快发展循环经济，加强资源综合利用，不断提升绿色低碳发展水平； 3. 扩大绿色低碳产品供给和消费，倡导绿色低碳生活方式； 4. 把绿色低碳发展纳入国民教育体系，开展绿色低碳社会行动示范创建； 5. 凝聚全社会共识，加快形成全民参与的良好格局
2021年10月29日	“十四五”全国清洁生产推行方案	餐饮、娱乐、住宿、仓储、批发、零售等服务性企业要坚持清洁生产理念，应当采用节能、节水和其他有利于环境保护的技术和设备，改善服务规程，减少一次性物品的使用

第三章　全球碳达峰与碳中和的总体状况

不同国家的碳达峰与碳中和进程各不相同。了解全球及主要国家碳达峰、碳中和情况，了解碳排放方面的国际形势，有助于中国制定合理的碳达峰碳中和政策。本章主要针对全球及主要国家碳排放量、碳达峰与碳中和情况进行介绍。

第一节　全球及主要国家碳排放总量

一、全球碳排放总量

由于世界各地组织的测算方法不同，导致其测算的碳排放量略有不同，这其中以英国石油公司（BP）发布的《世界能源统计年鉴》（第 70 版）统计数据、国际科学家组成的全球气候变化计划组织（GCP）测算数据、国际能源署（IEA）发布《2020 年全球二氧化碳排放受疫情影响情况》以及 Global Carbon Atlas（全球碳图集）汇总计算的数据等被世界各国广泛采用。

21 世纪以来，全球碳排放量增长迅速，2000—2019 年全球二氧化碳排放量增加了 40%。据英国石油公司（BP）发布的《世界能源统计年鉴》（第 70 版）统计数据显示，自 2013 年以来，全球碳排放量保持持续增长。到 2019

年，全球碳排放量高达 343.6 亿吨，创历史新高。2020 年，受全球新冠肺炎疫情影响，世界各地区碳排放量普遍减少，全球碳排放量下降至 322.8 亿吨，同比下降 6.3%。

但根据国际科学家组成的全球气候变化计划组织（GCP）测算，2020 年全球碳排放量为 340 亿吨，与 2019 年相比减少了 24 亿吨，比上一年下降 7%。

此外，国际能源署（IEA）发布的《2020 年全球二氧化碳排放受疫情影响情况》显示，在 2020 年，发达经济体的年排放量下降幅度最大，平均下降了近 10%，而新兴市场和发展中经济体的排放量相对于 2019 年则只下降了 4%。其中，巴西下降幅度较小，最明显的是中国。中国是唯一一个年度二氧化碳排放量增长的主要经济体，与 2015 年至 2019 年期间的平均增长率相比，中国的排放增速仅下降了 1 个百分点。

（一）碳排放量

根据 Global Carbon Atlas（全球碳图集）汇总计算的数据，1960—2020 年全球碳排放量如图 3.1 所示。从下图可以看出，全球碳排放持续增加，基本呈线性增加趋势。

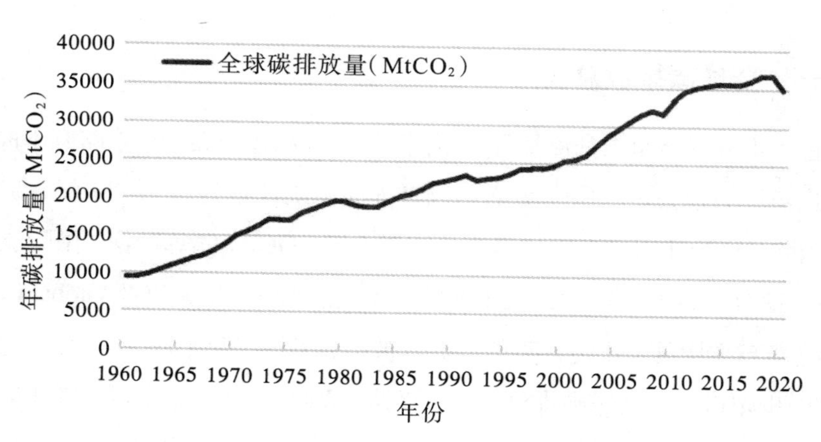

图 3.1　1960—2020 年全球年碳排放量概览

注：$1MtCO_2$=100 万吨二氧化碳；$3.664MtCO_2$=1MtC。

根据 Global Carbon Atlas（全球碳图集）汇总计算的数据，2020 年全球碳排放的总量为 34 807MtCO_2。其中，2020 年碳排放总量排名前十的国家由大到小依次为中国（10 667.89MtCO_2）、美国（4 712.77MtCO_2）、印度（2 441.79MtCO_2）、俄罗斯（1 577.14MtCO_2）、日本（1 030.78MtCO_2）、伊朗（745.04MtCO_2）、德国（644.31MtCO_2）、沙特阿拉伯（625.51MtCO_2）、韩国（597.61MtCO_2）和印度尼西亚（589.50MtCO_2），如图 3.2 所示。

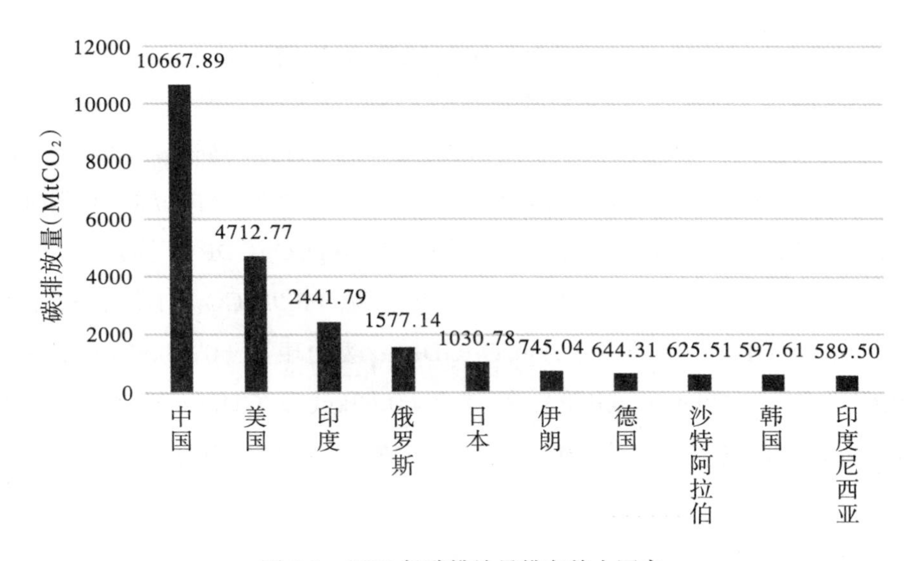

图 3.2　2020 年碳排放量排名前十国家

（二）单位 GDP 碳排放量

根据 Global Carbon Atlas（全球碳图集）汇总计算的数据，1971—2020 年全球单位 GDP 碳排放量（碳排放强度：二氧化碳排放总量/国内生产总值）如图 3.3 所示。1971—2020 年，全球单位 GDP 碳排放量持续下降，基本呈线性减少趋势。

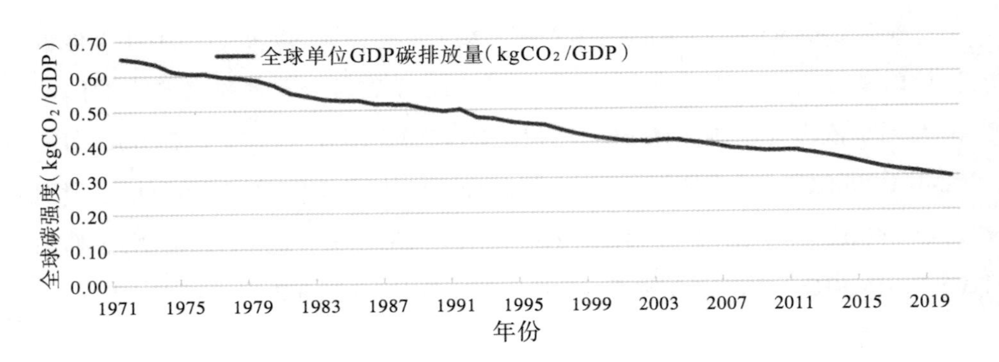

图 3.3　1971—2020 年全球单位 GDP 碳排放量

注：国内生产总值（GDP）是以美元（USD）购买力平价率计量。

根据 Global Carbon Atlas（全球碳图集）汇总计算的数据，2020 年全球平均单位 GDP 碳排放量为 0.3kgCO_2/GDP。其中，2020 年单位 GDP 碳排放量排名前十的国家由大到小依次为蒙古国（2.34kgCO_2/GDP）、特立尼达和多巴哥共和国（1.01kgCO_2/GDP）、土库曼斯坦（0.9kgCO_2/GDP）、利比亚（0.85kgCO_2/GDP）、南非（0.7kgCO_2/GDP）、委内瑞拉（0.68kgCO_2/GDP）、哈萨克斯坦（0.68kgCO_2/GDP）、乌克兰（0.63kgCO_2/GDP）、吉尔吉斯斯坦（0.56kgCO_2/GDP）和巴林（0.56kgCO_2/GDP），如图 3.4 所示。

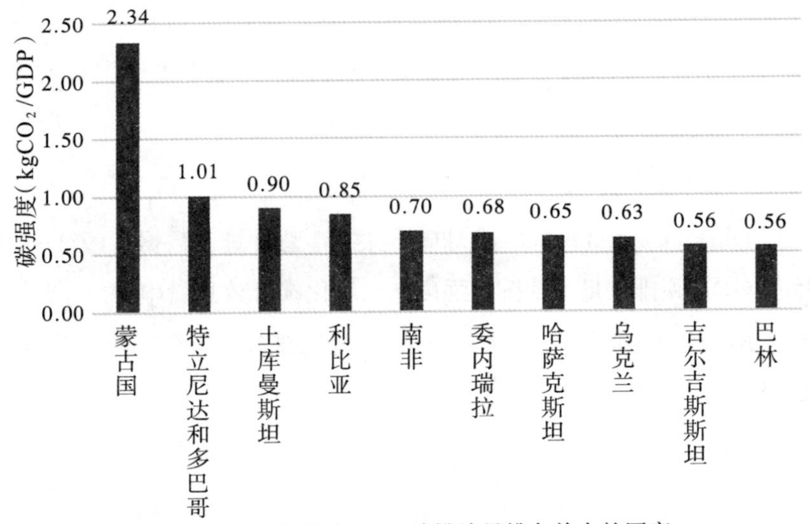

图 3.4　2020 年单位 GDP 碳排放量排名前十的国家

（三）人均碳排放量

根据 Global Carbon Atlas（全球碳图集）汇总计算的数据，1960—2020 年全球人均碳排放量如图 3.5 所示。

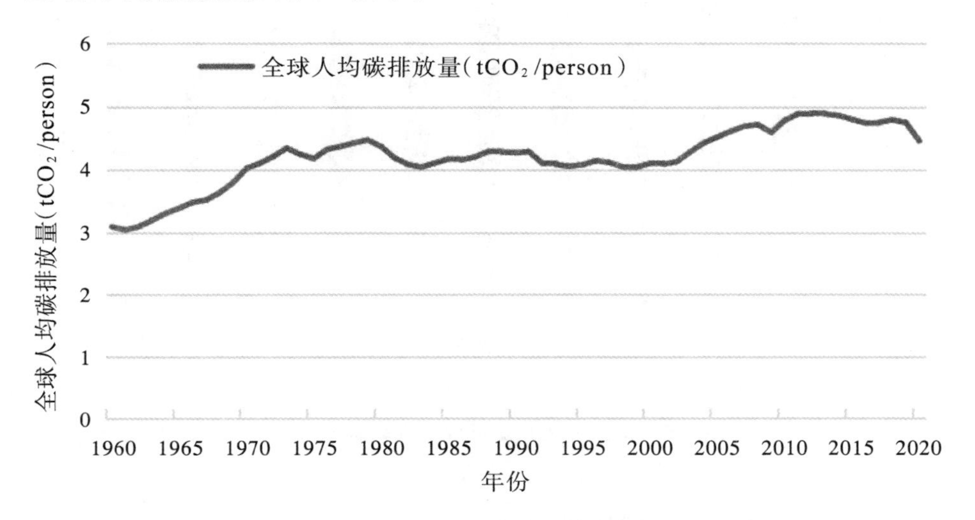

图 3.5　1960—2020 年全球人均碳排放量

注：人均二氧化碳排放量=一个国家因人类活动而产生的二氧化碳总量/该国的人口。

根据 Global Carbon Atlas（全球碳图集）汇总计算的数据，2020 年全球平均人均碳排放量为 4.5tCO_2/person。其中，2020 年人均碳排放量排名前十的国家由大到小依次为卡塔尔（37.02tCO_2/person）、新喀里多尼亚（30.45tCO_2/person）、蒙古国（26.98tCO_2/person）、特立尼达和多巴哥共和国（25.37tCO_2/person）、文莱达鲁萨兰国（23.22tCO_2/person）、科威特（20.83tCO_2/person）、巴林（20.55tCO_2/person）、库拉索（20.32tCO_2/person）、沙特阿拉伯（17.97tCO_2/person）和哈萨克斯坦（15.52tCO_2/person），如图 3.6 所示。

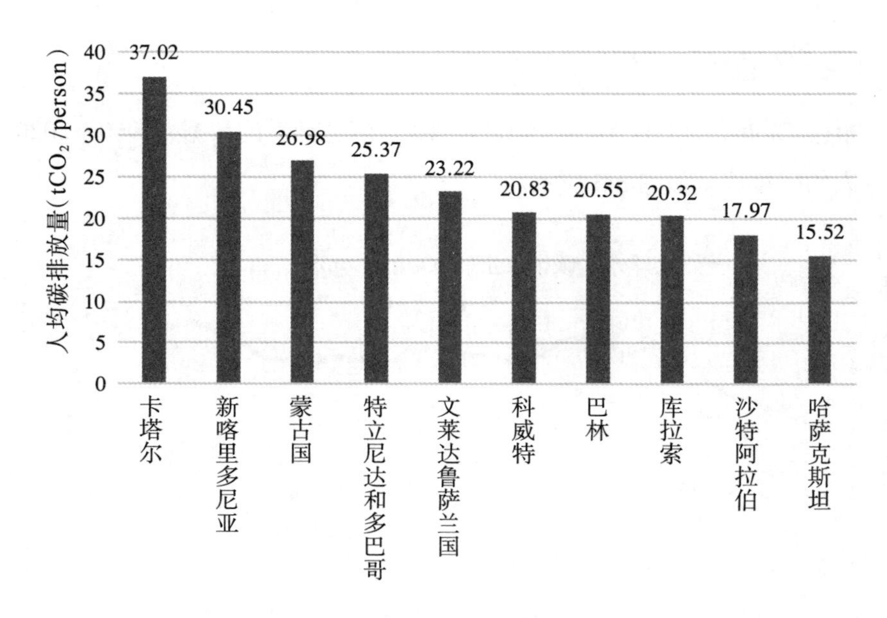

图 3.6　2020 年人均碳排放量排名前十的国家

二、全球主要国家碳排放总量

（一）历年排放量

1960—2020 年，全球碳排放量持续增加，20 世纪 60 年代后基本呈线性增加趋势。如图 3.7 所示，除美国持续线性增长、日本 20 世纪 70 年代短期剧增外，大部分发达国家自 70 年代开始趋于平稳，1990 年以后平稳或略有下降。发展中国家 1960 年以后呈指数增加，成为全球碳排放的主要来源。与发展中国家总体碳排放趋势相似，中国、印度和巴西等国 1970 年以后碳排放量增加较为显著，2000 年后中国增加尤为迅速。中国在 2006 年超过了美国成为世界最大的二氧化碳排放国，中国的二氧化碳排放问题愈加突显（表 3–1）。

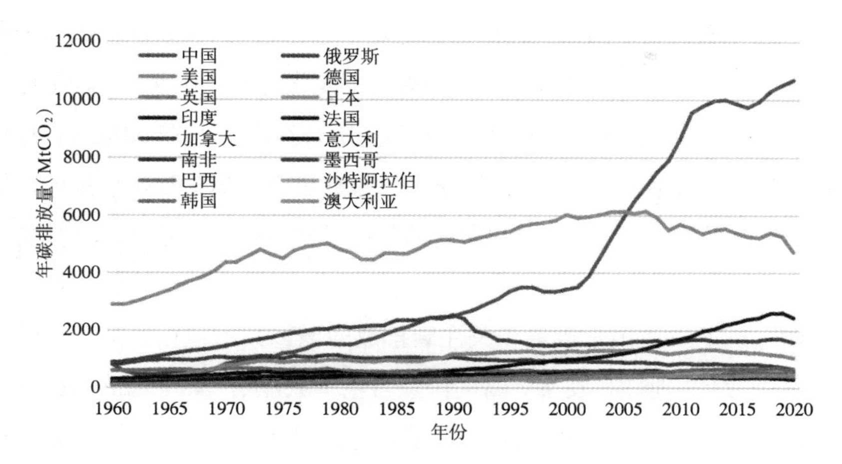

图 3.7　1960—2020 年全球主要国家年碳排放量

表 3-1　全球主要国家年碳排放量

单位：$MtCO_2$

年份	中国	俄罗斯	美国	德国	英国	日本	印度	法国	加拿大	意大利	南非	墨西哥	巴西	沙特阿拉伯	韩国	澳大利亚
1960	799	883	2 897	814	584	232	111	295	193	109	98	63	47	3	13	88
1965	500	1 156	3 399	960	622	386	154	363	252	190	128	75	56	4	25	121
1970	808	1 438	4 339	1 026	653	768	182	460	341	296	150	114	94	45	54	147
1975	1 183	1 826	4 478	1 002	603	869	234	480	397	341	185	164	151	83	82	176
1980	1 494	2 125	4 808	1 100	579	945	292	509	443	386	228	268	186	169	135	221
1985	1 998	2 344	4 652	1 044	560	912	398	403	422	369	324	287	180	172	169	241
1990	2 485	2 526	5 113	1 052	600	1 158	579	393	458	440	313	317	219	208	250	279
1995	3 358	1 613	5 422	939	567	1 240	762	386	491	450	362	332	269	262	384	308
2000	3 439	1 471	6 011	900	568	1 264	979	406	567	470	378	396	340	296	441	352
2005	5 877	1 548	6 135	867	570	1 290	1 186	416	576	502	416	464	364	396	500	388
2010	8 617	1 613	5 676	833	512	1 215	1 678	377	559	436	467	464	440	518	596	405
2015	9 848	1 623	5 372	796	422	1 223	2 269	330	573	361	451	482	529	675	635	403
2020	10 668	1 577	4 713	644	330	1 031	2 442	277	536	304	452	357	467	626	598	392

尽管近年来发展中国家碳排放量迅速增加，但发达国家累计排放量仍远远高于发展中国家。这与发达国家较早地进入工业化有关。发达国家较早地进行了大量的碳排放，侵占了共同的排放空间，因此其承担历史排放量的责任也是不可推卸的。起始年份越晚，发达国家累计排放量占全球累计排放量的比例越小，而发展中国家，特别是中国和印度的累计排放量占全球累计排放量的比例有所增加。

然而，近期发达国家也逐步关注碳排放问题，其中包括美国拜登政府在2021年4月22日地球日发布更新的国家自主贡献计划（Nationally Determined Contributions，简称NDC，是指各国根据自身情况确定的应对气候变化行动目标，是《巴黎协定》的重要组成部分）。

截至2021年3月，已经有75个国家提交了更新的国家自主贡献计划（NDC），但这些国家的排放量只占全球排放量的27.9%。虽然包括欧盟在内的40多个国家在更新的国家自主贡献计划（NDC）中增强了减排力度，但也有一些国家例如巴西和墨西哥提交的目标甚至比5年前更弱。

根据联合国环境署（UNEP）《2020年排放差距报告》，中国目前人均温室气体排放量仍低于发达国家，2019年中国人均排放量与欧盟水平相近、远低于美国和俄罗斯。

（二）单位GDP碳排放量

碳排放强度是指每单位国内生产总值的增长所带来的二氧化碳排放量，即生产单位GDP所产生的碳排放量。它反映一个国家的能源结构和能源利用效率的综合情况，强调碳减排与经济发展的不可分离性。一般来说，发达国家的碳排放强度要低于发展中国家，但不同国家由于其社会、经济、环境等不同，影响其碳排放强度的因素也不一样。因此，该指标的大小与各国能源利用效率的高低并不一一对应。

大部分发展中国家仍然处于工业化进程的初期和中期阶段，经济发展波动性较大。碳排放需求持续增加，距排放峰值尚有较大距离，仍需要较大的排放空间。如果强制减排，必定会严重影响其基础工业的发展，导致该国社会脱离经济发展的正常轨道，严重时甚至会影响国家的稳定。

我国是世界上人口最多的国家，社会发展负担重，且经济发展水平与发达国家相比仍存在较大距离。因此，不能与发达国家相提并论。根据历史趋势，我国似乎已经度过了碳排放强度峰值。然而实际上，高耗能工业仍然是我国产业结构的主要组成部分，决定着国计民生。如图 3.8 所示，我国碳排放强度在 2003 年左右有所反弹，结合目前社会发展趋势，今后我国经济规模还将进一步扩大，需要较多高耗能技术的重复利用，因此，碳排放强度并不能随经济增长而线性递减（表 3–2）。

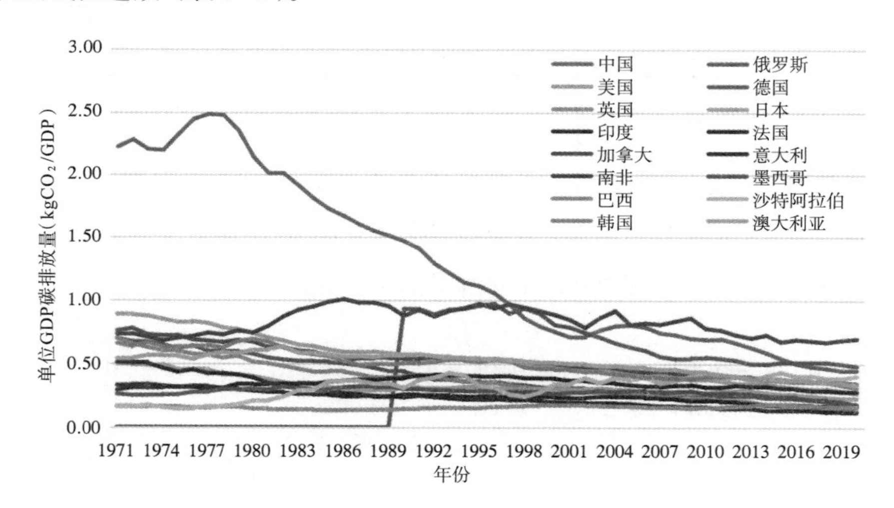

图 3.8　1971—2020 年全球主要国家年单位 GDP 碳排放量

表 3–2　全球主要国家年单位 GDP 碳排放量

单位：$kgCO_2$/GDP

年份	中国	俄罗斯	美国	德国	英国	日本	印度	法国	加拿大	意大利	南非	墨西哥	巴西	沙特阿拉伯	韩国	澳大利亚
1975	2.32	–	0.83	0.62	0.60	0.45	0.31	0.43	0.72	0.31	0.70	0.26	0.16	0.14	0.63	0.56
1980	2.14	–	0.74	0.57	0.51	0.40	0.34	0.39	0.67	0.29	0.74	0.30	0.14	0.21	0.69	0.60
1985	1.72	–	0.61	0.51	0.44	0.31	0.36	0.28	0.56	0.25	0.99	0.29	0.13	0.36	0.56	0.57

续表

年份	中国	俄罗斯	美国	德国	英国	日本	印度	法国	加拿大	意大利	南非	墨西哥	巴西	沙特阿拉伯	韩国	澳大利亚
1990	1.46	0.93	0.57	0.44	0.40	0.31	0.39	0.23	0.54	0.26	0.88	0.30	0.14	0.31	0.50	0.57
1995	1.11	0.96	0.53	0.35	0.35	0.31	0.40	0.22	0.53	0.25	0.97	0.28	0.15	0.33	0.51	0.54
2000	0.75	0.81	0.48	0.31	0.29	0.30	0.38	0.20	0.50	0.23	0.89	0.26	0.17	0.34	0.45	0.51
2005	0.80	0.63	0.43	0.29	0.26	0.29	0.33	0.19	0.45	0.24	0.81	0.29	0.16	0.37	0.41	0.47
2010	0.69	0.55	0.38	0.26	0.23	0.27	0.32	0.16	0.41	0.21	0.78	0.27	0.16	0.42	0.40	0.43
2015	0.54	0.51	0.32	0.23	0.17	0.26	0.31	0.13	0.38	0.18	0.67	0.24	0.18	0.43	0.36	0.37
2020	0.44	0.48	0.27	0.18	0.14	0.22	0.28	0.11	0.34	0.16	0.70	0.18	0.16	0.40	0.31	0.34

（三）人均碳排放量

1992 年，《联合国气候变化公约》确定了“共同但有区别的责任”原则，在一定程度上考虑了发达国家与发展中国家对于大气二氧化碳浓度增加的不同历史责任，以及所处的发展阶段和减排能力的差异。

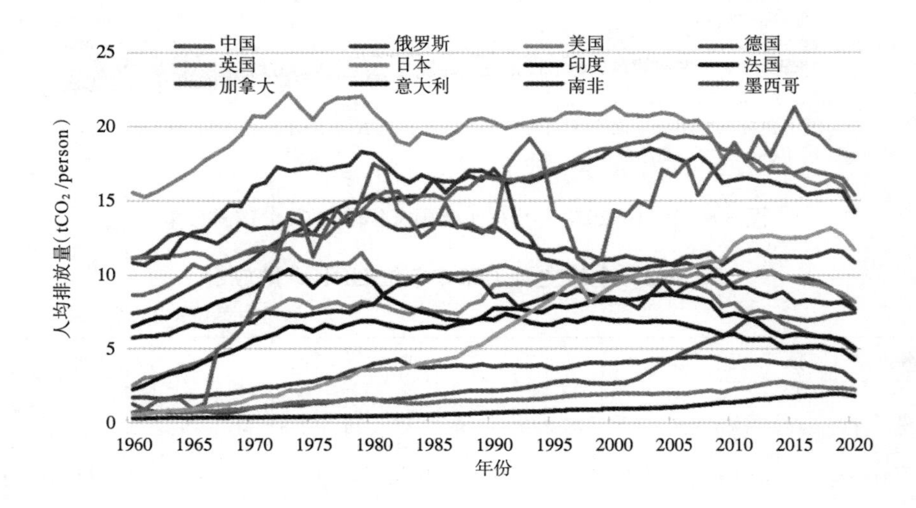

图 3-9　1960—2020 年全球主要国家人均碳排放量

2020 年，全球碳排放最多的国家和地区包括：中国（27%）、美国（16%）、欧盟（11%）和印度（7%）。研究发现，尽管中国碳排放总量偏高，但人均排放量为 6.6 吨，与美国的人均排放 17.6 吨相差甚远，欧盟的人均排放量降至 7.3 吨，也高于中国的人均排放量水平，而美国却是世界平均水平的 3 倍多（图 3–9）。

表 3–3　全球主要国家人均碳排放量

单位：tCO_2/person

年份	中国	俄罗斯	美国	德国	英国	日本	印度	法国	加拿大	意大利	南非	墨西哥	巴西	沙特阿拉伯	韩国	澳大利亚
1960	1.21	7.37	15.52	11.09	11.15	2.48	0.25	6.47	10.80	2.20	5.72	1.67	0.65	0.65	0.50	8.60
1965	0.69	9.14	17.02	12.59	11.47	3.93	0.31	7.45	12.83	3.67	6.61	1.70	0.68	0.87	0.86	10.68
1970	0.98	11.05	20.71	13.06	11.74	7.32	0.33	9.05	15.96	5.54	6.78	2.21	0.98	7.75	1.67	11.53
1975	1.28	13.64	20.44	12.71	10.74	7.73	0.38	9.11	17.21	6.17	7.34	2.75	1.41	11.22	2.31	12.76
1980	1.49	15.39	20.95	14.05	10.30	8.02	0.42	9.45	18.14	6.86	7.99	3.95	1.54	17.46	3.54	15.12
1985	1.86	16.40	19.34	13.44	9.92	7.49	0.51	7.30	16.38	6.48	9.91	3.78	1.33	13.14	4.14	15.39
1990	2.11	17.12	20.28	13.31	10.51	9.30	0.66	6.94	16.63	7.70	8.50	3.78	1.47	12.84	5.84	16.47
1995	2.71	10.88	20.45	11.57	9.78	9.81	0.79	6.68	16.83	7.87	8.73	3.62	1.66	14.08	8.47	17.12
2000	2.66	10.05	21.34	11.05	9.63	9.91	0.93	6.88	18.52	8.30	8.41	4.00	1.95	14.34	9.30	18.53
2005	4.42	10.77	20.80	10.62	9.45	10.06	1.03	6.80	17.90	8.62	8.69	4.38	1.96	16.62	10.26	19.21
2010	6.29	11.24	18.37	10.31	8.06	9.45	1.36	5.99	16.36	7.35	9.12	4.06	2.25	18.88	12.02	18.26
2015	7.00	11.19	16.74	9.73	6.41	9.56	1.73	5.12	15.91	5.96	8.14	3.96	2.59	21.28	12.50	16.85
2020	7.41	10.81	14.24	7.69	4.85	8.15	1.77	4.24	14.20	5.02	7.62	2.77	2.20	17.97	11.66	15.37

根据国际能源署（IEA）的数据，1971—2018 年，全球人均二氧化碳排放（以下简称人均碳排放）水平整体较为稳定，增长幅度约 20%。2018 年，全球人均碳排放达 4.4 吨，中国人均碳排放达 6.8 吨，低于美国、加拿大、德国、日本、韩国、俄罗斯、南非等国家，但高于大部分欧洲国家如英国、法国、意

大利、荷兰、挪威、瑞典、丹麦，以及印度、巴西等部分发展中国家。

中国人均碳排放自2003年开始呈现明显上升趋势，并于2006年超过了全球平均水平，但从2013年起增势明显放缓，2017年又略显回升。对比几个主要国家集团，欧盟（28国）、经合组织（OECD）和G7等主要国家集团的人均碳排水平，依旧处于较高水平，但也已呈现下降趋势。其中，欧盟人均碳排放水平已于2013年降到中国之下，这与其积极制定和实施应对气候变化政策如气候与能源一揽子计划等措施息息相关。当然，在谈及人均碳排放的时候，也需要考虑到“人均历史累计碳排放”，毕竟温室气体浓度升高是受到长期历史排放的累计影响（表3-3）。

第二节　全球及主要国家碳达峰状况

一、全球碳达峰状况

碳排放达峰是实现碳中和的基础和前提，达峰时间的早晚和峰值的高低直接影响碳中和实现的时长和难度。世界资源研究所（WRI）认为，碳排放达峰并不单指碳排放量在某个时间点达到峰值，而是一个过程，即碳排放首先进入平台期并可能在一定范围内波动，然后进入平稳下降阶段。碳排放达峰是碳排放量由增转降的历史拐点，标志着碳排放与经济发展实现脱钩。

碳排放达峰的目标包括达峰时间和峰值。一般而言，碳排放峰值指在所讨论的时间周期内，一个经济体温室气体（主要是二氧化碳）的最高排放量值。联合国政府间气候变化专门委员会（IPCC）第四次评估报告中将峰值定义为“在排放量降低之前达到的最高值”。

根据世界资源研究所（WRI）发布的报告，截至2020年，全球已经有54个国家的碳排放实现达峰，占全球碳排放总量的40%。据经济合作与发展组织（OECD）统计数据显示，1990年、2000年、2010年和2020年碳排放达峰国家的数量分别为18、31、50和54个（图3-10）。

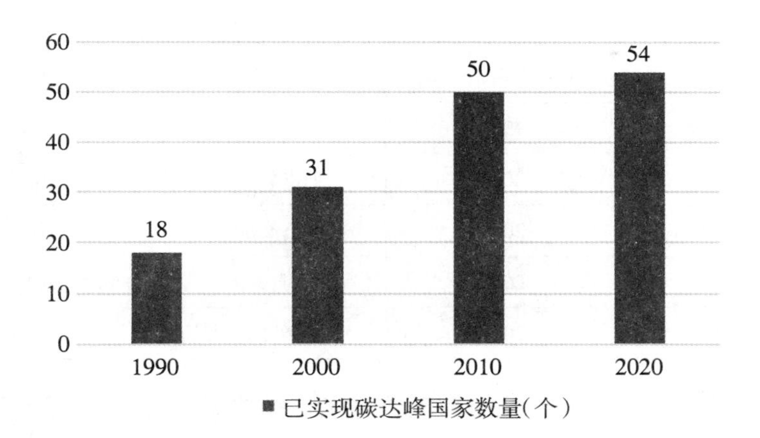

图 3-10 全球已实现碳达峰的国家年数量变化

截至 2020 年，排名前 15 位的碳排放国家中，美国、俄罗斯、日本、巴西、印度尼西亚、德国、加拿大、韩国、英国和法国已经实现碳排放达峰。中国、马绍尔群岛、墨西哥、新加坡等国家承诺在 2030 年以前实现碳达峰（表 3-4）。

表 3-4 全球主要碳排放国家中已实现碳达峰的国家及时间表

国家	碳达峰时间（年）	国家	碳达峰时间（年）
法国	1991	巴西	2004
立陶宛	1991	葡萄牙	2005
卢森堡	1991	澳大利亚	2006
英国	1991	加拿大	2007
波兰	1992	希腊	2007
瑞典	1993	意大利	2007
芬兰	1994	西班牙	2007
比利时	1996	美国	2007
丹麦	1996	圣马力诺	2007
荷兰	1996	塞浦路斯	2008

续表

国家	碳达峰时间（年）	国家	碳达峰时间（年）
哥斯达黎加	1999	冰岛	2008
摩纳哥	2000	列支敦士登	2008
瑞士	2000	斯洛文尼亚	2008
爱尔兰	2001	日本	2013
奥地利	2003	韩国	2013

截至 2020 年，全球已经有 54 个国家的碳排放实现达峰，且在 1990 年、2000 年、2010 年和 2020 年，这些碳达峰国家的碳排放量之和占当时全球总碳排放量的比例分别为 21%、18%、36%和 40%。到 2030 年，届时全球将有 58 个国家实现碳排放达峰，占全球碳排放量的 60%（图 3.11）。

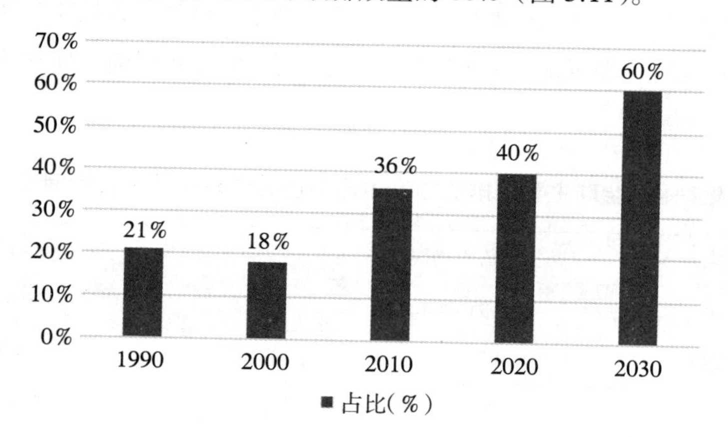

图 3.11　全球碳达峰国家碳排放量之和占全球碳排放量的比重变化

二、全球主要国家和地区碳达峰状况

截至 2020 年，主要的发达经济体和部分发展中经济体已经实现了碳达峰，部分发达经济体已经提出了实现碳中和的预计年份，几个主要的经济体碳达峰和碳中和的时间如表 3-5 所列。

表 3-5　主要国家和地区碳达峰与碳中和的时间

国家和地区	碳达峰时间（年）	碳中和时间（年）
美国	2007	2050
欧盟	1990	2050
加拿大	2007	2050
韩国	2013	2050
日本	2013	2050
澳大利亚	2006	2040
南非	—	2050
中国	2030	2060

其中，美国实现碳达峰的时间是 2007 年，预计实现碳中和的时间为 2050 年；欧盟实现碳达峰的时间为 1990 年，预计实现碳中和的时间为 2050 年；加拿大实现碳达峰的时间为 2007 年，预计实现碳中和的时间为 2050 年；韩国实现碳达峰的时间为 2013 年，预计实现碳中和的时间为 2050 年。日本、澳大利亚实现碳达峰和碳中和的时间分别为 2013 年和 2050 年、2006 年和 2040 年。此外，南非预计实现碳中和的时间是 2050 年，巴西实现碳达峰的时间为 2012 年。

除此之外，我国计划在 2030 年实现碳达峰，约比欧盟实现碳达峰晚约 40 年，比美国晚约 23 年，比日韩晚约 17 年。之后，我国计划在 2060 年实现碳中和，仅比发达经济体实现碳中和晚约 10 年。下面，具体说明几个重要经济体实现碳达峰的发展情况。

（一）欧盟

欧盟 27 国作为整体在 1990 年就实现了碳排放达峰，但各成员国出现碳排放峰值的时间横跨 20 年，德国等 9 个成员国碳排放峰值出现于 1990 年，其余 18 个成员国碳排放峰值分别出现于 1991—2008 年。欧盟碳排放峰值为 48.54 亿吨 CO_2-eq，人均碳排放量为 10.28 吨 CO_2-eq，主要的碳排放源为能源活动

（含能源工业、交通、制造业等）。1990 年碳排放达峰时，欧盟能源活动的碳排放量占碳排放总量的 76.94%，其次是农业（10.24%）和工业生产过程（9.24%），废物管理占比较低（3.59%）。1990—2018 年，由于欧盟工业生产过程和废物管理的碳排放量降幅相对较高，能源活动和农业的碳排放量占比略有升高。

（二）美国

美国碳排放峰值出现于 2007 年，比欧盟的德国、英国和法国以及东欧成员国晚 15 年以上。碳排放峰值为 74.16 亿吨 CO_2-eq，人均排放量为 24.46 吨 CO_2-eq，比欧盟人均水平高出 138%。美国主要的碳排放源为能源活动。碳排放达峰时，美国能源活动的碳排放量占比为 84.69%；而农业、工业生产过程和废物管理占比较低，分别为 7.97%、5.31%和 2.03%。由于能源市场上价格便宜的天然气发电逐渐取代燃煤发电，碳排放达峰后，美国能源活动和工业生产过程的碳排放量占比呈下降趋势。

（三）日本

日本碳排放峰值出现于 2013 年，碳排放峰值为 14.08 亿吨 CO_2-eq，人均排放量为 11.17 吨 CO_2-eq，低于欧盟人均水平的 8.66%。日本的主要碳排放源同样为能源活动，碳排放达峰时，占碳排放总量的比例高达 89.58%，而工业生产过程、农业和废物管理的碳排放量占比分别为 6.36%、2.47%和 1.59%。达峰后，能源活动造成的碳排放量占比略有下降，得益于日本严格的垃圾回收政策，废物管理造成的碳排放量持续降低。

（四）俄罗斯

俄罗斯碳排放峰值出现于 1990 年，碳排放峰值为 31.88 亿吨 CO_2-eq，人均排放量为 21.58 吨 CO_2-eq。2010 年之后，随着俄罗斯经济逐渐复苏，碳排放量有所回升，但仍然远低于 1990 年水平。

（五）英国

英国早在 1991 年即实现碳排放达峰，碳排放峰值为 8.07 亿吨 CO_2-eq，人均排放量 14.05 吨 CO_2-eq，之后碳排放量持续降低，至 2018 年碳排放总量仅为 4.66 亿吨 CO_2-eq，相较于 1991 年下降了 42.26%。

（六）印度

印度至今仍未对碳达峰和碳中和做出承诺。印度在 2015 年向联合国递交减排计划，在一份题为《印度决心做出的贡献》文件中显示，到 2030 年碳排放量较 2005 年下降 33%～35%，同时为本国应对气候变化设立基金。随着国际社会压力增加和国内环境状况恶化，2012 年，向气候变化框架公约大会提交了《第二次国家信息通报》，明确到 2020 年碳排放强度在 2005 年基础上削减 20%～25%，并进一步向《联合国气候变化框架公约》秘书处提交的“国家自主贡献”中提出，到 2030 年使国家碳排放强度在同样基础上削减 33%～35%。

（七）巴西

巴西 2012 年实现碳排放达峰，碳排放峰值为 10.28 亿吨 CO_2-eq，人均排放量仅 5.17 吨 CO_2-eq。2014 年和 2016 年，受巴西世界杯和里约奥运会影响，碳排放量有所回升，总体仍低于 2012 年。2020 年 12 月，巴西设立目标到 2025 年温室气体排放量较 2005 年低 37%，到 2030 年较 2005 年水平低 43%，力争 2060 年实现碳中和。

（八）中国

中国作为世界工厂，为全世界生产了大量的商品。同时由于这些年经济发展速度较快，因此碳排放一直在增加。中国提出将采取更加有力的政策和措施，力争 2030 年前碳排放达峰。

（九）其他国家

印度尼西亚、加拿大、韩国分别在 2015 年、2007 年和 2013 年实现碳排放达峰，碳排放峰值分别为 9.07 亿吨、7.42 亿吨和 6.97 亿吨 CO_2-eq，人均排放量分别为 3.66 吨、22.56 吨和 13.82 吨 CO_2-eq，之后进入平台期。

第三节　全球及主要国家碳中和状况

一、全球碳中和状况

2019 年，全球平均温度较工业化前水平高出约 1.1℃。为共同应对全球气候变暖，各国纷纷签订《巴黎协定》，其主要目标是将全球平均气温较前工业化时代上升幅度控制在 2℃以内，并努力控制在 1.5℃以内。各国相继提出温室气体减排、中和目标，其中欧盟、美国、日本等多数发达国家提出在 2050 年实现中和，中国计划 2060 年实现碳中和。

据前瞻产业研究院整理统计，截至 2020 年年底，全球共有 44 个国家和经济体正式宣布了碳中和目标，包括已经实现目标、已写入政策文件、提出或完成立法程序的国家和地区。其中，英国 2019 年 6 月 27 日新修订的《气候变化法案》生效，成为第一个通过立法形式明确 2050 年实现温室气体净零排放的发达国家（表 3–6）。

表 3–6　全球已规划碳中和的部分国家和地区

承诺类型	具体国家和地区
已实现	不丹、苏里南
已立法	瑞典（2045）、英国（2050）、法国（2050）、丹麦（2050）、新西兰（2050）、匈牙利（2050）

续表

承诺类型	具体国家和地区
立法中	韩国（2050）、欧盟（2050）、西班牙（2050）、智利（2050）、斐济（2050）、加拿大（2050）
政策宣示	乌拉圭（2030）、芬兰（2035）、奥地利（2040）、冰岛（2040）、美国加州（2045）、德国（2050）、瑞士（2050）、挪威（2050）、爱尔兰（2050）、葡萄牙（2050）、哥斯达黎加（2050）、马绍尔群岛（2050）、斯洛文尼亚（2050）、南非（2050）、日本（2050）、中国（2060）、新加坡（21世纪下半叶尽早）、中国香港（2050）

根据 Energy Climate（能源与气候组织）推出的净零排放竞赛计分卡，目前我国已处于第四梯队，位列全球第28位。

从宣布时间看，部分欧洲国家（如德国）在20世纪就实现了碳达峰，其从碳达峰到碳中和间隔50年的时间，美国间隔43年。但作为世界最大的碳排放国，我国仅有30年。

二、全球主要国家和地区碳中和状况

（一）欧盟

欧盟积极做出减排承诺，减排效果可观。欧盟1990年实现碳达峰，计划在2050年前实现“气候中立”（温室气体净排放量为零），并积极采取多种方式，包括在各领域推行相应措施（发展清洁能源、电动车，减少工业排放等），立法确定“气候中立”目标，通过碳排放交易系统有效减少排放量等。2007年7月，欧盟发布了“气候与能源”一揽子计划草案，首次完整地提出了欧盟2020年的低碳发展目标和相关政策措施。2008年1月正式提出了“气候与能源”一揽子方案的立法建议，年底获得欧盟首脑议会和欧洲议会的批准，成为正式法律。该计划设定了2020年欧盟整体比1990年减排温室气体20%、节能20%、可再生能源消费比例提高到20%的目标，并通过按国别的目标责任分解、建立欧盟碳市场、提高机动车排放标准等一系列的配套措施来落实这一整体行动方案。2020 年 11 月，欧盟 27 国领导人就更高的减排目标达成一致，决定到 2030 年时欧盟温室气体排放要比 1990 年减少至少 55%，在 7 个领域开展联合行动，包括提高能源效率，发展可再生能源，发展清洁、安全、互联的交通，发展竞争性产业和循环经济，推动基础设施建设和互联互通，发展生物经济和天然碳汇，发展碳捕获和储存技术以解决剩余排放问题，到 2050 年实现碳中和目标。

（二）美国

美国碳排放 2007 年达峰，执政党对碳减排政策影响较大，民主党更重视国际减排承诺，拜登上台后重新加入《巴黎协定》，承诺在 2035 年，通过可再生能源过渡实现无碳发电，2050 年实现碳中和。同时，2021 年 11 月 1 日，美国正式发布《迈向 2050 年净零排放的长期战略》，公布了美国实现 2050 碳中和终极目标的时间节点与技术路径。报告中指出三个时间节点：第一个时间节点是 2030 年。美国承诺的国家自主贡献目标年，要比 2005 年的排放下降 50%～52%；第二个时间节点是 2035 年，美国实现 100%清洁电力目标。实现电力完全脱碳的目标至关重要，它与能源消费端电气化相结合，是实现 2030 和 2050 年两个目标的关键技术路径；第三个时间节点是 2050 年，美国实现净零排放目标，相当于中国的 2060 年碳中和目标。同时指出美国实现 2050 年净零排放目标是完全可能的，而且存在多种路径。但所有路径都必须经过以下五大关键转型：电力完全脱碳、终端电气化与清洁能源替代汽车、建筑和工业过程、节能与提高能效促使各行业向清洁能源转变、减少甲烷和其他非二氧化碳温升气体排放、规模化移除二氧化碳实施大规模土壤碳汇和工程除碳策略。

（三）日本

日本碳排放于 2013 年实现碳达峰，为实现 2050 年碳中和目标，提出绿色投资协同技术创新推动零碳转型。日本在海上风能、氢能源、电动汽车等 14 个重点领域，提出财政预算、税收、金融、法规和标准化、国际合作等 5 个方面的政策措施，通过技术创新和绿色投资的方式确保社会平稳实现脱碳转型。2020年12月，日本政府推出《绿色增长战略》，被视为日本2050年实现碳中和目标的进度表，构建“零碳社会”。一是将在15年内逐步停售燃油车，日本政府计划到2030年将电池成本“砍半”至1万日元/千瓦时（约合96.9美元/千瓦时），同时降低充电等相关费用，使电动汽车用户的花费降至燃油车用户相当的水平；二是到2050年可再生能源发电占比过半，其中海上风电也将是日本未来电力领域的发力重点，目标是到2030年将海上风电装机增至10吉瓦、2040年达到30～45吉瓦，并在2030—2035年间将海上风电成本削减至8～9日元/千瓦时；三是引入碳价机制来助力减排，将在2021年制定一项根据二氧化碳排放量收费的制度，但业内担心增加经济负担，使得政府对于全国引入碳定价机制仍然持谨慎态度。

（四）中国

我国提出“2030年前碳达峰、2060年前碳中和”目标，并计划到2030年，单位GDP二氧化碳排放比2005年下降65%以上，非化石能源消费占比达25%左右。为此，我国推行“四个革命、一个合作”的能源安全新战略（消费革命、供给革命、技术革命、体制革命、国际合作），优先发展非化石能源、清洁利用化石能源，推进用能权和碳排放权交易试点。

第四章　碳达峰与碳中和的国际经验

国际上一些国家和地区开展碳达峰、碳中和（以下简称“双碳”）工作多年，有些已经实现了碳达峰，积累了一定的实践经验。本章重点梳理世界主要经济体的“双碳”减排关键措施、重大战略布局和资金保障等政策，以期为我国实现碳达峰与碳中和提供一定参考。

第一节　欧盟二氧化碳减排的经验与启示

一、欧盟“双碳”的目标

长期以来欧盟的气候立场是寻求更高的减排目标。2007 年 7 月，欧盟发布了“气候与能源”一揽子计划草案，首次完整地提出了欧盟 2020 年的低碳发展目标和相关政策措施。2008 年 1 月正式提出“气候与能源”一揽子方案的立法建议，年底获得欧盟首脑议会和欧洲议会的批准，成为正式法律。该计划设定了 2020 年欧盟整体比 1990 年减排温室气体 20%、节能 20%、可再生能源消费比例提高到 20%的目标，并通过按国别的目标责任分解、建立欧盟碳市场、提高机动车排放标准等一系列的配套措施来落实这一整体行动方案。2020 年 11 月，欧盟 27 国领导人就更高的减排目标达成一致，决定到 2030 年时欧盟温室气体排放要比 1990 年减少至少 55%，在 7 个领域开展联合行动，包括提高能源效率，发展可再生能源，发展清洁交通，发展竞争性产业和循环经济，推动基础设施建设和联通，发展生物经济和天然碳汇，发展碳捕获和储存技术以解决剩余排放问题，到2050年实现“碳中和”目标。

二、欧盟碳减排的政策

欧盟是全球二氧化碳排放量最多的经济体之一，从历史累计排放来看，其累积排放量约占全世界累积排放总量的四分之一。同时欧盟也是全球碳达峰、碳中和政策体系较为完善的经济体之一。通过多年的探索，欧盟已经构建了较为完备的碳达峰、碳中和政策体系，具有较好的借鉴意义。欧盟形成了贯彻实施低碳发展战略目标的路线图和一整套包括市场、财政金融、标准标识、自愿协议、信息传播等工具的政策措施（表4－1）。

表4－1　欧盟主要碳中和的政策与战略计划

<table>
<tr><th colspan="2">类别</th><th>文件/政策</th><th>发布机构</th><th>发布时间</th><th>主要内容</th></tr>
<tr><td rowspan="4">政策框架</td><td>法律</td><td>《欧洲气候法》</td><td>欧盟委员会</td><td>2020年3月4日</td><td>提出具有法律约束力的目标，并提出6个主要步骤</td></tr>
<tr><td rowspan="2">路径</td><td>《欧洲绿色协议》</td><td>欧盟委员会</td><td>2019年12月11日</td><td>提出欧盟迈向气候中立的行动路线图和七大转型路径</td></tr>
<tr><td>“减碳55”一揽子计划</td><td>欧盟委员会</td><td>2021年7月14日</td><td>通过9条提案，以实现2030年温室气体排放量比1990年至少下降55%的目标</td></tr>
<tr><td>能源</td><td>《推动气候中性经济：欧盟能源系统一体化战略》</td><td>欧盟委员会</td><td>2020年7月8日</td><td>提出具体的能源政策和立法措施，确定六大支柱，提出解决能源系统障碍的具体措施</td></tr>
<tr><td>关键行业措施</td><td>工业</td><td>《我们对人人共享清洁地球愿景：工业转型》</td><td>欧盟委员会</td><td>2018年11月29日</td><td>描绘工业转型愿景，授权各行业通过出台相关政策，支持工业转型，保持欧盟的工业领先地位</td></tr>
</table>

续表

类别		文件/政策	发布机构	发布时间	主要内容
关键行业措施	交通	《可持续交通·欧洲绿色协议》	欧盟委员会	2019年12月21日	提出4个关键行动，旨在到2050年，将欧盟交通运输排放量减少90%
	林业	《欧盟2030年新森林战略》	欧盟委员会	2021年7月16日	提出森林发展愿景和具体行动计划
科技布局	研发布局	欧洲可持续投资计划	欧盟委员会	2019年12月11日	在未来10年调动至少1万亿欧元，支持《欧盟绿色协议》的融资计划
		创新基金	欧盟委员会	2020年6月15日	2020—2030年提供约200亿欧元资金，用于创新低碳技术的商业示范
		“LIFE计划”（LIFE Programme）下的环境与气候行动	欧盟委员会	2018年10月25日	调动4.307亿欧元，资助6类142个新的环境与气候行动项目
		《欧洲绿色协议》研发招标	欧盟委员会	2022年9月22日	调动10亿欧元资金，招标能源、建筑、交通等11个领域创新型研发项目
		创新基金运行的补充指令	欧盟委员会	2019年2月26日	到2030年，将部署具有广泛技术代表性和地理覆盖面的应用型创新项目
财政与金融措施	财政、税收与补贴	《多年期财政框架（2021—2027年）》	欧盟委员会	2021年1月1日	提出10项投资转型举措，巩固欧盟在应对气候变化中的国际领导地位
		《地球行星行动计划》	欧盟委员会	2017年12月12日	提出10项投资转型举措，巩固欧盟在提出10项投资转型举措，巩固欧盟在 应对气候变化中的国际领导地位
		能源现代化基金	欧盟委员会	2020年7月9日	2021—2030年从碳排放交易体系拨款约140亿欧元，投资能源系统现代化

续表

类别		文件/政策	发布机构	发布时间	主要内容
财政与金融措施	财政、税收与补贴	《推动气候中性经济：欧盟能源系统一体化战略》	欧盟委员会	2020年7月8日	修订《能源税收指令》，使各行业税收与欧盟环境和气候政策保持一致并逐步取消直接化石燃料补贴
	碳排放交易体系与碳价机制	《推动气候中性经济：欧盟能源系统一体化战略》	欧盟委员会	2020年7月8日	将碳排放交易体系扩展到新行业，在能源部门和成员国之间提供更加一致的碳价格信号
		"减碳55"一揽子计划	欧盟委员会	2021年7月14日	兼顾公平性，完善碳排放交易体系，实现到2030年碳排放交易体系覆盖行业的排放量比2005年减少61%

（一）能源路线图

2011年3月欧盟通过了《2050年能源路线图》和《2050年迈向具有竞争力的低碳经济路线图》，路线图描绘了2050年欧盟实现温室气体排放量在1990年水平上减少80%～95%目标的成本效益方法。

在产业政策层面，欧盟将发展重点聚焦在清洁能源、循环经济、数字科技等方面，政策措施覆盖工业、农业、交通、能源等几乎所有经济领域，以加快欧盟经济从传统模式向可持续发展模式转型。在交通运输方面，欧盟计划通过提升铁路和航运能力，大幅降低公路货运的比例。同时加大与新能源汽车相关的基础设施建设，2025年前在欧盟国家境内新增100万个充电站，双管齐下降低碳排放量。

（二）欧洲绿色协议

2019年12月，欧盟委员会正式发布《欧洲绿色协议》，提出到2030年温室气体排放量在1990年基础上减少50%~55%，到2050年实现碳中和目标。该协议涉及的变革涵盖了能源、工业、生产和消费、大规模基础设施、交通、粮食和农业、建筑、税收和社会福利等方面。

（三）欧洲气候法

2020年3月提交的《欧洲气候法》，旨在从法律层面确保欧洲到2050年成为首个“碳中和”大陆，准备设立7 500亿欧元的专项经济复苏基金。复苏基金重点投资的领域包括电动汽车、低碳电力生产和氢燃料等，包括三大主要内容：一是为发展绿色经济、进行数字化转型等提供财政支持；二是鼓励私人投资，设立预算为310亿欧元的偿付能力支持工具；三是扩大欧盟科研创新资助计划“地平线2020计划”的资金规模，以强化卫生安全。

（四）“减碳55”一揽子立法计划

2021年7月14日，欧盟委员会公布了名为“Fit for 55”（“减碳55”）的一揽子立法计划，提出了包括能源、工业、交通、建筑等在内的12项更为积极的系列举措。这是世界主要经济体为减少温室气体排放提出的最大力度计划之一。计划涉及交通、能源、建筑、农业和税收政策等方面，内容包括将收紧现有的碳排放交易体系，增加可再生能源的使用，减少对化石能源的依赖；提高能源效率；尽快推出低碳运输方式以及与之相配套的基础设施和燃料等。

根据计划，到2030年，可再生能源将占欧盟最终能源消耗的40%；2030年新注册燃油车将比2021年减少55%，到2035年将不再有新的燃油车注册；到2035年，主要高速公路上每60公里将建一个充电站，每150公里建一个充氢站；通过土地利用、林业和农业领域的减排措施，到2030年自然减少3.1亿吨二氧化碳排放；支持航空和航运业选择更多清洁能源；建立道路交通和建筑行业碳排放市场等。此外，欧盟还将设立“碳边界调整机制”，即对来自碳排放限制相对宽松国家和地区的进口商品，主要包括钢铁、水泥和化肥等征税。

计划对实现《欧洲绿色协议》至关重要。通过提案，欧盟委员会将提出立法工具，以实现《欧洲气候法》中确定的目标，并从根本上改变欧盟的经济和社会，以实现公平、绿色和繁荣的未来。由于欧盟各国发展水平各异，低碳转型代价不同，围绕新规则的博弈十分激烈，提案距离实施还要经过一段时间的谈判。

三、欧盟碳减排的经验

欧盟的减碳政策实施至今，其大部分部门的碳排放均产生了一定下降，但为了实现碳中和目标仍需采取进一步较为强力的推动措施。欧盟制定了一系列政策描绘碳中和实现路径，考虑到欧盟自身碳排放情况与经济特点，其重点举措为持续改进新能源技术、拓展碳排放交易体系、严格产品碳排放标准、发展碳汇项目、征收能源税等。同时全面推进各产业的碳减排，重点降低能源、建筑、交通产业的碳排放，辅以创新负排放技术、应用财政政策、发展绿色金融、增加碳汇等政策。上述政策举措的主要实现途径仍为利用碳排放权交易、财政补贴、环境税等，其作用机制主要是推动企业等微观经济主体自发性地采取碳减排措施，使各部门逐渐脱碳，从而推动欧盟整体碳减排（表 4–2）。

表 4–2　欧盟碳中和的发展路径及战略

收紧欧盟碳排放权交易体系
●2021—2030 年，废除抵消机制，同时开始执行减少配额的市场稳定储备机制发展清洁能源； ●2020 年 7 月发布了氢能战略，推进氢技术发展； ●2020 年 11 月发布的《离岸可再生能源战略》
减少建筑物碳排放，打造绿色建筑
●推广新能源汽车等碳中性交通工具及相关基础设施； ●发展交通运输系统数字化

续表

减少工业碳排放，发展循环经济
●欧盟委员会通过新版《循环经济行动计划》，出台欧盟循环电子计划、新电池监管框架、包装盒塑料新强制性要求以及减少一次性包装和餐具，旨在提升产品循环使用率，减少欧盟的“碳足迹”
加强废物处理领域低碳化
●欧盟计划于 2024 年出台垃圾填埋法律，最大限度地减少垃圾中的生物降解废弃物

（一）碳排放交易体系与碳价机制助力公平转型

欧盟碳排放交易系统（EUETS）成立于 2005 年，是世界上第一个国际排放交易体系，也是全球最主要和规模最大的碳交易市场。在全球温室气体减排实践中，欧盟碳排放交易体系与碳价机制被认为是最有效的市场经济手段。在运行初期，欧盟碳排放交易体系的免费碳额度分配采用历史法，对行业碳排放的约束力较小；其暴露出的问题是碳价失灵，以及欧盟碳排放交易体系效率低下。市场稳定储备机制提高了欧盟碳排放交易体系的有效性，也催生了产业约束问题。时至今日，虽然欧盟碳排放交易体系已历经三个阶段的完善，但仍存在问题。2018 年 2 月，欧盟批准了欧盟碳排放交易体系第四阶段（2021—2030 年）的改革方案。预计到 2030 年，欧盟碳排放交易体系中免费碳配额总量将比 2005 年欧盟碳排放交易体系运行初始年减少 43%，并且欧盟碳排放交易体系也将扩展到更多行业。

欧盟碳排放交易体系第四阶段的主要改革措施包括：2019—2023 年，市场稳定储备机制每年将减少 24%的超配额排放；从 2021 年起，碳配额总量的年均递减速率将从 1.74%提高到 2.2%；定期根据技术进步，更新免费碳配额的总量；激励行业创新，确保能源价格可负担；欧盟碳排放交易体系中 2%的储备资金将用于解决低收入成员国的额外投资需求，即人均国内生产总值低于欧盟平均水平 60%的国家；对于欧盟碳排放交易体系中成员国拍卖的碳配额，其中 10%将分配给人均国内生产总值低于欧盟平均值 90%的国家，其余将根据核实的排放量在所有成员国之间进行分配；通过碳边界调整机制、市场稳定储备机制，将欧盟碳排放交易体系扩展到海事部门，并为建筑业和交通运输业构建新的碳排放交易系统，以实现到2030年欧盟碳排放交易体系覆盖行业的排放量比2005年减少61%的目标；对欧盟碳排放交易体系以外的航班使用国际航空碳抵消与减排机制。

鉴于欧盟整体构成较为复杂，因此欧盟从行业和国家维度两个方面对减排目标开展监管。欧盟将温室气体排放分为两类，详见表4-3所列。

表4-3　欧盟碳排放权交易体系的发展进程

类别	第一阶段	第二阶段	第三阶段	第四阶段
时间	2005—2007年	2008—2012年	2013—2020年	2021—2030年
目标	欧盟到2012年需要在1990年基础上减少8%		2020年较1990年水平减少20%	2030年较1990年至少减少55%
配额分配方式	自下而上 免费比例：95%	自下而上 免费比例：90%	自上而下 拍卖比例：57%	自上而下 —
总量限额的线性折减系数	—	—	1.74%	2.20% （Fit for 55：4.2%）
行业准入范围	发电+能源密集型行业	+航空业	+碳捕捉、封存	
违约罚款	40欧元/吨	100欧元/吨	40欧元/吨 并逐年根据CPI调整	—

（二）设立碳税，驱动欧洲各国积极减排

欧盟碳税起步早、机制全面。1990年，芬兰成为全球第一个推出碳排放税的国家，随后波兰、瑞典、挪威、丹麦等也都相继实施全国范围内的碳税，几乎所有欧洲国家碳税均实现了对重排放行业的覆盖。欧洲碳税趋严，碳税价格上涨，豁免逐渐减少。从碳税出台至今，欧洲各国碳税整体呈上升趋势。部分国家制定了碳税提升目标，通过税率提升来推动减排和低碳转型。欧洲各国对部分行业碳税免征都有重新调整，相应地减少或取消豁免。在欧洲 2050 年气候中和的目标下，预计未来各国碳税力度将继续加大（表 4-4）。

表 4-4 欧盟温室气体排放分类

考核维度	气体类别	
	第一类温室气体	第二类温室气体
涵盖行业	能源、工业、航空	除能源、工业、航空以外的行业
减排方式	通过 ETS 交易实现	仅对成员国设定排放监管总量
排放量占比	40%	60%

（三）制定能源战略，推动欧盟能源转型

加速能源转型，推动气候友好型氢能的发展。欧盟实现气候目标的主要手段是寻找替代能源并推广其应用场景，不断以可再生能源为核心替代化石能源；提高电气化程度，发电主要在转型为风电比例最大，光伏潮汐和核能并重的模式；推进氢能、电制气技术进步，实现电力与其他能源的整合。

能源战略实施的三大支柱包括：第一，建立以能效为核心的更易于“循环”的能源系统，更有效地利用本地能源，同时最大程度实现当地工厂、数据中心等排放出的废热及由生物废物或废水处理厂产生的能源的再利用。第二，在终端领域大力推进电气化，打造一个百万数量级的电动汽车充电桩网络。第三，对难以实现电气化的领域，则用可再生氢能、可持续生物燃料和沼气替代。

虽然短期和中期，这个过渡框架还离不开化石能源，但借助低碳氢过渡可以快速减少排放，并支持经济的发展，长远来看总体上可以减少污染排放。

四、欧盟减排经验对促进中国低碳发展的借鉴意义

（一）完善碳排放交易体系

欧盟碳减排政策主要依靠财政工具、碳排放交易体系等方式进行落实，并

且已经取得了比较好的成果。欧盟碳交易市场成立时间早、成员国家多、规模大，再加上不断对交易体系、监管制度渐进式改革，现已被视为全球碳交易的基准，也是其他国家地区效仿借鉴的重要案例。欧盟的碳排放交易体系经过十几年的发展已经成了全球较为成熟的市场，涵盖行业范围从最开始的电力向能源密集型工业拓展，航空业也纳入监管范围，逐年减少碳排放配额以促进企业采取碳减排措施，从而助力欧盟碳减排。中国需要持续稳步推进碳排放权交易市场以及财政政策的完善，利用碳排放交易和财政手段引领企业主动参与碳减排项目，从而实现整个经济体的碳减排。

中国早在2013年就开始陆续成立碳排放权交易市场试点，市场发展初期较为缓慢，覆盖碳排放总额的比例较小。直至2021年7月16日，全国碳排放权交易市场正式启动，使中国利用市场机制控制和减少温室气体排放、推进绿色低碳发展取得重大创新。全国碳排放权交易市场运行一年后碳排放配额（CEA）累计成交量1.94亿吨，累计成交金额84.92亿元。初步构建了科学有效的制度体系，市场运行总体平稳，推动企业低成本减排作用初步显现，成为展现中国积极应对气候变化的重要窗口。

但是中国碳排放权交易市场发展仍存在着一些问题，如全国碳交易市场碳排放配额发放的企业主体目前限制在电力行业，钢铁、水泥等行业仅在试点省市碳交易市场被覆盖，而且碳定价体系仍有待完善、市场主体交易不够活跃等问题限制了中国碳排放权交易的发展。因此，未来中国需要通过不断扩大交易主体范围、完善价格体系、调动市场主体交易的积极性等途径发挥碳排放权交易的市场机制作用，推动各部门企业的碳减排，从而助力碳达峰与碳中和。

（二）健全财政金融政策

欧盟在“污染者付费”原则下不断完善环境税、能源税等税收体系，如德国于2019年新修订了《能源税法》，并在2021年起针对交通部门征收碳排放的机动车税，利用税收提高煤炭、天然气等化石能源的使用成本，同时采取税收优惠政策推动新能源技术的发展应用。

目前中国2016年通过了《中华人民共和国环境保护税法》，并自2018年1月1日起开始实施，推动企业在生产经营过程里既考虑经济效益又考虑环境保护。根据《中华人民共和国环境保护税法》，中国现行环境保护税覆盖了大气污染物、水污染物、固体废物和噪声四类主要污染物、100多种主要污染因子，其中关于氟化物、氮氧化物的规定在一定程度上限制了温室气体的排放，但是由于未能直接限制二氧化碳的排放而使碳减排效果受到一定影响。

碳税对中国不同地区的减排作用及对经济的影响程度不同，征收碳税时要考虑差别税率。中西部地区如山西主要以采掘业为主，煤炭资源丰富，对这些地区实施碳税的减排效果明显，但由于征收碳税增加了企业的成本，会抑制当地GDP的增长。而东部地区经济发达，如广东主要以制造业为主，其对二氧化碳排放的贡献不大，碳税的实施对东部地区的减排作用有限。此外，实行碳税将影响产业国际竞争力。碳税的征收势必会增加企业的成本，尤其是对于能源密集型的企业来说，若参与到国际竞争中，高成本往往会导致企业失去国际市场份额。为支持我国"双碳"目标的顺利实现，保障重大科技创新技术的应用实施，除了征收碳税以外需要加快出台相应的投融资、财政、价格等多种类型的财政金融政策。注重碳资产的金融属性，积极引入符合条件的金融机构参与碳排放金融市场的建设，激发企业绿色低碳技术研发和应用的积极性。

（三）大力发展氢能源

欧盟建设脱碳社会重视推进氢能产业技术研发和产业化布局。当前，我国氢气生产利用主要在以石化化工行业为主的工业领域，以"原料"利用为主，"燃料"利用为辅。我国发展氢能具有良好基础，也面临诸多挑战。绿氢供应、氢储运路径和基础设施建设、氢燃料电池核心技术装备、氢燃料电池汽车技术装备等均待逐一攻破，必须实事求是、客观冷静、积极创新，争取少走弯路，开创氢能技术突破和产业化新局面。

目前，氢能产业已成为我国能源战略布局的重要部分，主要建设西部北部太阳能发电、风电基地和西南水电基地，因地制宜发展分布式清洁能源和海上风电，补齐煤电退出缺口，满足新增用电需求。2020年，氢能被纳入《能源法》（征求意见稿）。2021年，氢能列入《国民经济和社会发展第十四个五年规划和2035年远景目标纲要》未来产业布局。针对关键降碳行业，除了发展替代能源，也需要加快与之相关的生产工艺、能源效率提升等低碳技术研发和推广应用。加紧打造一批关键行业重点科学技术示范工程，形成良好的示范效应。

第二节　美国二氧化碳减排的经验与启示

一、美国“双碳”的目标

美国明确承诺在2035年，通过可再生能源过渡实现无碳发电，2050年实现碳中和。美国主要的碳排放源为能源活动，碳排放达峰时，美国能源活动的碳排放量占比为84.69%；而农业、工业生产过程和废物管理占比较低，分别为7.97%、5.31%和2.03%。由于能源市场上价格便宜的天然气发电逐渐取代燃煤发电，碳排放达峰后，美国能源活动和工业生产过程的碳排放量占比呈下降趋势。

二、美国碳减排的政策

美国在治理污染问题取得成效后，逐步重视气候变化问题，最早的温室气体排放控制法案的蓝本是1963年出台的《清洁空气法案》并沿用至今。美国在国际上积极开展气候外交，在国内以能源政策为核心推出减碳政策，利用税收、财政等手段持续调动市场积极性，通过调整能源结构、提高能源利用效率来实现节能减排。

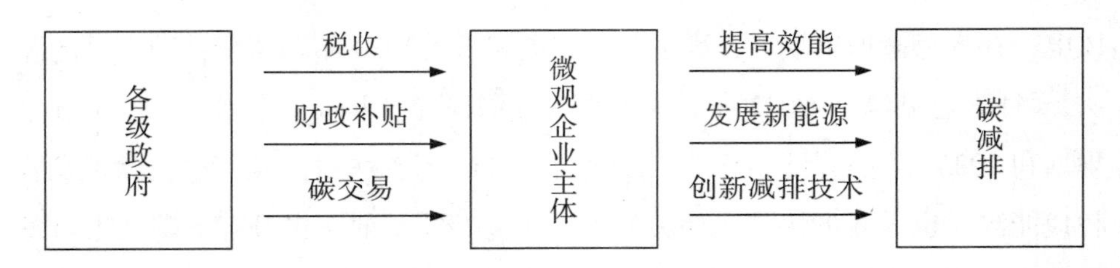

图 4.1　减碳政策作用路径

（一）第一阶段（1992—2000 年），以能源政策为核心推动碳减排

从 1992 年开始，美国政府出台了《1992 年能源政策法》《全球气候变迁国家行动方案》《气候变化行动方案》《2005 年能源政策法案》和《2007 年能源独立和安全法案》等政策法规，综合评估了美国温室气体排放情况，制订了温室气体减排的政府行动计划，不断推动节约能源，提升能源使用效率，促进可再生清洁能源使用及国际能源合作。

美国为了提高自身国际影响力，获取经济与政治利益，在国际上表现得相对积极，主张使用市场机制来解决全球碳排放问题，并推动了《京都议定书》的签署。

（二）第二阶段（2001—2009 年），根据政治经济需求调整碳减排目标

进入 21 世纪之后，国际上对气候变化问题的重视程度逐渐提高，但是此时美国政府认为《京都议定书》的内容不符合自身的经济与政治利益，会导致失业率上升、物价上涨等问题从而影响美国经济发展。因此，美国于 2001 年 3 月宣布单方面退出《京都议定书》，表态到 2025 年将遏制温室气体排放继续增长的态势。2008 年确定了美国设定了以总量减排方式为主的温室气体减排具体目标和时间表，计划到 2020 年把美国的温室气体排放减少到 1990 年的水平，随后还提出 2030 年所有新建筑物的碳排放保持不变或零排放。

（三）第三阶段（2010—2017 年），发展新能源推动碳减排

美国与其他发达经济体和发展中国家签订了一系列的合作，如北美领导人

峰会、美洲国家能源与气候合作伙伴关系计划、美加清洁能源对话行动计划、中美能源效率行动计划等，推进新能源技术、碳捕集技术创新与应用，发展新能源汽车等绿色产业。

2015年，美国与中国签署了《中美元首气候变化联合声明》，之后在两国合作推动下，巴黎气候变化大会终于达成了《巴黎协定》，共同促进全球范围内应对气候变化工作的推进。美国政府出台了《美国复苏与再投资法案》，将开发利用新能源与限制温室气体排放写入了法案中，加强清洁能源的利用与开发，该法案提到要投资580亿美元至气候、能源领域，推动清洁能源开发、能源效率提高、化石燃料低碳化技术开发等，希望通过培育新能源产业促进美国经济增长。之后出台的《清洁电力计划》等政策法规对美国能源供给侧与消费侧两方面进行改革，推动清洁能源技术创新，推广清洁能源的利用和普及（表4–5）。

表4–5　奥巴马时期美国的主要减碳政策

时间	文件/政策	主要内容
2009年	《2009美国复苏与再投资法案》	计划投资7 870亿美元以推动美国经济复苏，其中580亿美元用于新能源开发与利用中
2009年	《美国清洁能源领导法》	加强能源生产、利用效率，同时进一步细化明确新能源标准，发展智能电网技术
2010年	《美国电力法》	设定减排目标，要求2020年相比2005年减排17%，2050年减排80%以上；要求提高传统化石能源能效
2010年	《电动汽车足迹法》	推广电动汽车
2010年	《新电厂温室气体排放标准》	提高新建电厂排放标准,促进电力部门节能减排
2012年	《清洁能源标准法案》	要求逐年增加清洁能源发电比例
2013年	《总体气候变化行动计划》	发展清洁能源、开发燃油标准、减少能源浪费、解决地方气候变化影响
2015年	《清洁电力计划》	要求提高燃煤电厂热效率、扩大天然气发电量、应用可再生能源发电

（四）第四阶段（2017—2022年），依据长期战略改变碳减排发展模式

2017年6月美国宣布正式退出《巴黎协定》。在美国计划退出《京都议定书》和《巴黎协定》期间，《能源政策法》《低碳经济法》《美国清洁能源与安全法案》和《总统气候行动计划》陆续出台，法律规定了一系列有关低碳经济发展的法律与激励措施，对提高能源效率进行规划并明确了具体方案。《低碳经济法》明确了低碳经济将成为美国未来重要的战略选择。《美国清洁能源与安全法案》以立法的形式提出了建立"碳排放总量管制与交易制度"。《总统气候行动计划》是美国联邦政府首次制订的较为长期而全面的应对气候变化的计划。

2019年以来，美国政府陆续提出《清洁能源革命和环境正义计划》《建设现代化的、可持续的基础设施与公平清洁能源未来计划》和《关于应对国内外气候危机的行政命令》。其中，《清洁能源革命与环境正义计划》目标在于确保美国在2050年之前实现100%的清洁能源经济和净零排放。同时在基础设施、电力行业、建筑、交通、清洁能源等领域提出了具体的计划措施，并且重视清洁能源、电池等新兴技术领域的创新。《建设现代化的、可持续的基础设施与公平清洁能源未来计划》对原始气候计划进行了更新，提出到2035年实现电力行业零碳排放，并将投资计划增加至2万亿美元。《关于应对国内外气候危机的行政命令》将应对气候变化上升为国策，明确提出"将气候危机置于美国外交政策与国家安全的中心"。美国新气候计划旨在发动一项全国性的努力，来建设现代化的、可持续的基础设施，并实现公平的清洁能源未来，同时创造更多的就业机会。

美国政府推出的一系列行政命令旨在促进能源转型，将发展清洁能源与美国经济发展相结合，加速各部门的低碳发展。具体而言，美国政府计划加大技术创新力度，降低清洁能源、碳捕集、燃料替代等技术的应用成本。同时，兴建基础建设，其中包括建设充电桩、优化交通路线、优化电网布局、实现清洁能源发电、升级改造现有高耗能建筑物、发展气候智能型农业。

2021年美国政府宣布重返巴黎协定，制定一系列行业措施应对气候变化

并推动碳中和进程，承诺到2050年实现碳中和。这一目标是推动国际社会气候努力的积极举动（表4−6）。

表4−6　美国主要碳中和政策汇总

时间	文件/政策
1978年	《1978年公用事业管制政策法》
1978年	《1978年能源税法》
1980年	《1980年能源安全法案》
1990年	《1990年大气洁净法》
1992年	《1992年能源政策法案》
1992年	《1992年能源安全法案》
1993年	《气候变化行动方案》
2005年	《2005年能源政策法案》
2007年	《2007年能源独立和安全法案》
2009年	《2009年清洁能源与安全法》
2005年	《能源政策法》
2007年	《低碳经济法》
2009年	《2009年美国清洁能源与安全法案》
2013年6月	《总统气候行动计划》
2019年6月	《清洁能源革命与环境正义计划》
2020年7月	《建设现代化的、可持续的基础设施与公平清洁能源未来计划》
2021年1月	《关于应对国内外气候危机的行政命令》

三、美国各区域碳减排行动

为了控制碳排放、保护美国环境，美国各个地方政府及环保组织对碳中和行动十分积极，各个地区间会通过签署协议、交易排放权等方式积极应对温室气体减排。其中，较为有代表性和影响力的计划和组织包括区域温室气体减排行动，西部气候组织，以及芝加哥气候交易所等。

（一）区域温室气体减排行动

区域碳污染减排计划是美国第一个强制性的、基于市场手段的减少温室气体排放的区域性行动，成立目的是限制、减少电力部门的二氧化碳排放。参与州计划在2020—2030年将电力部门二氧化碳排放量缩减30%（表4–7）。

表4–7　美国区域温室气体减排行动主要内容

类别	内容
减排对象	限制和减少电力部门的二氧化碳排放量。具体限制对象为超过25兆瓦的化石能源发电机组
减排目标	计划在2020—2030年间将各州电力部门二氧化碳排放量缩减30%
参与者	涅狄格州、特拉华州、缅因州、马里兰州、马萨诸塞州、新罕布什尔州、新泽西州、纽约州、罗得岛州、佛蒙特州和弗吉尼亚州
减排方式	各州通过拍卖出售几乎所有二氧化碳配额，并将收益投资于可再生能源、高能效等计划，以促进清洁能源经济创新发展。配额也可通过在交易所二次交易获得

（二）西部气候组织

西部气候组织成立于2007年2月，最初参与者为亚利桑那州、加利福尼亚州、新墨西哥州、俄勒冈州和华盛顿州，但除加利福尼亚州外的其他州已于2011年退出，目前的参与者为加利福尼亚州，以及加拿大的新斯科舍省及魁北克省。它是北美最大的碳交易市场，自2011年以来，共举行了43场排放额拍卖，迄今交易配额21亿份，交易金额高达292亿美元，2020年温室气体排放上限约为4.02亿吨二氧化碳当量。

（三）芝加哥气候交易所

芝加哥气候交易所是全球第一个具有法律约束力、基于国际规则的温室气体排放登记、减排和交易平台。出于自愿加入的原则，该交易所在2010年左右因交易量骤降而“名存实亡”，于2010年被洲际交易所收购。但从2003年成立到被收购期间，交易所为减排做出了一定的贡献，每年排放的温室气体量均小于减排计划（表4–8）。

表4–8　芝加哥气候交易所主要内容

类别	内容
减排对象	其减排交易项目涉及二氧化碳、甲烷、氧化亚氮、氢氟碳化物、全氟化物和六氟化硫等6种温室气体
参与者	于2003年以会员制运营，创始会员包括美国电力公司、杜邦、福特、摩托罗拉等13家公司
减排方式	加入的会员必须做出自愿但具有法律约束力的减排承诺，在交易所中交易相当于减排配额的碳金融工具合约（CFI）。交易所根据成员的减排计划及基准签发减排配额，超出配额部分需购买

四、美国碳减排的经验

（一）建立多层级的低碳政策和碳交易机制

美国州政府层面在碳中和领域有着比联邦层面更为完善的约束。加州早在2006年便通过州层面的《全球变暖解决方案法》，法案明确在2050年时将加州的碳排放规模压降到1990年的20%。2007年，加州政府和亚利桑那、华盛顿等州联合发起西部气候倡议（WCI），协议成员各自执行独立的总量管控和排放交易计划，包括制定逐年减少的温室气体排放上限，定期进行配额拍卖、储备和交易，以及排放抵消机制。美国州层面的碳交易较为活跃，具有较为成熟的交易机制，这起到了限制温室气体排放和鼓励能源创新技术发展的作用，同时提高了能源利用效率以及新能源基础设施建设进度。加州碳交易制度下覆盖的碳排放量占排放总量的85%，主要通过碳交易制度下的额度上限管理实现减排目标。

（二）持续优化能源结构

美国能源消费结构不断变化，1949 年美国一次能源消费结构中，煤炭是第一大来源，当年占比 37.48%。从 1950 年开始，石油成为美国第一大能源并保持至今。美国进入石油时代，比 1965 年全世界迈入石油时代早了整整 15 年。1958 年，天然气消费超过煤炭，成为美国第二大能源品类，并一直保持至今。2019 年，由水力发电、风能、太阳能、地热能、木柴等构成的可再生能源，130 多年来首次超过煤炭，成为第三大能源，加上核能，非化石能源已占美国一次能源消费总量的 20%（图 4.2）。

除消费结构优化外，为碳减排做出重要贡献的还有电力行业，其能源消费量在美国排名第一位。2019 年电力行业能源消费量占美国能源消费总量的 37.03%。从 1949 年美国能源信息署记录统计数据以来直到 2015 年，煤炭一直是最主要的发电能源。2016 年天然气才成为主要的发电能源，到 2020 年占比已高达 40%。其他发电能源中可再生能源占比为 21%，核电占比为 19%，煤炭只占 19%。

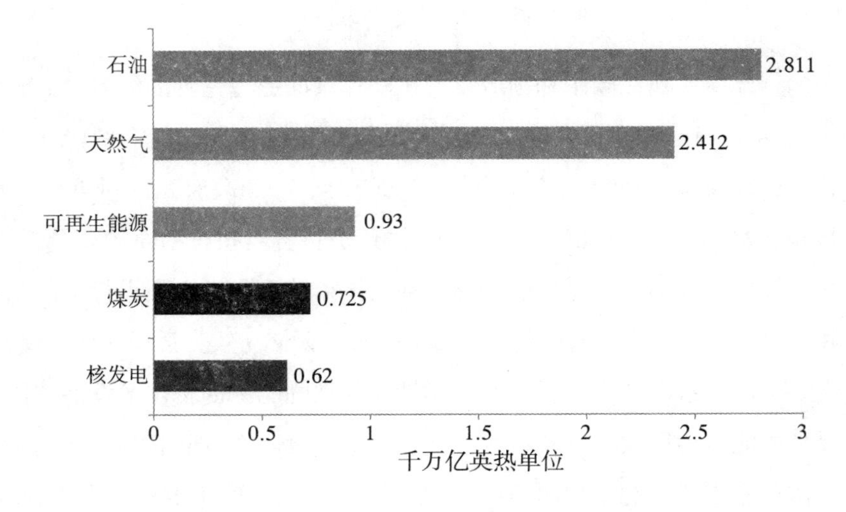

图 4.2　2020 年 10 月美国一次消费能源构成

发电用煤量的迅速下降极大地推动了美国的碳达峰。2007—2019 年，来自煤炭的碳排放减少 50%以上，总量超过 10 亿吨；2005—2019 年，电力行业累计减排 54.74 亿吨，其中 33.51 亿吨来源于天然气对煤炭的替代。

（三）强制要求与优惠政策并举

2005 年和 2007 年，美国分别颁布“能源政策法案”和“能源独立和安全法案”，要求车辆燃料中添加生物燃料，设定 15 年内消费 360 亿加仑可再生燃料的目标，明确要求以石油为主要原料的炼油厂商，必须履行可再生燃料义务。2004 年出台的“美国就业法案”，设立了“生物质柴油税收抵免”条款，规定生物柴油或可再生柴油每加仑享受 1 美元的税收抵免。2016 年，美国联邦政府为此项政策提供的补贴为 27 亿美元。

正是在法律的强制要求和优惠政策的双重刺激下，美国可再生燃料获得了长足的发展。2020 年年初，美国燃料乙醇的生产能力达到 113.4 万桶/天，生物柴油的生产能力为 16.7 万桶/天。

五、美国碳减排经验对促进中国低碳发展的借鉴意义

第一，美国碳减排政策积极利用财政手段与市场机制，以“自下而上”的自愿模式推进碳减排工作。美国政府重视通过政企合作的形式开展碳减排技术创新，利用政府政策引导市场发展，提高市场积极性，获取技术优势。在政策执行中，美国政府采取了税收、补贴、金融等手段影响企业生产经营成本，通过市场价格机制促使企业自愿开展碳减排技术创新活动。

中国需要保持创新驱动策略，不断完善税收、财政补贴、碳交易、绿色金融等体系来调动企业积极性，使“看得见的手”与“看不见的手”互相协同、相得益彰，加强政企合作，激发市场活力，利用政企合作形式推动技术创新以获取核心技术，在低碳经济发展中取得优势。

第二，美国碳减排政策在内容上以创新清洁能源技术为主线，取得了一定

技术优势。同时逐步调整自身能源结构，提高能源自给率并减少碳排放。目前我国在光伏产业等清洁能源技术方面处于国际领先地位，新能源产业已打下坚实基础，在产业规模、制造技术水平、成本竞争力等方面有明显的竞争优势，但在新能源电池等方面也存在短板，需要付出极大的努力来克服。我国需要推动海上风电、氢能、燃料电池、碳捕集利用与封存等技术创新，加速推进新能源核心技术自强自立，获取国际竞争优势，提高能源独立性，推动国内乃至全球的碳减排。

第三，纵观各时期美国碳减排政策的变化，不同党派的减碳政策有的较为积极，有的较为消极。党派执政理念之争使美国减碳政策出现明显的"钟摆效应"，导致政策的连续性较差，政策的长期效果难以保证。因此美国各项具有延续性的法案对长期碳减排工作的推动作用更强，例如《清洁能源标准法案》等法案推出后，即使政府行政命令出现了反复，美国碳减排工作也可以持续推进，并取得一定的减排效果。

中国目前针对"双碳"目标也出台了一系列的政策，在推进碳达峰、碳中和相关工作过程中，在局部可能会产生"一刀切"和"运动式"减碳行动，对政策实施效果带来风险因素。因此，中国在制定碳减排政策法规时需要吸取美国的经验教训，不断完善碳达峰、碳中和政策体系，发挥立法的延续性优势，持续推进碳减排工作。

第三节　德国二氧化碳减排的经验与启示

一、德国"双碳"的目标

2019 年 11 月 15 日在德国联邦议院通过了《德国联邦气候保护法》(Climate Action Act)，通过立法确定了德国到 2030 年温室气体排放比 1990 年减少 55%，到 2050 年实现净零排放的中长期减排目标。而欧盟范围内的统一政策目标又进一步刺激德国考虑将到2030年的减排目标提高到65%。2021年第十二届彼得斯堡气候对话视频会议开幕式上，时任德国总理默克尔表示，德国实现净零碳排放即“碳中和”的时间，将从2050年提前到2045年。

二、德国碳减排的政策

（一）《德国联邦气候保护法》

德国于2019年11月通过了《德国联邦气候保护法》，这部法律为确保德国实现碳减排目标提供了严格的法律框架。这部法案明确了各个产业部门在2020年到2030年间的刚性年度减排目标。之后德国政府制订了一项新的行动计划《气候保护计划2030》，作为落实《德国联邦气候保护法》的重要行动措施和实施路径，《气候保护计划2030》将减排目标在建筑和住房、能源、工业、建筑、运输、农林等六大部门进行了目标分解，规定了各部门减排措施、减排目标调整、减排效果定期评估的法律机制。每年3月15日，德国联邦政府都会分别计算整个德国及各个行业过去一年的温室气体排放水平，由独立的气候问题专家委员会协助联邦政府负责审查数据，并针对需要修正的事项采取紧急处理措施。该专家委员会还会审查各种减排假设，估算各项减排措施对减少温室气体的影响力。此外，该专家委员会也评价新出台的气候行动计划，推动更新德国的长期减排战略，如评价《气候行动计划2050》，研究是否在某些情况下需要更改各行业的年度目标上限。

（二）《燃料排放交易法案》

德国政府早在2019年就提出了配套设计排放权交易机制的想法。作为2030年气候行动计划的一部分，德国推出了《燃料排放交易法案》，该法案于2021年生效。《燃料排放交易法案》是国家排放权交易机制设计的一个典范，与欧盟排放交易体系思路有些不同。欧盟的排放交易体系主要针对工业、发电厂和空中交通中出现排放的地方，也就是说，工厂或航空公司必须为其造成的排放购买证书（即所谓的“下游”排放交易）。德国的国家排放交易的针对点不同，他要求燃料供应商以购买证书的形式获得污染权（即“上游”排放交易），因此，企业需要为未来的燃料燃烧产生的温室气体排放而付费。德国《燃料排放交易法》与能源税密切相关，碳价格在初始阶段是固定的。受到德国排放权交易机制的启发，2021年7月，欧盟委员会提出了“减碳55”一揽子立法计划。该一揽子计划的核心内容之一是修订《排放交易指令》，改革的重点之一就是按照德国上游方式的逻辑，将道路运输和建筑行业纳入单独的排放权交易机制，购买配额的义务在能源税项下的应税事件发生时产生。只是欧盟规定在初始阶段不会有固定的碳价格，只设置一个市场稳定储备，以确保配额价格发展得稳定。

（三）《国家排放交易体系：背景文件》

德国联邦环境署（UBA）下属的德国排放交易管理局基于《燃料排放交易法案》，发布《国家排放交易体系：背景文件》，确定了德国国家排放交易体系的基本原则、覆盖范围与责任方、流程与运行模式。

1. 基本原则

排放交易体系根据“限额与交易”原则运作。所有参与者的温室气体排放量被限制在一个“上限”之内，该“上限”规定了所有参与者允许排放的温室气体总量最大值。而温室气体排放权的价格是市场参与者拍卖和交易的结果。交易参与者必须每年报告排放量，购买相关数量的排放证书（配额），并将其提交给环境卫生和社会服务部。

2. 覆盖范围与责任方

排放交易体系中覆盖了燃烧过程会产生二氧化碳排放的所有燃料种类，尤其是汽油、柴油、燃料油、天然气、液化气、煤以及生物质（不含符合可持续性标准的生物燃料）。汽油、柴油、燃料、液化石油气和天然气率先成为国家排放交易体系的一部分，其他燃料将逐渐包含在系统中。排放交易的责任方包括将燃料投向市场的各类公司，通常是燃料批发商、批发分销的燃料生产商、在能源税意义上向德国进口燃料的企业。企业可以是自然人、法人、实体或合伙企业。

3. 运行模式

国家碳排放交易系统规定每吨二氧化碳的初始价格定为25欧元。此后将逐年提高碳定价，到2025年逐渐上升到55欧元，预期到2026年时碳定价将保持在55欧元至65欧元的价格区间。作为消费者，虽然不会直接参与国家排放交易的体系中，但是因为燃料供应商有义务参加，他们会将成本转嫁给消费者，不断上涨的燃料价格也会导致消费者考虑更加节能的消费方式，气候友好型技术越来越具有吸引力。例如，通过翻新建筑物、改用电动车或安装节能环保的供暖系统来减少传统燃料消费。为了鼓励消费者转向节能环保技术，德国联邦政府非常注重从细小环节考虑社会对政府气候保护政策的支持。例如，政策设计中包含了为低收入者增加通勤津贴以及增加住房福利，对这部分群体给予财政援助。

三、德国碳中和的经验

（一）建筑领域

德国2020年11月1日生效的《建筑物能源法》，成为绿色低能耗建筑的标准法律框架。根据该法案，从2021年起，新建建筑须达到近零能耗，2050年所有存量建筑达到近零能耗。为了达到此目标，德国政府近年来加大了对被动房等节能建筑的推广力度，因此在德国各地纷纷推出许多节能绿色环保建筑项目。由于被动房的造价高于一般建筑，德国政府通过推出低息贷款和建设补贴等措施支持被动房建造。以列车新城为例，德国复兴信贷银行、巴登符腾堡州银行面向购房者提供多种形式的低息贷款。海德堡市政府推出总额600万欧元的资助计划，为新城内的300个居住单元提供补贴，使中低收入市民也有机会入住。

被动房等新型绿色建筑的快速发展，也促进了德国环保建筑产业不断扩大规模。从建筑方案设计及咨询、建材研发生产、建筑施工、运营等各环节，创造了大量就业岗位。仅列车新城的建设，就带来了超过6 000个工作岗位。德国在被动房等领域的碳减排尝试在欧盟得到了认可。目前在欧洲，超低能耗的被动房数量正以每年8%的速度递增。越来越多的国家新建或者改造建筑时采用了被动房标准，作为建筑物减少碳排放目标的重要途径。

（二）能源领域

德国在推进可再生能源应用方面位于世界前列。根据德国联邦统计局公布的数据，2021年德国能源结构中可再生能源发电量占比达42.4%。同时，为了确保绿色电力在全国范围内广泛使用，电网也在进一步改造中。

2022年7月7日，德国联邦议会通过了几十年来最大规模的一揽子能源转型法案修订，包括《可再生能源法》《陆上风电法》《替代电厂法》和《联邦自然保护法》等，旨在帮助德国实现碳中和的气候承诺，同时增强能源供给的独立性。根据该计划，到2030年，德国将实现80%的电力供给来自可再生能源发电，较此前提出的“2030年可再生能源发电占比65%”的目标更是再上一个台阶。由于风力是德国最重要的可再生能源，因此德国政府提出到2030年，将其海上风电装机提高至3 000万千瓦以上，到2045年，进一步提高到7 000万千瓦的水平。另外，德国将每年新增至少1 000万千瓦陆上风电装机，到2030年，德国陆上风电累计装机预计将达到1.15亿千瓦。

（三）工业领域

德国联邦政府的政策主要是鼓励工业企业开发有利于气候保护的创新技术，采用气候友好的生产技术降低能源和资源消耗。例如，德国联邦政府通过出台高技术气候保护战略、投入70亿欧元的国家氢能源战略等措施，以技术创新路线打造德国在世界范围内的可持续性竞争力。

在诸如碳捕集使用与封存技术、移动和固定式储能系统电池技术、材料节约型和资源节约型的循环经济技术等领域，德国联邦政府通过设立数十亿元产业基金，拉动工业部门投入研发项目。

（四）运输领域

德国政府通过财政补贴与税收政策相结合的激励约束机制，鼓励居民使用电动汽车、自行车和铁路出行，鼓励发展替代燃料技术。德国政府也正在努力生产本土电池，确保电动汽车制造商能够保持汽车生产竞争力。从 2019 年 11 月起德国政府对购买电动汽车的消费者给予最高 6 000 欧元的补贴，到 2030 年政府将补贴建设 100 万个充电站。此外，充分利用税收对居民消费的影响效应，引导居民绿色消费。德国政府对 2021 年以后新购买的燃油车征收基于公里碳排放的汽车税。从 2021 年起，德国每年投入 10 亿欧元更新公交电动化改造，到 2030 年，投入 860 亿欧元对全国铁路网电气化和智能化改造升级。另外，根据《2017—2020 年清洁空气立即行动计划》和相关措施，政府向受空气污染影响的城镇提供约 20 亿欧元的资金，用于加强交通电气化、当地交通系统数字化和当地柴油公交车改造。该项措施效果显著，城镇空气质量明显得到改善。

联邦政府和铁路运营商努力实现铁路网络的现代化，加快铁路网络的规划和审批程序。此外，德国政府为鼓励市民乘坐长途铁路出行，为鼓励居民乘坐长途火车出行而不是乘坐飞机，将长途火车票价的增值税从 19%永久性地降低到 7%，同时调高了欧洲州境内航班的增值税。

四、德国碳减排经验对促进中国低碳发展的借鉴意义

中国作为全球最大制造业国家还处于工业上升期，不可避免地成了碳排放总量大国。德国碳排放总量比中国少得多，实现“碳中和”的时间跨度也比中国长得多。尽管碳减排任务不同，仍然可以从德国的实践经验中得到一些启示。

一是加强立法约束，制定系统的法律法规和政策设计。政策性的减排目标必须依靠具有强制约束力的法律保障。目前，德国在“碳中和”立法方面走在世界前列，德国推进“碳中和”所构建的法律体系具有系统性、完整性的特点。《气候保护法》《可再生能源法》和《国家氢能战略》等法律法规明确了各产业或者部门在2020年到2030年间的刚性减排目标，具有传导连续、责任分明的强制约束力。此外，在碳减排正式立法前，德国联邦政府已经制定及发布了“德国适应气候变化战略”“适应行动计划”和“气候保护规划2050”等一系列国家长期减排战略规划和行动计划，并广泛宣传、引导铺垫，为后续落实具体行动计划提供了社会认知基础。

二是合理对接经济政策与气候政策以促进绿色协调发展。德国碳减排路线是伴随着经济复苏计划同时出台的，并非以阻碍经济发展为代价。德国认为人类社会活动导致的温室气体排放及气候变化是非常复杂的全球性政策挑战，合理的经济增长与实现气候保护目标需要相互协调。从具体的数字看，虽然德国40%以上的电力来自可再生能源，但风力发电与太阳能发电在降低电价方面作用有限，快速的能源转型和缓慢的电网扩建加大了经济成本和风险。随着大规模波动性的可再生能源并网，为了维持电网供需平衡，必须打造一个更加灵活的电网系统。虽然高电价不至于使德国陷入“能源贫困”，但是德国在能源转型过程中出现的问题，值得中国进行深入研究并努力争取经济发展与环境保护协调发展。

三是碳减排财政支出顾及社会公平。德国联邦政府非常注重从细小环节考虑居民对政府气候保护政策的获得感。例如，政策设计中包含了为低收入者增加通勤津贴及增加住房福利等财政援助，针对气候友好型运输和节能建筑提供减少可再生能源税等针对性补助措施。此外，从碳定价和针对燃油等征收的能源税中获取的收益也用于补贴居民，发放养老金等社会性支出。气候保护需要社会各界的支持和共同参与。保护气候的行动不应该仅仅局限在专家学者和科技人员的范围内，而是应该让社会各界和广大公众来共同关心这个问题。从这个角度来看，一方面应当加大“碳中和”的宣传力度，争取未来在能源转型攻坚战的过程中得到更加广泛的民意支持；另一方面要提高社会公众的参与感与获得感，通过相关政策设计激发社会公众参与气候保护的意愿和主观能动性。

四是发挥金融工具与财政政策的组合效应。金融工具和财政政策都具有碳减排融资功能，分层分类的碳减排融资方式可以提高碳减排实施的精准性，从而确保政策的实施效果。碳减排金融工具和财政政策的本质功能都是构建碳减排的市场导向性，降低碳减排的资金压力。两类工具并非孤立执行，而是紧密协同、共同发力。德国复兴信贷银行作为一家政策性银行，充分发挥了金融工具和财政政策的互补性、协同性作用。我国可以通过完善信贷法律法规，将与环境相关的信息和考察标准纳入审核机制，从而帮助银行更好地识别企业经营的环境风险，促进资金的使用方向倾向于环境友好型领域，引导各产业低碳发展，助力实现碳减排目标。

五是完善气候保护数字化监督管理机制。德国在确保《德国联邦气候保护法》落地执行方面，注重对实施过程的监督和评估。除了制定框架性的法律之外，还制订了相应的执行计划和系统的监督管理机制，持续监测各个产业部门碳减排目标达成情况并进行风险评估分析。

对于我国来说，可以首先尝试从企业层面到行业层面建立统一强制性的数据披露机制，开发基于中国国情的碳排放因子计算体系，建立适宜中国国情的碳排放标准。

第四节　日本二氧化碳减排的经验与启示

一、日本“双碳”的目标

2020 年 12 月，日本政府推出的《绿色增长战略》提出构建“零碳社会”，被视为日本 2050 年实现碳中和目标的进度表。该战略提出多项减碳目标：一是日本政府计划在 15 年内逐步停售燃油车；二是到 2030 年将电池成本压缩至

1 万日元/千瓦时（约合 96.9 美元/千瓦时），同时降低充电等相关费用，使电动汽车用户的花费降至燃油车用户相当的水平；三是到 2050 年可再生能源发电占比过半，其中海上风电将是未来电力领域的发展重点，目标是到 2030 年将海上风电装机增至 10 吉瓦，2040 年达到 30～45 吉瓦，并在 2030—2035 年间将海上风电成本削减至 8～9 日元/千瓦时。

2021 年 4 月，日本宣布新的 2030 年温室气体减排目标，提出要比 2013 年削减 46%，并努力向削减 50%的更高目标去挑战。此外，2022 年年初日本政府表态构建“亚洲零排放共同体”，将在零排放技术开发和氢基础设施的国际联合投资、联合资金筹措、技术标准化和亚洲排放权市场等领域发挥积极作用。

二、日本碳减排的政策

日本减碳政策的演变与其资源禀赋和发展路径息息相关，有限的自然资源与逐渐变化的发展模式使日本减碳政策确立向绿色低碳社会转型的目标。日本作为岛国受自然环境约束较强，且距离中东等化石能源储量丰富地区较远的地理位置使日本受资源约束较强，导致日本对气候变化问题相对内陆国家更敏感，有更足的动力发展绿色技术与绿色产业。日本减碳政策的发展过程与欧盟类似，同样是以污染治理为出发点，以能源结构调整为主要抓手，以税收、补贴、绿色金融为推动手段，发展绿色产业，逐步向碳中和推进。

（一）萌芽时期（1979 年以前），以环境治理和能源发展为主，利用财政手段引导减碳

早期日本主要针对环境污染以及能源危机制定相应的政策，利用财政政策引导企业节能减排，通过法规约束企业行为，以此解决环境污染与能源危机问题。日本为快速发展经济，在“二战”后采取了以发展重工业为主的政策，但是随着经济快速发展，日本的环境污染愈发严重，这给日本社会造成了极大的

影响。与此同时，1973 年爆发的石油危机导致日本经济受损，因此日本此时的环境政策开始向发展新能源倾斜，期望通过产业结构与能源结构的调整来摆脱对进口能源的依赖。

为解决环境污染及能源紧缺问题，日本出台了《公害对策基本法》《自然环境保全法》《公害被害健康补偿法》《石油紧急对策纲要》和《节约能源法》一系列的节能减排、保护环境的法律法规，不断促进新能源的开发利用、能源使用效率的提高和产业结构的调整，保障日本国内的能源供给安全。在这些严格的法规政策的作用下，日本建立环境评估制度、引导环保产业发展、教育企业与居民形成环保理念，以此解决环境污染与能源依赖问题。

（二）建设完善时期（1980—2017 年），重视新能源开发及技术创新，努力建设低碳社会

在 20 世纪 80 年代后，日本为解决气候变化问题，将能源、环境与经济三方面相协调，提出了能源安全、环境保护和经济发展为核心的政策。之后《地球温室化对策推进大纲》与《新国家能源战略报告》，推动日本调整能源结构，控制因化石能源消耗产生的温室气体排放。随着减碳政策的完善，日本开始要求构建低碳社会，实现碳减排目标。

2010 年《气候变暖对策基本法案》规定日本 2020 年碳排放要比 1990 年减少 25%，2050 年要比 1990 年减少 80%，并指出要在核电、可再生能源、交通运输、技术开发和国际合作等方面实施措施推动碳减排。此后，日本又推出了《低碳城市法》《战略能源计划》和《全球变暖对策计划》等多项政策法规，以新能源创新为主线，推动各部门低碳发展。

在政府层面，《低碳城市法》等法规要求日本各地方政府从能源角度入手，推动各产业部门节能减排，并逐步培育地方绿色产业，还要求调整城市结构、增加城市碳汇，从多方面入手推动城市低碳发展。在企业层面，日本主要采取了碳排放限额、环境税、财政补贴等手段推动企业自愿采取碳减排措施，逐步扭转企业发展观念，从而实现企业低碳发展。在个人层面，日本政府出台了

《环境教育法》，从法律层面上推动民众形成环保理念，同时通过划定居民减排职责、利用财政补贴引导等手段使居民形成低碳生活模式，如居民购买清洁能源汽车享受税收减免与补贴，促进居民出行绿色化（表 4-9）。

表 4-9　建设完善时期日本的主要政策

时间	文件/政策	主要内容与作用
1993 年	《环境基本法》	倡导可持续发展模式，推动构建环境负担小、能够可持续发展的社会
1994 年	第一个《环境基本计划》	以提高能源效率、改进生产技术、降低交通排放、明确各社会主体职责等途径推动可持续发展
1997 年	《新能源法》	推动新能源发展
1998 年	《全球气候变暖对策推进法》	对日本社会各主体的职责进行明确，将对应气候变暖作为国家基本对策
2002 年	《地球温室化对策推进大纲》	要求从节能、新能源、交通、建筑、居民生活方式、碳交易等途径应对气候变化
2003 年	《环境教育法》	利用法律法规帮助企业、居民树立起环保理念
2005 年	资源排放交易计划	搭建碳信用交易系统，利用财政补贴手段推动企业参与进减排项目中
2006 年	《新国家能源战略报告》	制定了核电、节能、新能源和能源运输计划，从能源供给与需求两端推动日本的能源结构调整
2008 年	核证减排计划	构建碳信用交易系统，鼓励企业参与碳汇、减排项目
2010 年	《气候变暖对策基本法案》《2010 新成长战略》	利用可再生能源、技术开发、国际合作等方面的措施推进碳减排
2012 年	《低碳城市法》	推动地方政府制订城市低碳发展规划，从交通、能源、建筑和碳汇等方面推动城市低碳发展
2012 年	《绿色增长战略》	推动环保产业发展，推进蓄电池、环保汽车和海上风能发电发展，推动能源从核能转向绿色能源
2014 年	《战略能源计划》	发展新能源，使能源供给结构多元化
2016 年	《全球变暖对策计划》	规定了温室气体的减少和消除目标、企业和市民、国家和地方自治的义务与责任

（三）全面发展时期（2018 年至今），促进绿色产业发展，为实现碳中和铺路

在《巴黎协定》生效之后，国际社会推动碳中和建设，日本的减碳政策在能源转型基础上推动绿色产业发展，进而实现碳中和目标。自 2018 年推出第五期《能源基本计划》以来，日本持续投入研发经费至新能源开发利用中。之后《革新环境技术创新战略》又提高了绿色技术的发展与应用，提出了 39 项重点绿色技术，包括可再生能源、氢能、核能、碳捕集利用和封存、储能以及智能电网等绿色技术，计划投入 30 万亿日元以促进绿色技术的快速发展。2020 年 12 月，日本颁布了《绿色增长战略》，提出了推动日本实现碳中和的产业分布图，并要求通过财政扶持、税收和金融支持等方式引导企业创新，推动绿色产业发展。这一阶段，日本为了创造“经济与环境的良性循环”，强调运用多种政策工具促进碳中和目标的实现（表 4–10）。

表 4–10 全面发展时期日本的主要政策

时间	文件/政策	主要内容与作用
2018 年	第五期《能源基本计划》	降低化石能源的使用，推动新能源技术、储能技术的发展与应用
2019 年	《氢能及燃料电池战略发展路线图》	着眼于燃料电池技术、氢供应链与电解技术三大领域，确定 10 个项目作为优先领域中的优先项目，促进研究与开发，推动日本氢能发展，实现氢能社会
2020 年	《革新环境创新战略》	提高绿色技术的应用，促进绿色技术发展
2021 年	《2050 年碳中和绿色增长战略》	提出能源、运输与制造、家庭与办公三个类目下共 14 个产业进行战略规制

首先是加大财政投入。日本为实现 2050 年碳中和的目标，在财政预算中特别设置总额 2 万亿日元的“绿色创新基金”，主要支持在迈向碳中和社会的过程中不可缺少的、作为产业竞争力基础的重点领域，从技术开发、实证到社会应用，在十年间持续提供资金支援。该基金 2021 年 3 月正式成立，并开始

招标。“绿色创新基金”分为三个关键领域：其一是绿色电力的普及，包括海上风力发电的低成本化、次世代太阳能电池的开发等；其二是能源结构转换，包括大规模氢能供应链的构建、水电解制氢的推广、钢铁锻造工艺中氢的应用、燃料氨供应链的构建、二氧化碳的分离和回收等技术开发、废弃物处理中的减排技术开发等；其三是产业结构转换，包括新一代蓄电池和电机的开发、新能源汽车普及伴生供应链技术变革的开发和实证、智能出行社会的构建、次世代数字基础设施的建设、新一代飞机和船舶的开发、农林水产业二氧化碳削减和吸收技术的开发等。

其次是出台税收优惠政策。在建立去碳化社会的过程中，民间企业的去碳化投资起到至关重要的作用。日本在2021年度税制改革中创设“碳中和投资促进税制”。“碳中和投资促进税制”主要包括两方面内容：其一是企业购置符合税法规定的“具有显著脱碳效果产品的生产设备”；其二是企业购置符合税法规定的“促进生产流程脱碳化且提高增加值的设备”，这一制度旨在通过税收优惠，激发企业设备投资的积极性，鼓励企业开发环境友好型产品，改善生产工艺流程，促进生产经营模式转换，从而有利于全社会碳中和目标的实现。

最后是促进数字经济和绿色经济协同发展，日本在2021年设立“数字化转型投资促进税制”。企业购置符合税法规定的设备和软件，利用数字技术提高业务效率或改善服务，在满足提高生产率或者开拓新生产销售模式以及确保网络安全的条件下，可以按照设备和软件取得价款的3%直接抵免法人税税额，或选择按取得价款的30%进行特别折旧；为鼓励数据共享，在跨企业集团进行数据共享和合作的情况下，抵免标准可以提高至设备和软件取得价款的5%。“碳中和投资促进税制”和“数字化转型投资促进税制”抵免法人税的上限合计为当期法人税额的20%。日本政府期望通过这两项制度，引导未来产业发展方向，鼓励企业将碳中和与数字化转型提升至战略层面，为长期可持续发展和提升竞争力主动进行投资。

三、日本碳减排的经验

日本是经济大国，同时是资源小国，经济社会发展所需能源资源几乎全部需要进口。因此，在经济发展政策制定过程中，非常注重节约、高效和多目标协同。

（一）利用政策引导推动制造业转型

日本在实现工业化和经济快速发展的过程中，曾带来了严重的环境污染；另一方面，作为一个岛国，日本的自然资源匮乏，必须要确保本国能源安全。日本的绝大部分产业政策都是以法律的形式出台的，法律成为直接干预和间接诱导产业发展的法律依据，在此基础上，政府通过行政法规的形式把法律的规定具体化并落到实处。日本的制造业，从劳动驱动型向创新驱动型转型，能源消耗也明显改善。

（二）设立双边碳抵消机制

面对现有碳交易机制存在的弊端，日本设立了双边碳抵消机制 BOCM。该机制是通过日本与发展中国家签署双边协议的方式，由日本向发展中国家提供低碳环保技术、产品、服务以及基础设施建设等方面的国际援助，通过在东道国投资建设 BOCM 项目，换取相应数量的温室气体减排量（或者移除量）用于日本实现温室气体排放减排目标。BOCM 机制下项目的覆盖范围更宽泛、项目的审定程序更简化、项目减排量的计算更简单，尤其在日本核泄漏事故发生、日本国内核电站全部停止运营的背景下，BOCM 机制为缓解日本温室气体排放减排压力、奠定日本在未来以碳权为核心的国际金融体系中占据主导地位发挥了重要作用。

（三）测算碳减排的经济社会影响力

为明确征收碳税造成的经济社会影响度，2021 年 6 月，日本环境省组织日本政策投资银行集团价值综合研究所和国立环境研究所两家机构，运用专业技术进行了测算研究。结果显示，第一，假设将现有的“地球温暖化对策税”的税率分别提高 1 000 日元、3 000 日元、5 000 日元和 10 000 日元，根据两家机构的测算结果，税率越高产生的减排效果越显著，但同时，在财政支出结构不变的情况下，税率越高，对实际国内生产总值（GDP）的负面影响也越大。第二，根据国立环境研究所的测算结果，如果碳税的征税收入用于对节能减排相关投资进行补贴，那么对 GDP 的负面作用可以大大缓解。第三，根据日本政策投资银行集团价值综合研究所的测算结果，如果碳税的征税收入用于对节能减排相关投资进行补贴，不仅对 GDP 的负面作用可以大大缓解。即使是在税率最高（提高 1 万日元）的情况下，仍然有可能实现经济增长率超过不加征碳税时的经济增长率。因此，实现经济增长和节能减排的协调发展，主要取决于税收收入的用途。

四、日本碳减排经验对促进中国低碳发展的借鉴意义

（一）探索产业低碳化发展新思维和新模式

作为制造业大国，中国拥有完备的制造加工产业链和配套能力，属于全球碳排放量大国。中国已提出“碳中和、碳达峰”的“双碳”目标，对中国产业发展战略协同环境发展提出了更高要求。随着中国经济社会发展进入新常态，实现经济持续增长和质量效益提升将面临巨大挑战，应将低碳发展战略与新型工业化、新型城镇化、数字经济等战略进行深度融合，把低碳化发展作为新时期推动经济发展转型的重要抓手，鼓励各地积极探索符合本地特色的绿色低碳发展模式，加快碳循环、可再生能源等前沿技术的产业化，探索具有中国特色的产业低碳化发展道路。

（二）推动制造业转型升级和家庭消费升级

目前，中国工业领域排放约占碳排放总量的 70%，叠加能源结构倚重煤

炭，因此未来一段时期亟须调整产业结构和能源结构，推动汽车、半导体、原材料行业加快绿色低碳转型升级。加快推动风电、光伏、氢能等清洁行业发展。此外，低碳发展与工业化、城镇化进程密切相关，转变居民生活方式、消费方式、出行方式与实现低碳发展密不可分。低碳发展应从兼顾经济发展、改善民生出发，进一步推动资源回收、垃圾分类、建筑节能、可再生纤维等消费方式升级。

（三）构建全社会有效参与的治理机制

中国“双碳”发展目标涉及经济社会和工业发展各方面，政府要在推动低碳发展中发挥引领作用，在战略、规划、法规、标准、激励等方面出台相关政策，支持企事业单位、民间组织、社会公众积极参与，构建全社会有效参与低碳化发展的长效治理机制。借鉴日本绿色创新基金、碳中和投资促进税等做法，资助涉及节能减排的产业领域，同时对涉及环保降碳设备等固定资产投资给予抵免税额，提高设备折旧比例。加快制定和实施与环境监管相关的立法，规范碳交易机制。在低碳发展领域，加强与日本、欧盟等经济体的国际合作，借“双碳”发展主题，拓宽国际合作的广度和深度。

第五章　第一产业碳达峰与碳中和

第一产业主要包括农、林、牧、渔业等方面，其中既是非二氧化碳等温室气体的主要排放源，又有着巨大的碳汇潜力。因此，第一产业减排增汇作为国家实现碳中和战略目标的重要贡献者，具有重要的研究价值。本章主要介绍第一产业碳排放现状及碳达峰与碳中和目标的实现措施。

第一节　第一产业碳排放与碳汇概述

第一产业，是指以利用自然力为主，生产不必经过深度加工就可消费的产品或工业原料的部门。我国国家统计局对三次产业的划分规定，第一产业指农业，包括林业、牧业、渔业等。

目前，三次产业结构比重是衡量经济发展质量的一个重要指标。如图 5.1 所示，在 2015—2019 年，伴随着我国第三产业迅猛发展且占比已经过半，而第一产业在国内生产总值中所占的比重已不足 10%，且日益缩小。

农业是非二氧化碳温室气体（主要指甲烷和氧化亚氮）的主要排放源，其排放量占全球温室气体排放总量的 10%～12%。甲烷是厌氧环境条件下的产物，其农业排放源主要包括：一是稻田长期处于淹水条件下，甲烷细菌分解土壤中活性有机物质产生甲烷；二是动物（主要是反刍动物）采食饲料后在消化道中经特殊微生物发酵会产生甲烷，然后通过打嗝和肠道排放到大气中；三是畜禽粪便在贮存和处理过程中（特别是厌氧环境下），秸秆不完全焚烧也会产生甲烷。农业既是非二氧化碳温室气体的主要排放源，又有着巨大的碳汇潜力，农业减排增汇对国家实现碳中和战略目标具有重要意义。

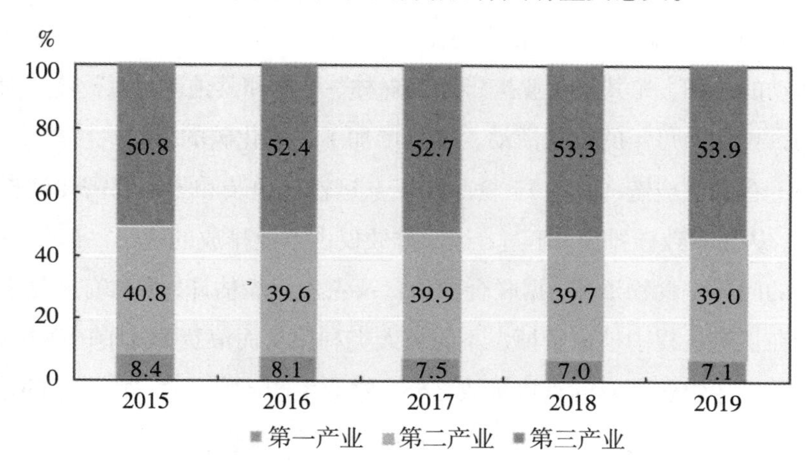

图 5.1　2015—2019 中国三次产业国内生产总值构成比例

一、第一产业碳排放现状

第一产业产生的碳排放贯穿于从种养业生产到能源和投入品使用，以及废弃物处理全过程中，具体可分为以下几个部分（括号中数字为该环节在农业温室气体排放中的占比）：

（1）畜牧业和渔业（31%）。牲畜，特别是反刍动物（如牛），会在正常消化过程中（称为“肠发酵”）产生甲烷，此类排放占农业部门温室气体排放量的四分之一以上。畜禽粪便处理过程产生的甲烷和一氧化二氮也是另一个重要部分。此外，牧场和渔船燃料消耗所导致的排放等也归类于畜牧业和渔业排放。

（2）粮食生产（27%）。21%的排放来自农作物生产，6%来自动物饲料的生产，主要归因于化学肥料（如尿素）、有机肥料和农药生产和施用过程中释放的一氧化二氮等温室气体。对于水稻等一类采用浸水种植的作物，在其灌溉模式下，土壤中残存的腐烂植物分解也会产生大量甲烷。另外，农业生产过程中会对使用氮肥的土壤进行管理，在增加氮利用率的同时也释放了一氧化二氮。

（3）土地利用（24%）。农业生产扩张使得牲畜土地使用量、消费类作物占地量增加。这里的“土地利用”包含土地用途变化、草原燃烧和土壤翻耕等人类活动的总和，尤其是农业扩张导致森林、草原和其他碳“汇”转变为农田或牧场，再加上每年的收割活动，变相增加了二氧化碳的排放。

（4）食品供应链（18%）。食品加工、运输、包装和零售都需要消耗能源和资源，从而导致碳排放。不过，运输排放仅占农业排放的很小一部分（6%），更主要的问题是食物浪费：据联合国粮食及农业组织估计，全球有三分之一的粮食会在供应过程中被浪费掉，不能被人类利用从而浪费掉此前的碳排放。

除了上述农业产业的直接排放之外，农业生产还有一些“隐藏”的排放。农作物种植过程使用了大量的化肥、农药、农膜，这些农业生产资料在生产过程中也会排放温室气体，例如生产 1 千克的尿素，会排放约 16 千克二氧化碳当量温室气体。而在畜禽养殖过程中，饲料的生产、养殖场日常水电消耗等也会导致温室气体的排放。

二、第一产业碳源分析

农业是一个特殊的生态系统，它既是碳源的制造系统，又是碳汇的吸收系统。而农业的碳源主要来自种植业与养殖业，碳汇则主要来自林地和草地。

在《IPCC 国家温室气体清单指南（2006 年）》第 4 卷《农业、林业及其他土地利用》中，农业温室气体主要包括仍为农田的农田、转化为农田的土地排放，以及水稻种植中的 CH_4 排放、牲畜与粪便管理以及石灰与尿素使用过程中的 CO_2 排放等。

根据联合国政府间气候变化专门委员会（IPCC）发布的清单指南，农业主要排放途径包括稻田排放 CH_4，农田施用氮肥排放 N_2O，反刍动物肠道产生

CH_4,畜禽粪便产生 CH_4 和 N_2O 等。当前大气 CH_4 含量约为 1 870nmol · molL，对全球增温的作用仅次于 CO_2；大气 N_2O 含量约为 330nmol · mol^{-1}，增温作用贡献排名第 3。农田施用氮肥是 N_2O 的重要排放源。2014 年中国农业温室气体排放量为 8.3 亿吨 CO_2-eq，占全国温室气体排放总量的 8%。农田施肥、水稻种植、家畜饲养和粪便管理的排放量分别占农业温室气体排放总量的 43%、20%、26%和 10%。此外，农业生产用能（包括农机、渔船渔机等）排放量为 2.3 亿吨 CO_2-eq，农村生活用能排放量为 6.5 亿吨 CO_2-eq，累计占全国排放总量的 15%左右。因此，推进农业农村领域减排固碳，降低农业农村生产生活温室气体排放强度，是温室气体减排的潜力所在，是实现碳达峰、碳中和的重要举措。除去农牧业（包括其废弃物）温室气体排放以外，随着生活方式的改变和生活质量的提高，农村居民的生活行为排放也会多样化、增量化。农村取暖、餐饮、用电、交通等与城市生活一样，需要大量能源消耗，这里间接的 CO_2 排放量也在发生变化，其中的减排潜力也值得关注（表 5−1）。

表 5−1　农业与农村主要温室气体排放源及减排措施

主要排放源	主要排放形式	具体减排路径/措施
种植业系统	水田 CH_4	灌水管理（干湿交替、适时晒田）
		品种选择
		施加生物炭
	旱田 N_2O	适当轮作（引入豆科作物、种植填闲作物）
		施加生物炭
		保护性耕作（秸秆还田、减免耕）
		施肥管理（4R 技术）
		施用缓释肥或抑制剂
	农机、农膜等	节能（减少柴油机械、农药农膜等投入）
养殖业系统	反刍动物 CH_4	生理调节
		饲料工艺

续表

主要排放源	主要排放形式	具体减排路径/措施
养殖业系统	粪便废弃物	燃烧发电
		发酵还田
农村垃圾废物	生活与生产垃圾	无害化回收
		分类处理
	农林废弃物	资源利用（肥料化、饲料化、就地还田）
日常生活	生活用能	绿色生活
	生产用能	低碳出行
		节能节电
		清洁能源（光伏发电、风能发电等）
其他来源	氮沉降	综合治理
		植树造林
	异地面源污染	保护生态

三、农业对碳达峰与碳中和的影响

农业因其兼具碳汇和碳源的双重属性在实现碳中和目标进程中发挥着重要作用。一方面，农业利用农田、森林、草地等生态系统的光合作用进行生物固碳，每年吸收全球约30%的人为碳源排放，相较于技术固碳，生物固碳成本更低且更易大面积开展；另一方面，农业生产活动引致的碳排放是温室气体排放的重要来源，约占全球年均碳排放总量的25%。

农业部门的温室气体减排受到越来越多的关注和重视，并在中国国家自主贡献计划中发挥着积极的作用。因此，在农业碳源方面，推进农业绿色高质量发展具有不容小觑的减排潜力。目前，中国正处在农业绿色转型与高质量发展的关键期。农业部门在中国碳排放方面发挥举足轻重的作用，厘清农业领域减碳增汇的相关政策措施，分析低碳农业实现路径及其效果，对于把握现阶段中国农业转型过程，探索农业绿色发展路径具有重要意义，同时可为推动实现碳达峰、碳中和提供科学依据。

第二节　种植业碳达峰

种植业是利用植物的生活机能，通过人工培育以取得粮食、副食品、饲料和工业原料的社会生产部门，亦指狭义的农业，或称农作物栽培业，包括各种农作物、林木、果树、药用和观赏等植物的栽培，在中国通常指粮、棉、油、糖、麻、丝、烟、茶、果、药、杂等作物的生产。

一、中国种植业碳汇量与碳排放

依据中国国家统计局公布的中国31个省份的主要农作物产量和主要农用物资消耗量数据，得到的中国省域种植业碳汇总量和碳排放总量。结果显示：2013—2020年中国种植业碳排放总量为19.72亿吨，净碳汇总量为54亿吨。其中，东部地区种植业碳排放总量为6.99亿吨，碳汇总量为19.54亿吨；中部地区种植业碳排放总量为6.09亿吨，碳汇总量为29.27亿吨；西部地区种植业碳排放总量为6.64亿吨，碳汇总量为24.90亿吨。三个地区相比较，东西部地区的碳排放量高于中部地区，但碳汇总量却均低于中部地区，这说明在碳效率方面，中部地区强于东部地区和西部地区，这可能是地区间的土壤肥沃力的差异造成的。中部地区作为主要产粮区，其种植业未来碳排放却不容乐观；东部地区作为发达地区，其种植业未来碳排放下降潜力巨大。

另外，在全国各县区省份来看，广西的碳汇总量和净碳汇总量在全国最高，其糖料作物的碳汇量占其碳汇总量的82%，这造成了西南地区碳汇量基尼系数偏高。不管是基于粮食产量的基尼系数，还是基于农作物播种面积的基尼系数均存在很明显的共同规律特征，基尼系数大小与地理位置和经济发展水平有正相关关系，且高值基尼系数在地理分布上明显呈现出沿海性的特征。在种植业碳汇量方面，西北地区和西南地区的基尼系数显著高于其他地区，基尼系数的大小与其地理位置和经济发展水平存在负相关关系，其余地区的基尼系数在低值区稳定波动。

二、中国种植业碳达峰碳中和面临的问题

我国人口基数大，随之而来的生产生活用能需求性强，在保障粮食安全和社会经济持续发展的过程中，种植业碳达峰、碳中和目标行动落实难度大。其主要包括以下四个方面：

（1）种植业低碳转型面临诸多不确定性。虽然向低碳种植业转型可以有效降低种植业碳排放，但意味着要大幅度降低化肥、农药和动力机械等传统农业生产要素投入，然而注入新要素、新技术和新耕作制度并非一朝一夕能够实现，这个过程会不可避免造成农产品供给波动。

（2）种植业低碳转型难度大。以小农户为主体的分散化经营是我国种植业现阶段乃至未来很长一段时间的主要经营方式。小农户的生产行为不确定性高，应对各类风险能力差对低碳生产方式认识不足，缺乏积极性。小农户分散经营的碳排放分散，增加了检测、评估和处理成本，导致政府监管干预效率不高。

（3）种植业碳排放测算和监测缺乏基础数据支撑。建立种植业碳排放观测网络和监测中心，编制规范的数据标准，加强长期核算，是种植业碳排放评估和决策的基础性工作。但是由于我国的种植业碳排放量大且分散，投入产出品种多且波动大，导致种植业的碳排放估算参数不确定且难以计算，碳排放转换系数没有明确标准，估算种植业碳达峰时间节点、制定碳中和政策缺乏可靠依据。

（4）种植业减排固碳技术尚不完善。虽然我国在种植业减排固碳领域开展了多年研究，对种植业温室气体排放和减排固碳技术进行了一些试验，研发出了一些减排固碳技术，但其减排固碳的效果和成本对种植业的作用还有待验

证；部分技术操作繁琐、成本高昂，故其应用推广受到了制约。

三、实现中国种植业碳达峰碳中和的对策

（1）用好财政手段推广低碳种植业技术。建立健全以绿色为导向的种植业补贴制度和农村金融制度，财政和金融支持“三农”的资金要密切与化肥农药减量、秸秆利用、地膜回收等环境友好行为的联系程度，激励种植业减排固碳行动的实施。

（2）优化我国种植业的产业经济结构。为了使绿色低碳循环的农业经济规模越来越大及出现联动效应，对农业技术服务人员进行定期的相关技术培训，强化技术水平，并将绿色低碳循环的农业经济发展模式有针对性地在基层农业人员中进行灌输、普及、推广与应用。

（3）加快构建种植业碳排放核算的方法学。种植业排放具有点多面广的特征，导致种植业减排难以核查，从而阻碍了种植业减排量进入交易市场。目前来看，种植业碳排放的核算参数不统一、要素不全面，缺乏公认的核算方法。要尽快启动种植业碳排放核算的方法学研究，形成管理部门、生产主体、碳交易主体共认的核算方法体系，为种植业进入碳市场奠定方法基础。

第三节　林业碳汇与碳中和

森林是陆地生态系统中最大的碳库，树木、植被的光合作用使得绝大多数存在于大气中的碳得以吸收、转化与贮存，是最原始和有效的自然碳封存的过程。相较于人工固碳，森林具有生命周期长、光合作用面稳定的特点，不需要提纯二氧化碳，从而可以节省分离、捕获与压缩二氧化碳等一系列的化学应用成本。因此，植树造林成为增加碳汇，减少碳排放经济可行的主要方式。

一、林业碳汇

国家林业和草原局2021年6月30日发布的《林业碳汇计量监测术语》中将碳中和定义为碳补偿（Carbon Offset），指通过计算某活动、工业生产或其他相关活动导致的二氧化碳排放总量，然后通过造林、森林经营等碳汇项目产生的碳汇量（减排量）抵消相应的排放量，以实现碳排放与碳清除相互抵消，达到中和的目的。通过这个定义，不难发现，要实现碳中和需从减少碳源和增加碳汇两方面入手。森林固碳方式降低碳排放不仅潜力巨大，而且具有明显的成本优势和附带的生态价值。发展林业碳汇是我国应对气候变化的战略选择，林业碳汇能力的提升是助力国家实现碳中和战略的重要保障。

森林作为陆地生态系统中最大的碳库，能够在自然过程中，通过绿色植物的光合作用，将二氧化碳转换为固体碳存留在植物体和土壤中，并释放氧气，达到储存碳和净化空气的作用。这种将大气中的二氧化碳固定到植物体和土壤中的活动与机制称为森林碳汇。相关研究表明，幼、中龄处于生长期的树木，光合作用吸收的二氧化碳数量大于呼吸作用产生的二氧化碳，为“有效吸收”。而对于已经成熟的树木，其吸收和产生的二氧化碳数量能够相互抵消，为“无效吸收”，但其幼龄生长期累积吸收的二氧化碳，则以树木躯体的形式得以保留。

林业碳汇交易是指按照一定的规则，计算林业碳汇项目吸收的二氧化碳总量，经过严格的审核认定后，在指定交易所挂牌出售，由具有减排需求和意愿的主体向项目业主购买，用于冲抵自身碳排放量的一种碳排放权交易形式。林业碳汇服务的供应主体一般是森林资源的所有者和管理者，其提供生态服务和产品，并根据市场核证规则转化为碳排放指标。可以采用多种核证方式计算，例如根据提供碳汇服务的林地面积计算，或者根据每单位产生的环境收益如固碳量计算，不同的项目类型其计算规则不同。林业碳汇服务的需求主体是对碳排放指标有购买意愿的单位，主要包括政府部门、企业实体。政府部门作为碳汇项目的支持者，通过购买碳排放指标的方式，为林业碳汇提供部分资金补贴，带动市场消费，促进自然资源的可持续利用。其实质是将林业碳汇项目产生的固碳服务价值量化后，再投入市场，由买卖双方进行自由交易。

二、林业碳汇项目类型

目前国际上林业碳汇项目主要有四种类型：

（1）CDM 林业碳汇项目。清洁发展机制（Clean Development Mechanism，CDM）是《京都议定书》中引入的灵活履约机制之一。CDM 造林、再造林活动作为减少温室气体排放、缓解气候变化的措施之一，允许发达国家与发展中国家进行项目级的减排量抵消额的转让与获得，抵消他们的减排义务。该项目要求造林项目的土地为 50 年以上的无林地，再造林项目的土地在 1989 年年底前为无林地。

（2）VCS 林业碳汇项目。国际核证碳减排标准（Verified Carbon Standard，VCS）是一种较为完善的国际自愿碳市场补偿标准，由气候组织、国际排放交易协会和世界经济论坛发起组织实施。该项目主要用于企业自愿承担社会责任，购买碳排放指标，提升企业形象，在国际自愿碳市场上有一定交易规模，其实施类别为减少毁林和森林退化造林、改进森林管理、再造林和植被恢复。

（3）GS 林业碳汇项目。黄金标准（Gold Standard，GS）同样也是国际自愿碳市场常用的标准之一，由世界自然基金会及其他国际非政府组织发起实施，旨在提高碳抵消的质量。该项目没有地理区域的限制，但依据 GS 标准开发的林业碳汇项目通常都在低收入或中等收入国家实施，主要实施类型为造林项目，规模普遍较小。

（4）基于 REDD+（森林保护、可持续森林管理和增加森林碳储量）机制的林业碳汇项目。REEDD+项目是 REDD 的扩展，由开始的仅关注如何降低因毁林而造成的碳排放，到后来关注到森林碳储量。REED+项目通过减少毁林、增加森林资源和进行森林经营的方式降低碳排放。REDD+机制不仅可以促使发展中国家减少毁林及森林退化，有效减少二氧化碳的排放，还能给减少砍伐的国家提供财政补偿，大大降低减排成本。

而国内林业碳汇市场可按照项目的成立单位划分，主要包括三类：

（1）CCER（中国核证减排机制）林业碳汇项目。该项目是由政府发起和组织，具有一定的官方背景，是我国林业碳汇项目的重要组成部分，包括碳汇造林、森林经营碳汇项目、竹子造林碳汇和竹子经营碳汇四种类型。

（2）CGCF（中国全球保护基金）林业碳汇项目该项目由民间组织成立，以基金会的模式运营，是中国自愿减排市场的代表。意在搭建一个可靠平台，为企业、志愿者等提供植树造林，绿色公益的机会，减少碳排放，为碳中和做出贡献。截至 2019 年，CGCF 基金会已经在全国 20 多个省、直辖市及自治区成立了绿色碳基金专项，共开展林业碳汇项目 30 多个，碳汇造林面积超过 10 万公顷。

（3）FFCER（福建林业核证减排量）项目、PHCER（广东省级林业普惠制核证减排量）林业碳汇项目和 BCER（北京林业核证减排量）项目。其均为地方性减排项目，由地方发改委成立，服务于地方碳排放市场，是全国性碳汇主体项目的有力补充。PHCER 项目是森林保护和森林经营类型的项目，森林保护针对生态公益林种，森林经营针对商品林种。

三、林业碳汇的优势及发展现状

林业碳汇项目减排与工业直接减排措施相比，具有无法比拟的优越性。

第一，林业碳汇项目的现实可行性高，植树造林不需要大型设备支持，可操作性和可复制性强。

第二，林业碳汇成本低，相关研究指出，在我国每种植 1 公顷森林，储存 1 吨二氧化碳的成本仅约为 122 元人民币，而通过非碳汇措施达到减排 1 吨碳的成本高达数百美元。

第三，林业碳汇项目处于上升期，潜力巨大。我国的森林覆盖率很低，目前排在世界第 139 位，人均森林面积仅有 2.17 亩，且林分质量较低、单位面积生长量不高，这意味着我国在森林培育与提高森林质量等方面存在巨大潜力。森林除固碳的生态服务价值外，还具有涵养水源，防风固沙，调节气候，保持物种多样性等功能，同时提供经济和社会综合效益，满足绿色和可持续发展的要求。

我国是世界上最早开展林业碳汇的国家之一，林业碳汇项目试点在 2004 年就已启动，但由于缺乏全国性碳交易市场，融资机制不合理，监测和计量碳汇的方法不完备等种种因素，其发展并不顺利。截至 2016 年 8 月，CDM 造林和再造林项目仅为 5 个，且我国已经在 2017 年停止了 CCER 项目的备案申请，这其中就包括了林业碳汇 CCER 项目。林业增汇是应对气候变化的重要途径，我国政府也将其作为应对气候变化的重要战略选择。习近平主席在碳达峰目标与碳中和愿景的基础上，进一步提出：到 2030 年，中国森林蓄积量将比 2005 年增加 60 亿立方米，刷新了 2015 年我国提出的森林蓄积量比 2005 年增加 45 亿立方米的目标。同时，我国政府也积极发展碳市场以及推进碳排放权交易，林业碳汇项目作为碳市场的碳汇来源之一，也得到了相应发展。

四、林业碳汇市场化前景

新中国成立以来，我国一直大力开展退耕还林、天然林保护修复等重点工程，绿化工作取得了显著进展。在全球森林资源持续减少的情况下，我国连续 30 年保持森林蓄积及森林覆盖率的“双上升”，为全球森林面积的增加做出了巨大贡献。在中国提出“2030 年前碳达峰、2060 年前碳中和”的背景下，碳交易成为不可或缺的市场化机制。从碳配额价格来看，欧盟碳价为 60 欧元/吨左右，而我国碳价在 50 元人民币/吨，碳中和目标的实现主要有减排和增加负排放（增加碳汇）两种途径，其中增加负排放是必要途径。而在众多负排放技术中，林业碳汇是最经济的途径。此外，林草局、发改委联合印发《“十四五”林业草原保护发展规划纲要》（以下简称《纲要》)，该《纲要》明确指出，到

2025年，我国森林覆盖率达到24.1%，森林蓄积量达到190亿立方米，叠加我国森林覆盖率远不及全球平均水平的现状，林业碳汇具有生态优势。

林木每生长1立方米，就可以平均吸收约1.83吨二氧化碳，释放1.62吨氧气，森林植被区的碳储存量几乎占到陆地碳库总量的一半，因此，在“双碳”背景下，林业碳汇前景广阔，值得大力推广，尤其是广西、云南、贵州等石漠严重的地区。探索林业碳汇与农业、农村、农民的创新结合之路，也是解决石漠化地区乡村振兴的必经之路。

第四节　草业—畜牧业碳达峰与碳中和

一、草业与畜牧业的关系

（一）草业

草业指与草相关的产业，主要指草地。草地是生长草本和灌木植物为主并适宜发展畜牧业生产的土地，分为天然草地和人工草地。天然草地有4～5个月的枯草期，一岁一枯荣，覆盖率低，水源涵养和水土保持能力差，利用价值不高，净化空气和美化环境效果差，生态效益不明显，且停耕后很长一段时间内农民的收入将减少，同时固碳能力也将下降，对于碳中和目标相距甚远。而人工草地具有一年多生的优点，种植建设人工草地，既能大大提高草地生态质量，又有助于碳达峰、碳中和的目标的达成。

（二）畜牧业

狭义畜牧业仅包括植物能到动物能转换的动物生产过程；广义畜牧业在动物生产层的基础上向前延伸至生产并提供畜牧业所需植物能的前畜牧植物生产层，向后延伸至把动物转换为可消费动物产品的后畜牧加工生产层，是涵盖动物生产及与之相关的植物生产、产品运输加工等整个环节的产业部门，更是

“山水林田湖草”生命共同体生态、生产系统的有机融合，兼具生态、经济和社会属性。

新时代高质量发展背景下，我们需要跳出单一动物养殖的思维局限，充分认识前后生产环节在整个畜牧链中的作用和紧密联系，彻底打破“资源—环境—畜牧业”割裂化的思维模式，建设粮草水土资源环境与动物养殖相协调的生态生产型畜牧体系。以此指导畜牧业发展，有助于从根本上解决畜禽粪污资源化利用、畜牧业面源污染等难题，充分认识畜牧业系统内部的物质循环、能量流动，这为畜牧业系统内部的最大碳中和提供了可能。

（三）草业与畜牧业关系

改革开放以来，我国畜牧业迅速发展，创造了连续 20 年持续增长的奇迹。草业是以草地资源为基础进行资源保护，实现植物生产、动物生产以及相关产品的加工经营，是具有一定生态、经济和社会效益的产业模式，可以为畜牧业发展提供良好的生产环境和优质饲草料，有效消除畜牧业发展中产生的废弃物等。

草业的主体功能是为畜牧业的发展提供支撑和保障。在现代社会发展过程中，人们忽略了对草地资源的重视，过度放牧以及种植导致一些牧区天然草原出现生态恶化问题。我国现阶段通过自然保护区、草种基地建设以及退牧还草等多种政策，制定了一系列完善的对策，为畜牧业的发展奠定了基础，同时人工种草、草原改良等，有效提升了牛羊等畜牧的生产能力和发展水平。

二、草业—畜牧业在碳达峰与碳中和中的作用

（一）草业—畜牧业的碳源与碳汇

畜牧业碳源主要来自作物生产环节的化肥、农药和能源投入，养殖环节的肠胃发酵、粪污管理和养殖场所能源消耗，加工生产环节的运输能耗、屠宰加工能耗和储存能耗，其中养殖环节的碳排放约占总排放的 80%以上；碳汇主

要来自作物生产环节的植物光合作用。实现碳达峰与碳中和需要从碳源与碳汇双侧发力，碳源方面注重以科技创新驱动碳排放效率提升；碳汇方面注重种养结合、农牧循环，深挖草地固碳潜力，着力打造“粮—牧”或“草—牧”一体化的生态生产模式，借助改良天然草原、扩大人工种草、建设循环养殖场林田网络等方式扩大碳汇储备空间，最大限度地把碳排放留在畜牧系统内部以实现最优碳中和。

（二）草业在碳达峰与碳中和中的作用

我国拥有各类草地 60 亿亩，主要用于畜牧业生产，同时也是陆地生态系统重要的绿色碳汇。因此，发展草牧业，即通过天然草地管理和人工种草，经合适的技术加工，获取优质高效的饲草料，进行畜牧养殖和加工的生产体系，是兼顾生态功能和生产功能的双赢。由于从饲草料生产与加工，到牲畜养殖与畜产品加工，经过物流运输到消费，再到下游废弃物处理以及上游的化肥、农药等农业生产资料投入，各环节均会影响碳排放，且环节之间相互联系，所以探索碳中和目标下生态草牧业可持续发展策略对我国实现碳中和目标至关重要。

但是，天然草地退化导致碳汇转变为碳源，据统计，有将近 90%的天然草地出现了不同程度的退化状态。研究表明，典型草原开垦 35 年后，其土壤和根系有机碳截存比围封草地分别降低了 37.9%和 70.8%；近 40 年来的过度放牧使草地表层土壤中碳贮量降低了 12.1%。从全国来看，西藏、青海、内蒙古、新疆、四川、甘肃等省（自治区）的草地土壤碳损失量较高。

（三）畜牧业在碳达峰与碳中和中的作用

2021 年全球大气中的甲烷浓度飙升至 1 900ppb，几乎是工业化前的三倍。甲烷作为一种非二氧化碳温室气体，其危害至少是二氧化碳的 28 倍。有研究人员认为，全球变暖本身就是温室气体浓度快速上升的原因，这种反馈机制使得控制气温上升变得更加困难。碳中和的“碳”不仅指二氧化碳，还包括非二氧化碳温室气体，如甲烷、氧化亚氮、含氟气体等，且非二氧化碳温室气体危害更大。

畜牧业是重要的非二氧化碳温室气体排放来源。2018 年 12 月，我国发布的《中华人民共和国气候变化第三次国家信息通报》明确指出：畜牧业甲烷和氧化亚氮的排放占比高达 40.5%和 65.4%。牛、羊等草食反刍牲畜是畜牧业温室气体排放的主要来源，排放量占畜牧业总排放量的 55.2%。此外，畜产品加工、储存、运输、废弃物处理等过程均有碳排放。畜产品是生态草牧业的最终产品，其加工、储存、运输及废弃物处理均需要化石能源投入，因此导致大量二氧化碳排放进入大气。

（四）畜禽养殖业在实现“双碳”目标中的重要作用

近年来，中国畜禽养殖业规模快速扩张，据此产生的环境污染问题不容小觑。畜禽养殖业污染以面源污染为主，表现出分散性、潜伏性、模糊性等特点，致使畜禽养殖业面源污染治理的难度直线上升。在第二次全国污染源普查结果中可以看到，农业污染源的一半以上排放量是禽畜养殖业污染导致的，农业源化学需氧量的排放基本来自养殖业。畜禽养殖过程中，牲畜的粪便是主要污染物，如果不妥善处理，不仅会对周边的空气、水体、土壤等造成污染，危害牲畜和人体健康。同时，会产生大量温室气体，从而导致温室效应加剧，影响碳达峰、碳中和的进程。总体来说，养殖业污染物排放强度降低仍然具有较大的潜力。

三、我国畜牧业碳排放现状

畜牧业是导致环境污染以及增加碳排放极其严重的行业，也是全球温室气体排放的主要来源之一，占温室气体排放总量的 14.5%。饲养牲畜产生的温室气体以二氧化碳当量计算，占总量 18%，超过了交通运输业。我国作为养殖业大国，肉类、蛋类年产量长期位于世界第一，奶类产品产量居世界第三位，是十分重要的畜产品生产国家。庞大的禽畜养殖规模会带来严重的环境污染和温室气体排放问题，对周边的生态环境产生巨大压力，2020 年，我国工业饲料总产量为 2.5 亿吨，约占全球总量的 25%，然而蛋白原料供给不足、动物生产效率不高等问题依旧存在。禽畜粪污的资源化利用率不足 75%，氮、磷等养分还田量仅占排泄总量的 40%～50%。2020 年我国碳排放中农业碳排放约为 20 亿吨，基本都是畜牧业产出的。

（一）畜牧业产生的主要碳排放来源

畜牧业产生的碳排放主要来源禽畜肠道发酵与蠕动以及粪便管理过程中产生的 CH_4，反刍动物是 CH_4 排放的主要来源，其中黄牛排放量最大，其次为猪，全生命周期 CO_2 当量排放量达 55.25%。另外还有饲料及动物产品生产过程中化石燃料的使用，动物产品机械化屠宰、冷冻、包装和运输过程中化石燃料的使用、伐林取地用于饲料生产或者放牧所导致的土地退化等方式的碳排放。

（二）中国畜牧业温室气体排放变化趋势

2005—2015 年，中国畜牧业温室气体排放量总体呈现两次先降后升的趋势。第一次变化由 2005 年的 4.51 亿吨 CO_2-eq 下降至 2006 年的 4.33 亿吨 CO_2-eq，后上升至 2007 年的 4.39 亿吨 CO_2-eq；第二次变化幅度较大，由 2007 年的 4.39 亿吨 CO_2-eq 下降至 2008 年的 4.06 亿吨 CO_2-eq 后上升至 2009 年的 4.52 亿吨 CO_2-eq；2009 年之后全国畜牧业温室气体排放总量较为平稳变化不大。总体来讲，近年来中国畜牧业温室气体排放量较为稳定，但因肉牛、水牛、山羊等反刍动物的饲养量逐年减少，肠道 CH_4 的排放明显降低，导致 2015 年全国畜牧业温室气体排放总量较 2005 年降低 0.45%。

（三）中国畜牧业碳排放量较高的成因

我国畜牧业所产生的碳排放量仍然赶超诸多更加依赖牛肉、牛奶等产品的西方国家。原因主要有以下几点：

第一，财政扶持力度不足，废弃物处理技术落后。目前我国对畜禽养殖的污染防治补贴主要针对大规模养殖场，但占比较大的中小规模养殖场由于政策激励不足，导致养殖场基础设施条件落后。废弃物处理技术能力落后，使得养殖场粪尿污水等污染物即使经过处理也达不到排放标准。

第二，地区发展不均衡，污染物资源化利用受阻。规模化养殖场主要集中在东部沿海发达地区及中部地区。研究表明，我国畜牧业污染最严重的 3 个省份是河南省、四川省和山东省，污染量占全国污染总量的 30%左右。从产污量突出的畜种分布来看，四川、河南等省是生猪养殖密集区，内蒙古自治区、黑龙江省是奶牛养殖密集区，山东、辽宁等省是家禽养殖密集区，这些养殖密度较高的地区粪便及其他废弃物排量较大，导致碳排放量位居全国前列。

第三，政策法规可操作性不强，执行力度不够。发达国家针对自身实际情况制定了一系列具体的污染治理办法，比如美国、加拿大、英国、德国均制定了严格的养殖场环境准入标准，美国、日本、加拿大、荷兰对畜禽粪便的储存和处理都有明确的规定。而我国现行畜牧污染防治政策多注重原则上的规定，并未针对不同地区的环境特点明确给出量化标准，不具备可操作性。

另外，我国畜禽养殖污染防治政策尚未对温室气体减排机制进行探索，有待进一步完善。

四、草业—畜牧业实现碳达峰与碳中和的措施

（一）加强天然草原的保护和合理利用，提高草地固碳能力

实施退牧还草、退耕还草、草原奖补政策和天然草原治理工程，通过天然草原轮牧、休牧、禁牧等放牧管理模式和草畜平衡制度，促进天然草原的合理利用；重点积极研发草地肥水耦合技术、有机无机平衡施肥技术，营养繁殖体恢复技术，为天然草原植被的改良和恢复提供技术支撑；采用松耙、切根、补播、施肥、封育、除杂、毒害草防治和虫鼠害防治等管理措施，对天然草原进

行恢复和改良。

（二）挖掘优质牧草潜力，优化饲草资源配置和布局

利用中低产田、退耕地、盐碱地、荒地等闲置土地资源和边疆地区、贫困地区等边际土地，充分挖掘苜蓿等优质牧草生产潜力；加强禾本科羊草、燕麦草等其他饲草资源开发利用，实现“牧草替粮”与“草饲互补”齐头并进；利用饲料间的组合效应，挖掘秸秆等副产物的营养价值，缓解我国粗饲料资源短缺，促进饲草作物种植与草食动物养殖匹配发展。

（三）加强减排关键技术或设备研发，降低单位产量或畜产品的碳排放强度

通过提供补充饲料或使用饲料添加剂等方式改变饲料组成，提高饲草料转化率或控制草食动物瘤胃的肠道发酵活动，减少单位畜产品温室气体排放量；实施化肥减量增效技术，开发“零碳”肥料，提高牧草种植效率；加大畜禽粪污干湿分离技术的研发，根据不同区域不同气候，研发适宜的堆肥技术和还田方式，从源头循环利用和协同减少温室气体排放；推广环保节能新设备和低能耗冷链技术，建立高效绿色低碳的物流体系。

（四）设立重大科技创新专项，支撑草牧业碳中和研究

组织多部门形成研究团队进行联合技术攻关，研发饲草料精细化加工技术，创新废弃物资源化利用技术；开展草牧业低碳绿色政策支持研究，制定减排固碳关键技术标准；集成生态草牧业温室气体减排固碳技术模式，开展减排、固碳、能源替代等示范。

（五）形成碳市场与碳交易导向机制

2021 年 5 月，生态环境部已发布碳排放权登记管理规则、交易管理规则、结算管理规则（均为试行规则），2021 年 7 月，全国碳排放权交易市场已经启动。应当尽快促进畜牧业融入碳市场，吸引养殖主体和草原等生态账户富裕主

体参与碳交易；完善碳交易制度和法律法规，形成产权明晰、定价合理的碳交易市场环境。

第五节 渔业与水产业碳排放与碳汇

海洋是地球上最大的活跃碳库，负排放潜力巨大。在全球高度关注碳排放的大背景下，占全球水产总量近 70%的中国水产业迎来千载难逢的历史发展机遇，“双碳”目标作为国家新战略深刻影响中国社会和经济发展，各行各业都开始快速行动起来，积极参与并推进这一时代大变革。“碳汇渔业”已被验证是一种典型的负碳经济模式，据了解，2018 年我国通过海淡水养殖合计从水体移除了 350 万吨碳，相当于义务造林 150 万公顷。因此，“双碳”目标的实施必将加快绿色水产的发展步伐。

与森林碳汇、湿地碳汇一样，海洋碳汇也扮演着吸纳全球大部分二氧化碳的角色。虽然林业碳汇被公认为是生态系统中最重要的碳汇举措，但其实，地球上最大的活跃碳库是海洋。海洋面积占地球表面积的 71%，储存着地球上约 93%的二氧化碳，自地球出现生命以来就在碳循环中发挥着重要的作用，储碳周期可达数千年。海洋碳汇也称为蓝色碳汇，蓝色碳汇的概念是相对于陆地生态系统中被植被与土壤所固定的“绿碳”所提出的，是指利用海洋活动及海洋生物吸收和储存大气中二氧化碳的过程、活动和机制。其中，红树林、海草床、盐沼三大蓝碳生态系统的覆盖面积较海床整体面积虽微乎其微，但其能捕获和储存大量的碳，并将这些碳长期埋藏在海洋的沉淀物中，具有巨大的固碳潜力。我国是世界上为数不多的同时拥有红树林、海草床和盐沼三大蓝碳生态系统的国家之一，并且海域面积广阔，得天独厚的条件赋予了我国海洋碳汇巨大的潜力与实施空间。

一、渔业与水产业“双碳”概述

水产业（Aquatic Product Industry）是人类利用水域中生物的物质转化功能，通过捕捞、养殖和加工，以取得水产品的社会产业部门。渔业（Fishery）是指捕捞和养殖鱼类及其他水生动物及海藻类等水生植物以取得水产品的社会生产部门。一般分为海洋渔业、淡水渔业。海水养殖的“双碳”问题涉及海洋蓝碳—渔业碳汇、海水负排放—非投饵型的贝藻养殖、“蛎礁藻林”工程等问题；淡水养殖的“双碳”问题涉及淡水养殖模式、传统桑基鱼塘、低碳水产饲料加工等前沿问题。

国际上，针对生物泵（Biological Pump，BP）等海洋储碳机制的研究已有近40年的历史，早在20多年前就尝试了海洋施肥等地球工程（Geoengineering），尽管存在生态后效等争议，但积累了丰富的科学数据，为今后实施海洋负排放提供了宝贵的资料。中国拥有漫长的海岸线和极为丰富的水体资源，可以大力发展海洋养殖、远洋渔业等业态，积极创造海洋碳汇和渔业碳汇，使养殖业找到低成本高效率的可行路径，尽快走向碳中和。过去近20年来，国内海洋碳汇研究取得了长足进展，在理论上提出了“微型生物碳泵（Microbial Carbon Pump，MCP）”储碳机制，揭示了海洋巨大惰性溶解有机碳（Recalcitrant Dissolved Organic Carbon，RDOC）的成因。

（一）渔业的碳排放源

在第一产业涵盖的所有行业中，渔业所占的比例较小，但效益却非常高，所以拥有较高的工业化程度。渔业生产对能源的消耗、资源的依赖以及环境的影响相对较高，不同养殖方式、不同种类之间能源与资源的利用效率差距较大。渔业的碳排放来源渠道也非常多，其中：海洋捕捞是渔船燃油消耗的主体，贡献了可观的碳排放量；海水高位池养殖和工厂化养殖的电耗也带来较高的间接排放。随着人民生活水平的提高，消费者对于水产品的需求不断增加，海水养殖、捕捞和加工等部门的产能持续上升，而在我国漫长的海岸线上，海洋渔业生产的碳排放水平居高不下，给沿海生态环境造成了巨大压力。

（二）海洋渔业有巨大的碳汇潜力

相较于成本高昂的矿物储碳、储存时间较短的陆地林业储碳，利用海洋资源储存和捕获温室气体的海洋生态碳汇便成了重要发展方向。其中，“碳汇渔业”能在从事渔业生产的同时捕获和储存温室气体，极具优势。2019 年，MCP 理论以及相关的增汇路径，包括陆海统筹减排增汇、海水养殖区增汇、缺氧区增汇等负排放方案纳入 IPCC 特别报告。因此，可以说海洋渔业是地球上最大的活跃碳库之一，有着巨大的碳汇潜力和负排放研发前景。

目前，虽然我国对于海洋碳汇的研究处在起步阶段，但已催生了一批水平较高的科研成果。比如借助微生物固碳的“微型生物碳泵”理论，以及贝类固碳、贝藻混养等技术手段。贝壳的主要成分是碳酸钙，它的形成需要吸收海水中溶解的二氧化碳，贝类移出水体之后，肌肉组织中的碳经过食用会循环回到大气中，但由其产生的碳排放相比于贝壳的碳汇，几乎可以忽略不计。生蚝厚重的贝壳占体重的 85%以上，95%以上的成分是碳酸钙，每亩生蚝每年固碳（CO_2）约 1.54 吨，固碳潜力大。贝壳是碳汇的结晶，使碳汇封存，哪怕沉入海底经过自然循环再回到大气中也需数百年甚至更久。

《中国渔业统计年鉴 2020》显示，2019 年全国海水养殖产量约 2 065 万吨，其中贝类养殖 1 439 万吨，约占 70%。据专家估算，大约可固碳 130 万吨，约 480 万吨二氧化碳。贝藻混养技术的原理在于海藻通过光合作用可为海胆和贝类提供氧气，其叶片能被海胆摄食，脱落的有机质为滤食性贝类提供食物。海胆以贝类表面的污物为食，可以有效减少贝类养殖过程中的人工倒笼和清洗成本，同时还能使贝类与大型藻类一起促成更大的固碳作用。

二、我国水产业发展现状

2020 年中国水产品总产量达 6 500 余万吨、约占全球的 1/3，已连续 32 年居世界首位；中国水产养殖产量达 5 080 万吨，占全球的 2/3；中国水产品人均占有量近 47 千克，为世界平均水平的 2 倍以上。

中国作为水产养殖大国，沿海各省发展生态渔业、绿色渔业、低碳渔业具备较为厚实的基础，但可持续发展仍面临一定的问题。“双碳”下的现实理解是要在产业上进行结构优化升级，在市场上升级水产品加工流通体系，在政策方面进行节能、减排、降碳的鼓励和引导，最大程度减少碳足迹，实现可持续发展。

中国水产养殖有很多不投饵的产量，相当于移出的水体营养变成了人类的食物蛋白。粗略估算，2020 年淡水渔业移出的碳为 235 万吨，沉积的碳为 329 万吨。可以说，水产养殖池塘是重要的碳封存贡献者。

此外，增加水产养殖业的碳沉积主要表现为：一是养殖品种的选择，低营养级水产动物可利用植物性饵料，其养殖可加强碳捕获和碳封存；二是养殖短食物链的品种可加快碳沉积；三是加强新的低排放品种选育；四是加强养殖过程的精准管理；五是全程精准的碳足迹信息化管理。

三、碳中和背景下水产技术体系亟待提升

我国水产技术体系仍有待进一步提升，碳中和与绿色水产发展需要聚集力量，进行技术难题研讨，为渔业的碳中和做出贡献。其中包括研发微型生物驱动的无机、有机、生命、非生命的综合储碳生态工程；实施陆海统筹、减排增汇，量化生态补偿政策，推动国内大循环；实施海洋负排放国际大科学计划，建立国际标准体系，提出中国方案，贡献全球治理。结合我国渔业现状，主要可以从以下三个方面进行考虑：

（一）技术创新与可持续发展架起通向更清洁水产范式的桥梁

目前以信息化和数字化引领的池塘改造和利用水生生物净化和处理尾水等功能，以大水面净水渔业“以渔养水”、稻渔综合种养“以渔促稻”生态农业等为代表的循环水池塘在各地都有很好的示范。根据预测，碳中和背景下的水产食品将是牛羊肉的主要替代品，随着消费的年轻化和产品形式、销售渠道多元化，人们会更注重安全、营养、健康、美味，水产品的占比会逐步增加。

（二）适当增加水产品的产量

在中国的肉类消费构成中，水产品只有21%，应适当控制陆生动物比例，适当增加水产品的产量。所以，水产业的变革要“换道超车”，以工业化生产的饲料为中心，研究上下游的减排策略；以降低排放为标准，大胆进行技术创新。其中，上游是原料、需要减排生产或者替换品种；中游是加工、在工艺和配方方面着力；下游是养殖、研究育种技术提高产量，利用动保技术减排、减抗、固碳和废物再利用。

（三）发展绿色养殖技术和模式

从饲料营养、加工工艺、动保调水剂、养殖模式、智能装备以及消费动态等全方位多领域进行剖析，绿色养殖、微藻碳捕捉及在水产养殖绿色发展中的应用，动保技术与碳中和及食品安全的相关性是重点课题，比如广东的淡水鱼养殖、贝藻类养殖和稻渔综合种养的碳移出在全国名列前茅。

四、海水养殖环境负排放方案

海水养殖活动不仅可以保障人类不断增长的营养和食物需求，而且还可成为重要的沉积物负排放途径。目前，我国仅在近海约0.3%的领海面积开展了大型海藻养殖，尚有很大的发展空间。海藻类具有高效吸收CO_2，并抵御海洋酸化的潜力，其养殖过程中产生的颗粒有机碳和溶解有机碳，分别通过BP和MCP发挥负排放功能，而以往被忽视的由MCP转化的RDOC在养殖区具有重要的碳汇效应。根据BP和MCP储碳原理，通过清洁能源（太阳能、风能、波浪能等）驱动人工上升流促进营养盐循环增汇是生态系统内部调节举措。这一绿色发展理念改变了以往把海水养殖简单地认为是增加环境负荷和有机污染的认识，变“污染源”为“增汇场”，已纳入IPCC应对气候变化的海洋与冰冻圈特别报告（SROCCC）。这从根本上扭转了近海养殖活动一味地遭受环境诟病的局面，为我国海水养殖业的发展和海洋负排放生态工程的实施铺平了道路。

（一）海水养殖区负排放的技术路径和实施方案

（1）系统研究综合海水养殖区固碳储碳过程与机理、查明各个环节的碳足迹、建立有效的碳计量方法、形成技术规程，为海洋碳汇交易做好技术准备。

（2）实施海水养殖负排放工程，基于环境承载力进行贝、藻、底栖生物等不投饵生物标准化混养，形成多层次立体化生态养殖格局，实施清洁能源驱动的人工上升流生态增汇工程。

（3）建立健康的海洋牧场模式，恢复和发展原有种群和群落，例如实施“蛎礁藻林”工程，以人工块体为附着基恢复浅海活牡蛎礁群，建立以活牡蛎礁为基底的野生海藻场，形成野生贝藻生态系统，拓展蓝碳富集区和海洋生物栖息地，促进海洋负排放与生态系统可持续发展。

（二）绿色养殖模式：尾水排放治理与碳中和

目前，广东在推动“渔光互补+集装箱（跑道）+尾水治理”的综合方案，将引领碳中和低碳渔业方向。研究者在广东水产养殖主场区佛山、中山、惠州等地，开展了长时间、大尺度的实地检测，评估了水产养殖产业排污情况。依照因地制宜、分类施策，针对不同养殖类型提出了6大类14种尾水治理模式，已由广东省农业农村厅印发，其中：

（1）建设了一个国家重点研发计划蓝色粮仓项目场景式示范基地，在“三池二坝一湿地”基础上，集成了土著微生物智能孵化设备。

（2）打造了高位池治理新模式，通过生物絮团技术+三池二坝设施，保护了美丽黄金海湾。

（3）推动了池塘岸基一体化设备尾水处理模式。

（4）设计了底泥资源化处理模式。

（三）水产动保与碳中和及食品安全

《2021中国水生动物卫生状况报告》中显示，2020年我国水产养殖因病害造成的测算经济损失约589亿元，约占水产养殖总产值的5.8%，占渔业总产值的4.4%，但是这个结果跟监测面积、监测养殖品种和监测到的疾病种类有关，实际上因病害造成的经济损失应该远高于当前测算的数据。在过往的认知中，很多养殖业者并没有把病防观念全面融入种苗、饲料、环境和管理环节中。实际上，不做好防病工作导致养殖失败后，会增加种苗成本、饲料成本、环境成本，以及由于尾水处理不当或不处理带来的生态风险。因此，养殖业者需要具有全成本思维，要深刻意识到健康才是水产养殖的核心，病害防不住，种苗、饲料、人力、塘租都会血本无归，产出归零，碳中和更无从谈起。

（四）营养动保高效模式的产品方案和实践应用

（1）产生的背景。水质恶化主要源于饲料带来的粪便及排泄物，是引起鱼虾发病的首要因素。以对虾养殖为例，对虾只能利用不到30%饲料中的氮，70%以上排泄到水体中，理论上，投喂5～6天后池塘中的氮会积累到2mg/L的危险浓度。

（2）营养动保的概念。目前，营养层面与动保层面相对脱节、割裂的解决方式，使得对养殖粪便及排泄物的处理效果不够理想，存在一定的局限性。在2019年有学者首次提出了营养动保的概念，指在前端通过饲料综合技术，提高营养物利用，减少废物排放；在后端通过动保产品和技术，将排放物继续分解、转化，直至被鱼虾再利用。可以针对不同养殖品种的营养动保模型进行个性化设计，实现“一鱼一模式，一料一动保”的精准养殖。目前，已推出了加州鲈、黄颡鱼、牛蛙、小龙虾等10个主养品种的营养动保产品方案。

第六节　农业碳达峰与碳中和实现的途径与技术

一、建立农业清洁能源体系

农村实现碳达峰、碳中和，关键是建立农村清洁能源体系，而农村地区“煤改电”发挥了关键作用。比如，做饭摆脱煤气罐，冬天供暖不再使用燃煤锅炉。目前，农村可再生资源包括太阳能、沼气、地热、风能等。相关数据表明，农村碳排放总量中采暖导致的碳排放占45%，北方地区农村取暖用散烧煤大概2亿吨标准煤，而非商品能源如秸秆、薪柴的消耗量为1.11亿吨标准煤当量，相当于农村生活能源消费总量的35.1%。所以，必须高度重视农村供热碳排放，提高农村电气化水平，在农村地区加快实现电能替代、清洁替代。

二、建立生物质能源体系

我国拥有丰富的生物质资源，种植的秸秆资源产量巨大，农村地区尚未利用的畜禽粪污为8亿吨，以及7 000万吨生活垃圾。农村居民生产生活的剩余物、废弃物为主要生物质资源，具体是指农业废弃物、林业废弃物、畜禽粪污、生活垃圾等。例如，秸秆是重要的生物质资源，秸秆粉碎还田，可使土壤有机质含量增加，提高地力；粉碎处理的秸秆，可发电、制取生物质天然气、沼气，做工业原料、食用菌基料等。生物质能源合理应用可避免农村焚烧污染空气、抛弃污染水源和田地，减少植物腐烂排放的温室气体，优化生活环境。

三、制定促进减污降碳协同效应的政策和考核制度

建立重点地区、重点企业农业碳达峰与碳中和目标和考核制度，建立农业农村碳中和核算和监测体系，定期编制重点区域和重点企业温室气体排放清单，形成农业温室气体减排固碳和能源替代年度报告和核查制度，将碳达峰、碳中和与面源污染防治一起纳入地方政府和重点企业的考核指标中，逐步形成减碳控污协同的考核激励机制。

四、加快固碳减排技术的研发及示范验证

中国农业实现碳中和在于固碳（大气二氧化碳固定）和减排（减少甲烷和氧化亚氮排放）两个方面，统称固碳减排。在种植业方面，研发适用于针对小农户及合作社等不同主体的减排固碳技术装备，降低技术操作的复杂性及劳动力投入或生产成本；在养殖业方面，提高饲料饲草质量，降低单位畜产品温室气体排放量；在废弃物循环利用方面，优选成本效益高、经济实用的减排固碳技术，探索区域化的整体解决方案。

第六章　第二产业碳达峰与碳中和

第二产业包括制造业、建筑业、采矿业，电力、热力、燃气及水生产和供应业等。本章重点介绍制造业、建筑业、电力生产业和采矿业的碳达峰与碳中和。

第一节　制造业碳达峰与碳中和

自工业革命以来，工业部门（特别是制造业）在国民经济中占据重要地位。工业化进程不仅深刻影响着人类社会活动，同时也伴随着煤、石油、天然气等化石燃料消耗量的激增，导致二氧化碳排放量急剧增加。因此，制造业作为碳减排的重要领域，首先需要明确其碳排放现状以及碳减排的潜力，制定并完善符合区域发展规律的目标与政策；其次需要加强低碳、零碳和脱碳的技术创新，加快"绿色制造"转型，为减缓全球气候变化、促进人类可持续发展做出更大贡献。

一、中国制造业碳排放现状

我国是全球第一制造业大国。2019 年，我国制造业增加值达 26.9 万亿元，占全球比重28.1%。制造业是国家经济命脉，国之大者，无论是在我国全面建成小康社会决胜阶段，还是在即将开启的建设社会主义现代化国家新征程，始终担负重大使命。

（一）制造业碳排放情况

20世纪以来，随着经济和生活水平的快速提高，制造业作为国民经济的物质基础和产业主体，产业规模不断扩大。一方面制造产品支撑着其他各行各业稳定发展、维护着人民生活和国家安全，创造了前所未有的巨大财富，推进了人类文明的进步与发展。另一方面也带来了资源耗竭、环境污染及温室效应等一系列问题，降低了人类生活质量和生态环境。富有战略意义和发展势头的制造业持续占据着国家经济发展的重要地位，其增加值增长速度明显领先于采矿业和电力、热力、燃气及水生产和供应业。同时在能耗方面，不同于其他产业将化石燃料仅作为燃烧供能的使用特点，制造业在原料供应和能源消耗环节对化石燃料均有巨大需求，如新冠肺炎疫情的暴发，使得生产医疗防护设备的原材料——熔喷布的需求迅速增大，而熔喷布的源头材料是石油和煤。

此外，制造业门类下共计31个大类，在能源消耗与碳排放方面，钢铁、化工、建材、石化及炼焦、有色金属冶炼行业表现突出。虽然钢铁业受到政府控制产能措施的压制，但仍体现出耗能大户和排放大户的特点；化工行业部分碳元素被固定在化工产品中释放二氧化碳；水泥作为建材行业中最重要的产品，在生产过程和化石燃料燃烧供能过程均排放出大量的二氧化碳。石化及炼焦、有色金属冶炼行业与化工行业有着类似的行业特点，单位能耗的二氧化碳排放量相对较低。我国正处于全面建设社会主义现代化和持续推进城镇化的发展阶段，加之基础设施的不断新建与升级，使得5个行业的工业产品在短期内仍将持续增加，碳排放强度会持续增加。与此同时，为积极响应国家“双碳”目标，2021年5月底生态环境部发文加强对5个行业的碳排放环评与管理，碳减排工作取得一定成效。

制造业行业门类较多，碳排放来源复杂，厘清制造业碳排放途径对于未来制造业低碳化转型至关重要。整体来看，制造业碳排放主要有 3 种来源，包括燃料燃烧、报废处理、外购电力/热力和工艺过程，其中尤以生产工艺的碳排放途径复杂多样，如电石法制乙炔工艺中，碳源不仅是石油（或煤），还包括石灰石（$CaCO_3$）。同时，煤炭、电力消费是制造业碳排放的重要来源。在我国能源资源中，煤炭一直占主体地位，煤炭在能源生产和消费总量中的比重均在 70%左右，由于煤炭的转换效率较低，大量使用煤炭是造成我国碳排放量巨大的主要因素。其中，制造业煤炭消费占比一般约为 35.3%，而焦炭主要用于冶金、铸造和化工过程，在制造业中焦炭消费占比约为 13.9%。但随着取消工业燃煤锅炉、电力替代工业用煤消费（煤改电）的转型，制造业终端煤炭消费占比下降，终端电力消费占比从 2006 年的 11.72%提升到 2019 年的 14.5%，使得终端能源消费结构趋向低碳发展。

（二）制造业重点行业碳排放情况

制造业门类下共计 31 个大类，在能源消耗与碳排放方面，钢铁、建材、石油化工以及有色金属冶炼行业表现突出。

1. 钢铁行业

钢铁行业是国民经济和社会发展的重要基础产业，也是我国重要的 CO_2 排放源。新中国成立以来，我国钢铁行业实现了跨越式发展，在现代化建设进程中发挥了不可替代的支撑和推动作用。进入 21 世纪，我国钢铁行业迅猛发展，产品产量快速增长，其中粗钢、生铁产量逐年递增，其中钢铁行业碳排放量约占全国碳排放总量的 15%，是制造业中碳排放量最大行业。钢铁行业能源结构高碳化，煤、焦炭占能源投入近 90%。

中国作为世界上最大钢铁生产国，粗钢产量占全球粗钢产量的一半以上，钢铁行业是我国碳减排的重中之重。“十一五”以来，我国积极在钢铁行业推行节能减排战略，尤其在“十三五”时期，钢铁行业深入推进供给侧结构性改革，节能降耗、超低改造等工作取得了积极进展，吨钢综合能耗持续下降。中国钢铁工业协会统计数据显示，2020 年，我国重点钢铁企业吨钢综合能耗为

545.27kg/t（以标准煤计），比 2015 年下降了 4.9%。尽管如此，当前我国钢铁行业作为资源能源密集型产业的属性仍未改变。长期以来，我国钢铁行业生产方式以长流程炼钢为主，对铁矿石资源以及煤炭、焦炭等能源高度依赖，导致资源能源消耗突出。2020 年，我国电炉钢产量占粗钢产量的比例仅为 10%左右，相较于美国（71%）、欧盟（42%）以及全球平均水平（26%）存在较大差距。炼钢废钢比仅为 22%，明显低于美国、欧盟、日本等发达国家和地区的水平（30%～70%）。

因此，面对碳达峰、碳中和的目标，钢铁行业可以说是机遇和挑战并存。低碳转型时间紧、任务重。钢铁行业作为率先落实碳达峰的最重要行业，也是地方落实碳达峰的关键环节，更是抢占技术创新制高点的重要领域，低碳发展将对钢铁行业产生深远影响，甚至带来广泛而深刻的生产、消费、能源和技术革命，进而重塑全行业乃至经济社会发展格局。

2. 建材行业

我国是世界最大的建筑材料生产和消费国，建筑材料工业也是我国能源消耗和碳排放最大的工业部门之一。作为我国碳减排任务最重的行业之一，采取切实有力措施，全力推进碳减排工作，提前实现碳达峰，为国家总体实现碳达峰预定目标和碳中和愿景做出积极贡献，是建筑材料行业必须履行的社会责任和应尽的义务，更是全面提升建筑材料行业绿色低碳发展质量水平的必由之路。

根据中国建筑材料联合会对外发布的《中国建筑材料工业碳排放报告（2020 年度）》，该报告提出，初步核算中国建筑材料工业 2020 年二氧化碳排放 14.8 亿吨，上升 2.7%。建筑材料工业万元工业增加值二氧化碳排放上升 0.2%，比 2005 年下降 73.8%。其中，燃料燃烧过程排放二氧化碳同比上升 0.7%，工业生产过程排放（工业生产过程中碳酸盐原料分解）二氧化碳同比上升 4.1%。水泥、石灰行业的二氧化碳排放量分别位居建材行业前两位。

3. 石油和化工行业

石化行业为经济发展建设提供必要的能源与材料，是国民经济发展的基础产业，同时能源集中度较高，一直处在工业部门中高耗能、高碳排放行业之列，是我国 CO_2 排放主要来源行业之一。“十三五”期间，中国石化行业以企业规模大型化和炼化一体化为主要方向，开启产业升级，但过去 10 年间炼油规模和乙烯产能呈规模化增长，使得碳排放一直呈增长态势。

根据国家统计局的数据显示，2010—2020 年，我国化工行业能源消费量均保持上升趋势。其中，2019 年石油和化学工业能耗 6.31 亿吨标煤，同比增长 9.68%；2020 年又增长至 6.85 亿吨标煤，同比增长 8.56%。石油和化学工业主要的耗能子行业为石油天然气开采、原油加工及石油制品、无机碱制造、无机盐制造、有机化学原料制造、氮肥制造、塑料及合成树脂和合成纤维，约占全行业能源消耗总量的 83.52%（2019 年）。

4. 有色金属冶炼行业

有色金属不仅是国民经济发展的重要基础材料，还是国家重要的战略物资。我国有色金属产业自 2003 年以来取得了巨大发展，10 种有色金属的产量连续位居世界第一，在经济效益提高、产业结构升级和技术进步等各方面均取得了显著成就。有色金属工业是我国的支柱产业，在国民经济中占据重要地位。近年来，我国有色金属工业发展迅速，2020 年我国 10 种有色金属产量为 6 168 万吨，其中精炼铜产量为 1 002.5 万吨，原铝产量为 3 708 万吨，铅产量 644.3 万吨，锌产量 642.5 万吨。随着产量的快速增长，我国有色金属行业也开始面临资源利用率低和能源消耗大以及污染排放量高等方面问题。

有色金属工业是我国七大工业耗能大户之一，是推进节能降耗的重点行业，是我国碳排放的主要来源之一。有色金属工业的二氧化碳排放主要由能源消耗产生，主要集中在铝、铜、铅、锌等金属的冶炼环节。这些环节的二氧化碳排放量约占有色金属工业总排放量的 80%，其中铝行业的排放量占到 65% 左右，而深加工过程基本不产生二氧化碳。由此可见，有色金属工业碳减排的主要目标在冶炼环节，尤其是铝冶炼环节。有色金属冶炼工艺主要包括火法冶金、湿法冶金、电冶金等。在这 3 种冶金工艺中，湿法冶金能耗较低，环境影响较小；火法冶金和电冶金能耗较大，环境影响也较大，是有色金属工业主要的碳排放和污染物排放来源。其中，火法冶金直接消耗化石燃料，向大气中直接排放二氧化碳气体，电冶金直接消耗电能。而我国的电力系统以火电为主，火电约占全国总发电量的70%，使得电冶金过程间接消耗化石燃料，向大气中间接排放二氧化碳气体。

根据有色工业协会统计数据显示，2020年我国有色行业二氧化碳排放量为6.6亿吨，占全国总排放量的比重约为5%，峰值预计达到7.5亿吨。其中，电解铝行业二氧化碳排放量为5.5亿吨，占有色行业的83.3%；电解铝环节的火电生产是碳排放高的主因，每吨电解铝平均碳排放的构成中电力排放为10.7吨，占比约65%。在碳达峰、碳中和背景下，火电“弱化”或“替代”将成为趋势。巨大的成本差异有望驱动电解铝行业大力发展水电产能，从而推动水电电解铝的行业占比逐渐提升，助力实现铝行业碳达峰、碳中和的长远目标。

二、制造业碳达峰与碳中和面临的问题

（一）能源消耗和碳排放量高，碳减排难度较大

制造业整体碳排放来源复杂，明确碳排放途径及其核算方法对于未来制造业向低碳转型发展至关重要。同时，制造业在国民经济占有主导地位，支撑着整个国家国民经济的发展，其工业产品支撑着各行各业的发展，维持着人民生活和国家安全。因此，制造业在国内生产总值的占比中一直保持着重要地位，其在全国能耗和二氧化碳排放中也长期处于领先地位。此外，不同于其他产业将化石燃料仅作为燃烧供能的使用特点，制造业在原料供应和能源消耗环节对于化石燃料均有着巨大需求，对于低产值高排放的制造企业来说，解决问题的关键是在于发展高端制造业和绿色制造业，倡导创新型、科技型的制造企业。同时，制造业门类种类繁多，在其能源消耗与碳排放方面，钢铁、石油化工、建材、有色金属冶炼行业较为明显，具有一定的典型行业特点。由于经济发展建设和城镇化水平的不断提高，国家基础设施建设一直不断更新升级，使得相

关行业的工业产品在短期内仍会持续增加，使得碳减排难度较大。

（二）石化化工企业减排压力巨大

石化企业生产过程中的碳排放主要来自两个方面——用能排放和工艺排放。其中用能排放是指化石燃料燃烧的直接排放，以及外购电力、蒸汽等能源所产生的间接排放。石化化工企业在减排中存在许多问题，现在石化行业大多能耗水平比较高，炼化企业对于进一步提高效率、降低单位能耗，存在较大的挑战。若要改进生产工艺、缩短流程，则需要较大的投资；而使用清洁或可再生能源，对炼化企业来说也会提高成本。工艺排放则是指生产流程中产生的碳排放以及设备、部件泄漏导致的逃逸排放。从化工生产的角度讲，因为下游的需求还在增长，预计到 2035 年甚至 2040 年才能达到需求的顶峰。但化工的生产规模仍会持续增加，生产环节的用能也会不断增加，所以化工领域减碳的形势较为严峻。

（三）科技投入不足，碳减排技术发展缓慢

科学技术进步是带动中国经济社会发展前进、提升生产力水平的关键因素，科学水平的高低也直接影响到“碳中和”进程。由于我国还处在工业发展的中后期，产业结构偏重工业，燃料结构偏重煤炭，化石燃料占比较大，可再生能源和清洁能源在燃料供给中的占比小，减碳压力大。由于高耗能、高排放产业对区域经济社会发展尤为重要，政府在考虑降低碳排放量的同时，还必须兼顾经济社会的可持续性发展，所以高新技术的发展在制造业实现减碳目标的过程中占据主要的一部分。而对于企业，要达到为经济社会发展不断做贡献和在“碳中和”进程中不断深入的双重目标，领先的科技水平是重要基础和保证。在环境问题日益严重的当下，迫切需要制造企业和政府从相关方面加大改革力度，降低消耗量，减少污染物排放量。

三、制造业实现碳达峰与碳中和的对策建议

（一）建设节约型社会，提倡产品回收利用，从生产端减少产量，提高回收再生产能效

结合制造业产业特征，开展低碳减排策略，可以从生产端进行，主要以源头减量和废品回收两种方式为主。源头减量并不意味着突然减少或关停“两高”企业生产，而是指在符合发展前提下进行供给侧结构性改革。对于未来压减“两高”产品产量的手段建议以严控新入产能、重组现有配置和逐步压缩产量为主。在国务院印发的《2030年前碳达峰行动方案》中提到，严控钢铁、有色金属、建材、石油化工行业产能，加大淘汰落后产能力度，是制造业实现碳中和的重中之重。废弃品回收主要针对废钢和废弃塑料。利用废钢通过电炉直接短流程炼钢比长流程炼钢过程的碳排放量低，预计可贡献钢铁业二氧化碳减排量的20%。当前废弃塑料的回收率仅占9%，大部分塑料被肆意丢弃、填埋或是焚烧，严重污染着土壤、海洋和空气，对于人类的健康和其他生物的生存均有极大的伤害。此外，制造业复杂的生产特点使得二氧化碳减排难度相比于电力、热力行业更大，因此设定合理的碳中和时间尤为重要，不应以“一刀切”式的管理措施限制产品生产、截断制造业的发展道路。

（二）调整能源结构，加快清洁能源部署

制造业排放的一部分二氧化碳是在生产过程中产生的，另外一部分主要是由于燃烧化石燃料为生产过程供能产生的。自2010年，我国通过调整能源结构，已减少 CO_2 总排放量的11%，说明能源结构调整对实现减排目标具有重要作用。若要实现碳中和（净零排放）的目标，则需要在终端提升电气化——以电替代煤，并在电力供应侧大幅提升可再生能源比例。2021年，国际能源署（IEA）在报告《能源部门实现2050净零排放路线图》中提出：到2050年，

全球能源供应总量的三分之二将来自可再生能源，太阳能光伏发电和风电合计占能源消耗总量的35%。

此外，氢能是与可再生电力并列的另一重要分支，关于氢能的报告也为人类未来零碳发展提供了方案，如“氢能欧洲”组织的《氢能法案：创造欧洲氢经济》报告。氢能产业由制氢、储氢、运氢和用氢四部分组成，使用氢能具有来源丰富、过程高效且清洁、储运方式多样的优点。例如，氢气直接还原生产钢铁技术是以氢气替代焦炭作为还原剂，将铁矿球团转化为海绵铁的生产过程，是目前从源头实现钢铁业碳减排的最佳方案；煤化工工艺减排思路主要是使用清洁能源和利用二氧化碳实现资源化转化；在碳中和目标下，未来炼油厂将逐渐走向最大化生产化学品的发展方向。随着炼油厂向化工型改制，加氢裂化和加氢精制工艺将会成为炼油厂的核心技术路线，因此炼油厂势必增加对氢气的需求；此外，也可以将秸秆、畜禽粪便、生活垃圾等废弃生物质转化为生物燃料或化学品，既能改善能源结构，同时也能减少环境污染，是化工原料多元化战略的重要方向。

（三）依托技术创新，深入开展节能降耗，不断提高能源效能

控制和降低能源消费总量的有效途径是深入开展节能降耗，大幅度提高能源效率。我国目前制造业能效整体水平不高，单位产品的能源消耗量大多处于全球中等水平。一方面要大力开展技术创新，不断优化工艺技术路线，降低单位产品的能源消耗量；另一方面要大力调整产业结构，坚持节能优先方针，持续开展能效审计，不断提高能效水平。

同时，石化化工企业实现碳达峰、碳中和主要依靠节能减排和二氧化碳再利用技术。其中，节能减碳的技术包括原油直接制烯烃，炼厂就可以跳过燃料这一步直接生产有固碳作用的化工品；而二氧化碳的再利用技术，最理想的是在化工方面的再利用，比如二氧化碳和氢进一步反应生产化工产品。此外，建材工业生产过程中，应当采用先进工艺，高效利用能源，使所生产的建材产品质量高、寿命长、性能优良、施工易行，在建筑生命周期内为建筑节能提供保

障。因此，注重循环利用，努力使达到使用周期后的废弃建材产品，能够在某些方面再次体现使用价值。而采用先进工艺和信息技术对传统工艺进行改造，推动信息化、智能化建设，提高建材生产的信息化水平。

（四）推动制造业数字化转型，实时监测碳排放，形成多行业融合生产体系

工业互联网基于新一代信息技术，与工业制造相结合，通过搭建产业链上下游对接平台、汇聚企业生产的信息数据，从而实现制造业数字化、网络化、智能化发展，同时也有利于碳排放的实时监测。在数字经济的趋势下，工业互联网通过全面构建人与人之间的互联互通，有效支撑了工业制造业各要素、产业链和价值链信息的全环节。无人工厂、智能生产线、绿色生产线等高效且环保的新技术正在快速地改造着制造业，越来越多的企业应以降低能耗、环保、低排放作为核心任务来抓，使用新技术极大提高生产管理的能源效率，降低了资源消耗，成为生产力提高和环境友好之间的新平衡点。对于制造企业来说，实现“碳中和”，产品节能只是基础，系统化的解决方案才是制胜关键。智能制造助力制造企业减能减排，得益于高效且正确的数字化、智能化解决方案，包括加大楼宇及工厂的能效措施、拓展低耗能源、采用绿色电力等保护项目，一系列高效的智能方案帮助企业平衡了不可避免的碳排放，顺利实现碳中和目标。

第二节　建筑业碳达峰与碳中和

一、建筑业碳排放

建筑业是专门从事土木工程、房屋建设和设备安装以及工程勘察设计工作的生产部门。其产品是各种工厂、矿井、铁路、桥梁、港口、道路、管线、住

宅以及公共设施的建筑物、构筑物和设施。

在建筑业中，碳排放主要分为建筑施工阶段碳排放和建筑运行阶段碳排放，建筑施工过程中主要碳排放主要来源于建材进场运输所涉及的碳排放以及施工过程中使用机械所产生的碳排放；建筑运行阶段碳排放主要来源于为满足人们基本生活需求以及不断提高的舒适度要求，使用电器等机械设备所产生的碳排放。如：炊事、照明、取暖、制冷、空气净化、输水、水处理、电梯运行、电冰箱、电视、电磁炉、微波炉、洗衣机等电器，通过消耗电能和燃气等产生大量的 CO_2。

二、建筑能耗与碳排放数据分析

（一）建筑能耗与碳排放总量

根据中国建筑节能协会能耗统计专委会发布 2019 年数据来看，建筑施工阶段能耗 0.47 亿吨，占全国能源消费总量的比重为 2.2%。建筑运行阶段能耗 10 亿吨，占全国能源消费总量的比重为 21.7%。建筑施工阶段碳排放 1 亿吨 CO_2，占全国碳排放的比重为 1%。建筑运行阶段碳排放 21.1 亿吨 CO_2，占全国碳排放的比重为 21.9%。

（二）建筑施工阶段能耗与碳排放变化趋势

根据中国建筑节能协会能耗统计专委会发布数据来看，“十三五”期间建筑施工阶段能耗增速为 4%，较“十一五”期间下降了 68.7%；建筑施工阶段碳排放增速在 2014 年出现转折，年均增速下降到 1.2%；2019 年建筑业单位增加值碳排放较 2005 年下降 47%，与单位 GDP 碳排放下降速度相当；施工阶段碳排放强度从 2005 年的 $13.8kgCO_2/m^2$ 下降至 2019 年的 $7kgCO_2/m^2$，下降 50%。

（三）建筑运行阶段能耗与碳排放变化趋势

根据中国建筑节能协会能耗统计专委会发布数据来看，建筑运行能耗年均增速放缓，“十一五”“十二五”“十三五”期间建筑运行能耗年均增速分别为5.6%、5.9%、5%；建筑运行碳排放年均增速明显放缓，“十一五”“十二五”和“十三五”期间建筑运行碳排放年均增速分别为7.9%、5.8%和3.6%。

从建筑运行阶段碳排放构成看，建筑直接碳排放占比在2010—2017年维持在34%左右，在2019年下降到26%；电力碳排放则从42%上升到53%；热力碳排放比例维持在21%～24%之间。

（四）建筑能耗与碳排放总量趋势分析

总体上，全国建筑全过程能耗与碳排放变化呈现一致的阶段性特点。2005—2019年，全国建筑能耗由2005年的9.34亿吨标准煤，上升到2019年的22.33亿吨标准煤，增长2.4倍，年均增长6.3%。2005—2019年，全国建筑碳排放由2005年的22.34亿吨二氧化碳，上升到2019年的49.97亿吨二氧化碳，扩大2.24倍，年均增长5.92%。随着市场经济水平的不断提升，我国的城镇化速度加快，建筑行业的碳排放量也在不断上升，我国未来的碳排放量还会持续上升。

三、建筑业碳达峰与碳中和面临的挑战

（一）只抓新建建筑，忽视既有建筑

建筑业既有建筑运行过程中的碳排放，主要以建筑运行时的能源消耗为主。而建筑业在建筑运行过程中的能耗主要包含建筑（居住建筑和公共建筑）运行中对能源的消耗，包括采暖、空调、通风、照明、炊事、家用电器等方面的能耗。其中公共建筑能耗主要来源于交通运输、仓储及邮电通信业用电、批发和零售贸易业、餐饮业能源消耗以及其他行业能源消耗；居住建筑能耗主要

来源城镇生活能源消费以及乡村生活能源消费；城镇采暖能耗主要来源锅炉房供暖用煤以及热电联产中用于建筑采暖耗煤。我国部分城市既有建筑面积占比已达八成以上，其中2000年前建成的建筑面积约占四分之一，普遍存在节能标准落后、墙体窗户等围护结构老化、碳排放强度大等问题。如果只抓新建建筑而忽视了既有建筑，事实上只抓住了排放中的一部分问题。

（二）建筑业环节多，难以实现精准管理

由于我国建筑行业环节多、链条长，难以实现精准管理，与部分发达国家相比，我国建筑业整体工业化程度较低，要想迅速地解决矛盾，还有很大的技术提升空间。例如涉及钢铁、玻璃以及水泥等建筑材料的生产过程，使得碳排放管理难度大大增加。

（三）建筑设备陈旧，产生高能耗

虽然我国绿色建筑整体情况发展较好，但相比国外发达国家还存在较大的差距，距离建筑运行阶段实现碳中和还有很长的路。首先，建筑设备（如灯具、水泵、通风设备、变配电等）设施年代久远，设备能效指标低，导致了高能耗。另外，锅炉、空调等仍然使用传统高碳能源，使得能源碳排放强度较高。其次，可再生能源与建筑一体化程度较低，忽略了绿色建筑与低碳建筑的有机结合，降低减排效率。

（四）低碳能源利用水平较低

我国建筑业低碳能源利用总体水平较低，2016年终端能源消费占比23.7%，与同期的东京、巴黎、伦敦等城市的能源终端消费占比相比存在一定差距。建筑能源低碳化利用的技术总体水平偏低，导致清洁低碳化能源成本较高。煤改电、气改电，减少散烧煤的利用是建筑推进能源清洁低碳化利用的主要工作，但由于市场化程度不高，导致在转型过程中出现高成本、低效率，同时能源价格未能反映资源稀缺的程度以及供求关系和环境成本，这在较大程度上影响了可再生能源发电的利用。

（五）建筑业减碳的责任巨大

在建筑业，建筑节能材料是实现节能减排的重要方式和手段，但能够看出，建筑业本身属于一个高能耗的行业，很多建筑生产企业的技术水平较低，整体管理方式较为落后，导致建筑行业自身的碳排放量一直无法得到降低。随着碳中和政策的深入贯彻，一些高能耗行业势必会接受更加严格的监管。对于建筑企业来说，对自身的管理理念进行改变，采用更加先进的生产设备是非常必要的。在我国碳中和政策的指导下，可以鼓励建筑企业自主申报，给予一些符合碳中和目标企业一定的补贴，通过这种方式来帮助建筑企业不断升级和改造，从而推动建筑行业的升级和改造。其次，建筑业本身就面临着减碳的重要任务，我国计划在 2030 年实现碳达峰，随着时间的不断临近，未来针对建筑行业可能会采取一些强制性的措施和标准，一些无法及时升级和改造的建筑行业将会被淘汰。

四、建筑业碳达峰与碳中和应对措施

（一）重视既有建筑改造，推动绿色装配式建筑发展

针对建筑业只抓新建而忽视既有建筑的问题，应该调整既有建筑改造的重点、措施和经费使用方向。首先，保温层改造补贴可以用于窗户改造、电气化补贴或热力管网改造等收益投入比更高的方面；逐步淡化超低能耗补贴，调整为对既有建筑采用低碳、零碳措施的补贴。其次，率先推进公共建筑低碳节能改造，逐步推进居住建筑低碳节能改造。最后，强化公共建筑能耗限额管理工作，提高建筑能源系统运维水平。对于建筑业来说，绿色装配式建筑的发展是帮助建筑行业实现碳中和的重要路径。绿色装配式建筑能够对建筑材料进行充分利用，帮助建筑施工节约能源，加强环境保护。

（二）更新建筑设备，实现绿色建筑与低碳建筑相融合

陈旧的建筑设备能效指标低、能耗高。建筑业应更换国家明令禁止或淘汰的落后工艺及设备，尤其是中央空调、电梯、水泵、通风机、变压器、照明灯具等主要用能设备，选用国家推荐的高效、节能型产品。其次，在建筑中植入建筑智能化系统、能耗管理与监测系统等，大力发展燃气发电的冷热电联供、燃气壁挂炉和太阳能热水器的联合多种能源，实现绿色建筑与低碳建筑相融合。

在建筑过程中利用电炊具替代燃气炊具、热泵替换燃气热水锅炉，在需要使用蒸汽的过程中，采用大型电热蒸汽。这些措施的实施需要在政策层面上加大推广力度，让百姓能够从理念上进行转变，也是实现建筑低排放的重要途径。

（三）降低建筑照明系统碳排放

照明系统是建筑中不可或缺的一部分，常见的照明节能途径有三种：①采用高效的节能型光源，也就是使用发光效率高的灯泡或灯管；②采用高效节能灯具，提高照度，降低功率、减少灯具的数量、降低总体的功耗，以此达到减排效果；③在现有照明系统上加装节能控制设备。

（四）大幅降低建筑供暖系统碳排放

居民大幅度增加用电供热、供冷是当前建筑用能迅猛增加的原因之一，满足这一需求的最佳途径，是利用太阳能。我国现有屋顶面积约 100 亿平方米，未来可能高达 300 亿～400 亿平方米，是“占地”成本最低、便于并网发电、能放置小型光伏电站的“最佳”场地。用太阳能供热，其“不计热损失”的“相同装置”的集光量将等于集热量，在折算成碳减排时，是光伏发电减排量的 2 倍。

（五）加强环境绿化，增加吸碳产氧中和能力

建筑环境绿化作为城市生态系统中唯一具有自净功能的组成部分，具有不可替代的生态、景观和社会功能。由于植物具有固定 CO_2 释放 O_2、减弱噪声、滞尘杀菌、增湿调温、吸收有毒物质等功能。充分利用植物特性，进行建筑周边环境绿化、屋顶绿化、墙面绿化、室内绿化等可以有效改善人居环境质量，增加吸碳产氧中和能力。

第三节　电力生产业碳达峰与碳中和

一、电力行业

电力行业（Electric Power Industry）是将煤炭、石油、天然气、核燃料、水能、海洋能、风能、太阳能、生物质能等一次能源经发电设施转换成电能，再通过输电、变电与配电系统供给用户作为能源的工业部门。包括发电、输电、变电、配电和用电 5 个环节。

二、电力行业碳排放数据分析

（一）电力行业发展现状

根据中国电力企业联合会对 2015—2021 年全国电力工业统计的数据，全国用电量整体呈现上升趋势（图 6.1）。2021 年全国用电总量较 2020 年同比增速 10.3%，达到 83 128 亿千瓦时。

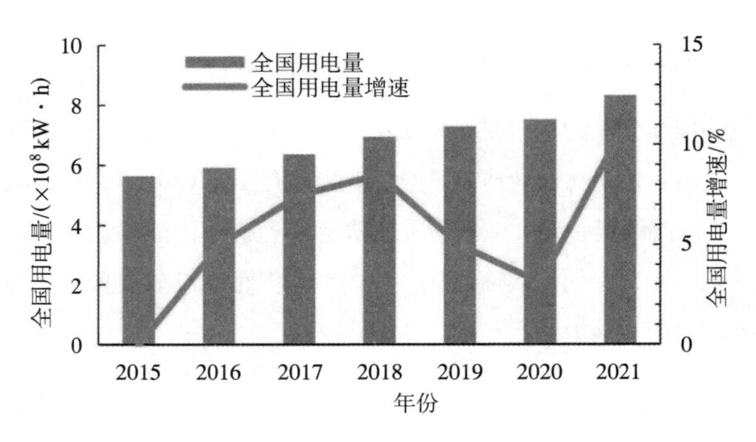

图 6.1　2015—2021 年全国全社会用电量及其增速

如图 6.2 所示，2021 年我国电力行业新能源年发电量首次突破 1 万亿千瓦时，煤电发电量占比降低，全国发电量达到 8.38 万亿千瓦时，同比增长 9.8%。同时，发电结构持续优化。具体表现为：非化石能源发电量 2.90 万亿千瓦时，占总发电量的比重为 34.5%，与 2020 年相比提高 0.6%；风电光伏的发电量占比提高了 2.2%，而太阳能发电、风电发电量同比分别增长 25.2%和 40.5%，风电对全国电力供应的贡献不断提升；煤电发电量为 5.03 万亿千瓦时，同比增长 8.6%，占总发电量的比重为 60%，同比降低 0.7%。

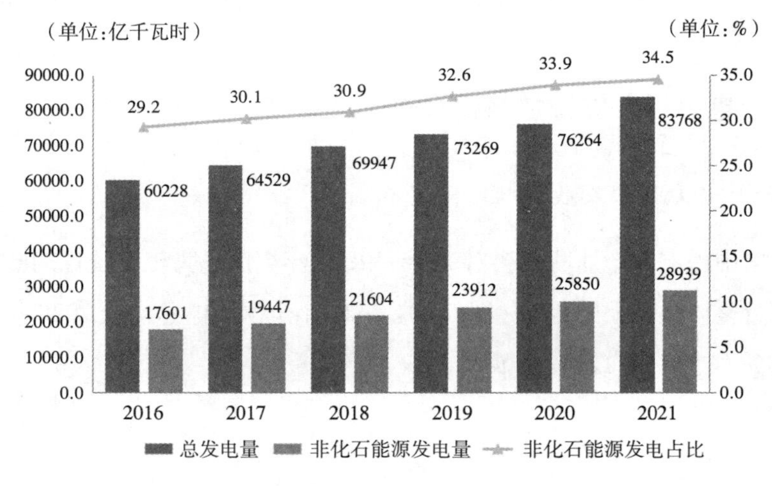

图 6.2　2016—2021 年全国发电量及非化石能源发电占比情况

此外，我国电力行业新能源投资上扬，火电投资有所回升。2021 年，全国电源基本建设投资完成 5 530 亿元，同比增长 4.5%。其中，水电投资 988 亿元，同比减少 7.4%，占电源投资的比重为 17.9%；火电投资 672 亿元，同比上升 18.3%，占电源投资的比重为 12.2%；核电投资 538 亿元，同比上升 42%，占电源投资的比重为 9.7%，扭转“十三五”期间投资量一直收缩的局面。“十二五”以来，新能源投资力度加大。2019—2021 年受平价上网政策影响，风电投资猛增，2020 年、2021 年风电投资占电源总投资的比重分别为 50.1%、44.8%（图 6.3）。

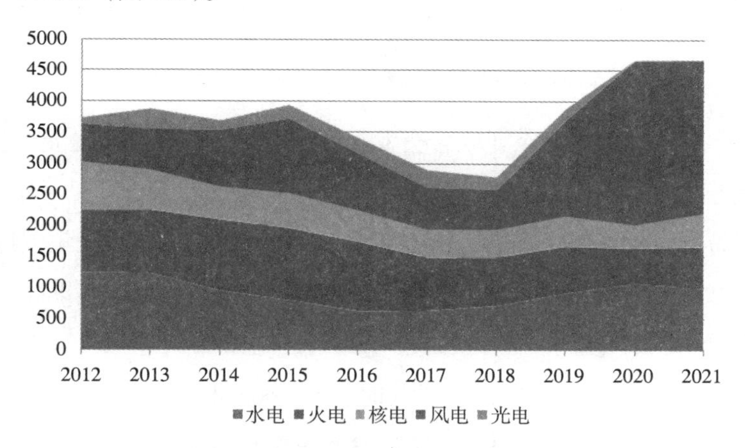

图 6.3　2012—2021 年不同电源投资情况（单位：亿元）

（二）电力行业碳排放现状

2020 年，我国电力行业全年商品煤消费量为 21.9 亿吨，约占全国商品煤消费总量 54.1%，贡献了全国四成以上二氧化碳排放量，英国石油公司发布的《世界能源统计年鉴 2021》（第 70 版）统计数据显示，2020 年我国能源活动二氧化碳排放 99 亿吨，占全国总量的 81%。在 2020 年的数据统计中，电力行业的碳排放量以 44%的比重在二氧化碳排放结构中占据主体地位。

我国电力行业积极应对气候变化，持续提高可再生能源发电比重，不断优化煤电机组结构，碳排放强度持续改善。2020 年我国单位火电发电量二氧化碳排放绩效值为 832g/（kW · h），比 2005 年下降了 20.8%（图 6.4）。

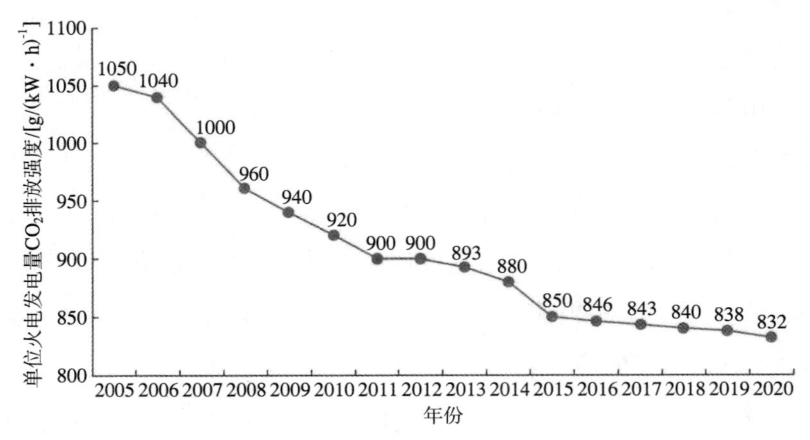

图 6.4　2005—2020 年我国单位火电发电量 CO_2 排放强度图

此外，根据中国电力企业联合会发布《中国电力行业年度发展报告 2021》显示，截至 2020 年年底，全国全口径非化石能源发电装机容量 98 566 万千瓦，非化石能源发电量 25 850 亿千瓦时，比上年增长 7.9%。全年累计完成替代电量 2 252.1 亿千瓦时，比上年增长 9.0%，且替代电量逐年提高。全国单位火电发电量二氧化碳排放约 832 克/千瓦时，比 2005 年下降 20.6%；全国单位发电量二氧化碳排放约 565 克/千瓦时，比 2005 年下降 34.1%。以 2005 年为基准年，从 2006 年到 2020 年，通过发展非化石能源、降低供电煤耗和线损率等措施，电力行业累计减少二氧化碳排放约 185.3 亿吨。其中，非化石能源发展贡献率为 62%，供电煤耗降低对电力行业二氧化碳减排贡献率为 36%，降低线损的二氧化碳减排贡献率为 2.6%。

三、电力行业碳达峰与碳中和面临的挑战

（一）火电装机占比较大

用于发电的能源主要有煤、石油、天然气、核能、水能等。由于我国能源资源以煤为主，因此在一定时间内以煤为主的电源结构难以改变。由中国电力企业联合会 2011—2021 年全国电力工业统计数据来看，我国的火电装机容量

逐年上升，火电占比较大。火电装机容量以较高的基数和较大增速增长，造成目前火电装机容量在全国总装机量中的高占比。但新建的煤电项目至少有 30 年的寿命，因此火电高占比的现状对未来构建以可再生能源为主的电力系统存在一定的困难。针对目前煤电机组的高占比情况，立刻让未到退役年龄的煤电机组退役不仅会造成之前投入的资本浪费，还会给供电系统造成压力。所以，短期内火电在我国电力供应系统中仍然是主力，需要逐渐淘汰高排放、低效率的煤电机组，完成电力行业的低碳转型。

（二）新能源发电的不确定性及其对电网运行的挑战

在“双碳”目标下，电力系统需要在发电侧对能源结构进行改革，加大对风能、太阳能、水能、核能等清洁能源的投资和开发，使新能源机组大规模替代传统的煤电机组。在现有技术水平下，新能源发电的不确定性及其对于电网带来的冲击，也将会给电力系统的稳定运行带来较大影响。

首先，从自身技术特性来看，风与光易受气候及地域影响，生物质供应源头分散，原料收集困难，核电存在燃料资源闲置和核安全问题等。新能源发电出力具有极强的不确定性、间歇性和波动性等特点。其次，新能源消纳技术直接影响电网中电力平衡的特性，现阶段，大规模、高比例的新能源发电并网存在一定的技术瓶颈。因此，在输电网规划方面，需要考虑不确定性和随机性带来的影响，以及电网的形态和安全性。最后，我国可再生能源的资源分布与主要的电力需求呈逆向分布。70%的陆上风电、太阳能分布在西北地区，而 70%以上的能源需求集中在东、中部经济发达地区。跨省跨区配置能力不足，严重制约了新能源大范围优化配置。如何将可再生能源通过远距离跨区输电网络“集中式”输送到东、中部地区，同时在本地“分布式”消纳，对智能电网的发展和配电网运行方式提出了更大挑战。

（三）低碳技术前景难测

科技支撑是实现“双碳”目标的关键和基础，然而低碳、零碳、负碳技术的发展尚不成熟，各类技术系统集成难、环节构成复杂、技术种类多、成本昂贵，亟须系统性技术创新。被寄予期望的碳捕集利用与封存（CCUS）技术，成本高昂，动辄数亿元甚至数十亿元的投资和运行成本，制约了 CCUS 项目的顺利建设。

四、电力行业碳达峰与碳中和的应对措施

（一）大力发展新能源

发展绿色可再生能源、调整能源供给结构是解决能源问题、实现“双碳”目标的根本途径。风能、太阳能、水能、核能等可再生能源都是绿色低碳能源，最大程度利用可再生能源是实现碳达峰、碳中和目标的根本出路。

近年来，随着新能源产业的迅猛发展，发电成本大幅下降，目前度电成本已与煤电持平甚至更低，新能源发电在全球已成为清洁、低碳、具有价格优势的能源形式。加大对风能、太阳能、水能、核能等清洁能源的投资和开发，构建适应大规模新能源发展的电力产供储销体系、提升电力系统的灵活调节能力、推动源网荷储的互动融合将成为解决新能源大规模发展的关键措施。

（二）明确煤电发展定位，提高煤电发展质量

明确煤电发展定位是能源电力行业减污降碳的基础。虽然减污降碳需要严控煤电项目与煤炭消费，推动非化石能源替代，但从能源供应与电力系统的安全性出发，在未来一段时间内，仍需有效发挥煤电的基础性调节作用和对电力系统的支撑作用。优化煤电功能定位，充分发挥保供作用，更多承担系统调节功能，由电量供应主体向电力供应主体转变，提升电力系统应急备用和调峰能力。正确辩证统筹煤电与新能源发展的关系。

首先，严控新增煤电项目，持续淘汰关停落后煤电机组。原则上不再新建单纯以发电为目的的煤电项目，仅按需安排一定规模保障电力供应安全的支撑性电源和促进新能源消纳的调节性电源。其次，推动落实“三改联动”相关工

作要求，选择成熟适用、经济可行的技术改造路线，加快现役机组节能升级和灵活性改造，确保污染物排放量满足超低排放要求并鼓励进一步降低排放水平，火电机组灵活调节能力要达到30%及以下最小技术出力。最后，积极探索煤电低碳发展与退出路径,明确碳达峰碳中和目标下保障我国能源电力安全所需的煤电规模，同时积极探索研究煤电耦合生物质、煤电配套碳捕获、利用与封存（CCUS）、生物质能碳捕集与封存（BECCS）等低碳、零碳技术的应用前景，从而实现中长期煤电合理退出与低碳转型。

（三）加大低碳减排技术的研发及应用

加大对低碳减排技术研发投入和创新力度。积极推进清洁高效的重型燃气轮机技术、二氧化碳碳捕集、利用、封存和输送等技术的开发和利用；完善大功率的风电机组的整机设计技术，发展生物能源与碳捕获和储存技术；加快第三代核电机组技术模型优化和第四代反应堆的开发利用技术；提高基于柔性直流的风电场组网技术，加强对风力发电机组运行维护以及故障诊断的能力；综合利用好能源技术中的多梯级利用、高效转换以及互联网技术；加快推进电化学储能的高效集成应用技术，电池的状态评估、安全技术以及梯级利用技术等先进的储能技术的研究。

（四）推进智能电网建设

新能源通过逆变器并入电网，系统的电力电子化程度高，增加了系统不稳定的风险。为应对风、光等新能源发电的不确定性，提高可再生能源并网发电的技术水平，在保证满足系统负荷及安全稳定运行的前提下，应尽可能多地消纳新能源，有效节省系统的运行成本。广泛布局智能传感器、智能网关，提升智能采集感知能力，有效提升电网控制水平和实时交互水平。加快智能电网的建设速度，比如特高压技术、低压柔性配电网技术，提升电网的响应速度和综合调节，充分发挥智能电网优化配置资源的功能，为大规模间歇性新能源并网提供关键的平台。

第四节　采矿业碳达峰与碳中和

一、中国采矿业发展现状

我国是矿产资源大国，当前已发现矿产 173 种，探明资源储量 162 种，品种较为齐全，勘查开发体系完整，主要矿产品产量和消费量居世界前列。据国家统计局发布的数据显示，2021 年 1—10 月，全国规模以上工业企业实现利润总额 71 649.9 亿元，比 2019 年同期增长 43.2%，两年平均增长 19.7%；其中，采矿业实现利润总额 8 639 亿元。

近年来采矿行业经营效益逐年降低，从采矿业规模以上企业营业收入来看，我国采矿业发展波动较为明显。2015 年以来，受到我国能源改革等政策的影响，采矿业的生产规模波动下滑。由于 2020 年年初新冠肺炎疫情的影响，我国全年采矿业规模以上企业营收约为 31 621 亿元，同比下降 31.5%（图 6.5）。其次，采矿业投资额正逐年呈波动式下降。全国采矿业固定资产投资额由 2015 年的 12 971 亿元下降为 2020 年的 8 434 亿元（图 6.6）。

图 6.5　2015—2020 年中国采矿业规模以上企业营收情况

中国采矿业投资规模及增长情况

图 6.6 2015—2020 年中国采矿业投资规模及增长情况

二、中国采矿业碳排放现状

采矿业指对固体（如煤和矿物）、液体（如原油）或气体（如天然气）等自然产生的矿物的采掘。包括地下或地上采掘、矿井的运行，以及一般在矿址或矿址附近从事的旨在加工原材料的所有辅助性工作，例如破磨、选矿和处理，均属本类活动。此外，还包括使原料得以销售所需的准备工作。

采矿业作为国民经济的重要基础产业，在我国工业现代化进程中发挥着不可替代的作用。2015—2019 年中国采矿业能源消费总量如图 6.7 所示，2015 年能源消费总量为 1.93 亿吨标准煤，2019 年能源消费量为 1.92 亿吨标准煤，总体能源消费量持稳定状态（图 6.8）。

基于中国统计年鉴数据，可得 2015—2019 年中国采矿业能源消费 CO_2 排放量变化趋势，具体如图 6.9 所示，其中，2018 年二氧化碳排放量为 8.21 亿吨，2019 年二氧化碳排放量为 7.98 亿吨，同比降低 2.8%，总体呈现出缓慢减少趋势。

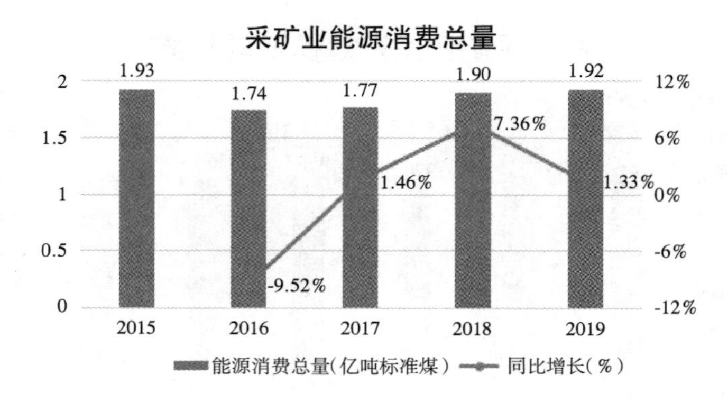

图 6.7　2015—2019 年中国采矿业能源消费总量

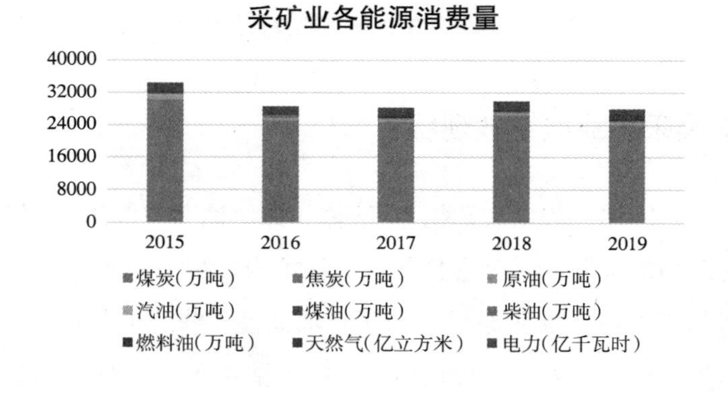

图 6.8　2015—2019 年中国采矿业各能源消费量

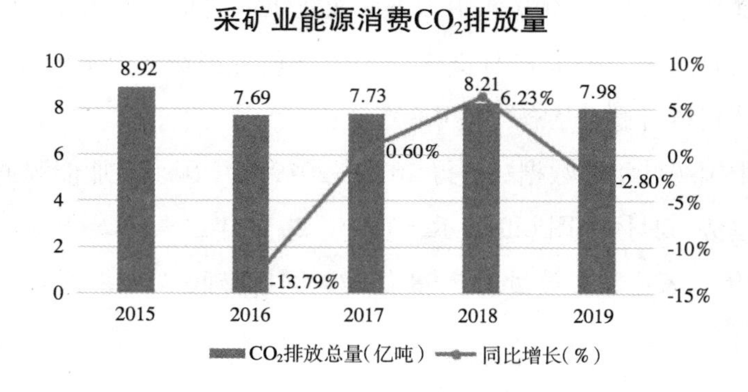

图 6.9　2015—2019 年中国采矿业能源消费 CO_2 排放量

三、采矿业碳达峰与碳中和面临的问题

（一）矿产开采过程产生大量二氧化碳

矿产资源的开采分为露天开采与地下开采，在采矿业企业生产过程需要勘探、建井，由于目前部分矿业企业勘探程度低，开采生产设备陈旧，生产技术落后，开采机械化程度低，导致开采过程中释放大量二氧化碳。

（二）矿石工业品位和质量日益下降

优质矿产资源发现减少，高品位矿产资源开采殆尽，从低品位矿石中提取金属需要更多资源和能耗，产生更多的碳排放。

（三）传统技术设备陈旧、利用率低

我国煤炭企业由于资本构成较低，设备能力往往受到限制，特别是一些中小矿产企业，为节约开采成本，较多采用房柱式、刀柱式、盲巷式等原始开采方法，落后的开采方法和工艺设备带来的是矿产资源的巨大浪费和破坏，也带来碳排放的增加。

四、采矿业实现碳达峰与碳中和的政策建议

采矿业实现“双碳”目标，需走高质量发展之路，高标准推动绿色低碳转型和绿色矿山建设，实现科学开采、资源高效利用、生态环境保护、节能减排、规范管理和矿区和谐等目标任务，构建科技含量高、资源消耗低、环境污染小的矿业发展新模式。

（一）优化开采方式，降低采矿能耗

优化开采方式重点是优化矿山用能系统，通过改进管理和采掘方式，降低

贫化率，实现节能降耗，采用高效粉碎设备优化破碎工艺系统，提高分级效率，改良输送技术装备节约输送成本，不断降低能耗和“三废”排放水平。优化采矿流程的技术，包括水处理技术和节水技术、尾矿管理与回收技术、智能能源系统、电力采矿设备、生物技术以及生物采矿和生物矿化技术。这些新技术正被应用于绿色矿山，可以有效节约水资源、减少碳排放、减少污染等。通过改善能源结构走绿色低碳技术路径，发挥矿山企业空间开阔的优势，因地制宜地建设和充分利用太阳能、风能，这些都是矿山企业实现碳中和的有效手段。

（二）推动关键技术研发与应用

在煤炭资源绿色开发、天然气水合物探采、油气与非常规油气资源开发、金属资源清洁开发等方面，大力推进绿色低碳技术的基础研究和应用研究，大力研发先进的绿色低碳技术，突破并掌握一批核心关键技术，并引导研发单位指导矿山企业应用先进适用技术，实施技术工艺和设备升级改造，提高机械化、信息化、智能化水平。同时，集中精力提升勘查技术，提升物化探及钻井关键技术与装备水平，实现资源储量稳步增长；加大采选冶技术攻关力度，应用复杂环境下精细化开采技术和装备提升开采回采率，通过地下采选一体化跨越式提升开采技术水平，集成高效开采、低碳节能、安全环保的共性关键性技术，实现高质量采矿。

（三）减少化石能源的使用，推广清洁能源替代

大力推广应用地热、太阳能、天然气等清洁能源，大大减少温室气体排放，实现节能增效。能源替代是目前最主要的减排措施之一。能源替代可以用碳排放因子较低的化石燃料，如将柴油替换成天然气；也可以用可再生能源取代化石燃料。许多可再生能源都适合应用在矿区，用可再生能源来抵消化石燃料发电商的能源需求。随着全球对能源转型的关注度越来越高，发展可再生能源的技术不断改进，成本也逐步下降。

推广使用可再生能源主要有以下几种：

（1）太阳能发电。太阳能能够有效地在矿区整合可再生能源。在拥有大量闲置土地，且太阳辐射光强的矿区，太阳能发展潜力巨大。矿区土地可安装太阳能电池板，在阳光普照的时候帮助补充能源供应。

（2）风力发电。由风力涡轮机产生的电力是矿区另一个很好的可再生能源来源。还可以利用好矿区未被使用的土地，在风起时增加能源供应，减少运营商的碳排放。

（3）水力发电。一些矿业客户已经受益于水力发电技术。微型涡轮机技术的进一步发展也为普及水力发电提供了机会，从矿区内的重力流系统中回收能量，可以产生额外的可再生能源。

（4）沼气。沼气可以作为燃料，以更可持续的方式为矿场的运作提供动力。此外，在这一过程中，还可以减少垃圾填埋场的废物量。

（5）氢气。绿色氢气（或由可再生能源生产的氢气）能以可持续方式增加矿山能源供应。每个矿区都应该把握自身条件，寻找最佳解决办法。

（四）提高能源利用效率

碳排放的能源利用效率的提高很大程度上依赖于采矿业人员技术水平和生产技术水平的提高。生产技术创新改革并不是短时间内可以达成的目标，需要长期的政策引导以及经济支持来达到生产水平的总体提高，以此来提高采矿行业的能源利用效率，从而达到降低采矿业的碳排放量的目的，最终达到可持续发展能源的路线。另一方面采矿业企业要对现有技术人员进行培训，派遣人员到先进地区进行生产技术的培训。提高采矿业工作人员的技术水平，也就减少了在生产过程中不必要的损失，使得能源利用效率进一步提升。与此同时，引进新型生产设备也非常重要。现阶段，采矿业开采的技术在不断提升，这源于采矿业不断更新开采设备，极大提升了采矿业开采的能源利用效率。同时，升级改造技术工艺，推广应用直接电力驱动凿岩台车、锚杆台车等设备，实现二次能源向一次能源的转换，也可以大大提高能源利用效率。

（五）规范采矿业法律制度

在应对全球气候变化和资源能源保障依然紧张的双重压力之下，如何将采矿业减排纳入法治轨道，通过长效稳定的法律机制来保障采矿业“双碳”目标的如期实现，是采矿业管理面临的重要任务。

我国在减碳方面的立法情况相对薄弱。鉴于此，相关研究学者针对加强采矿业减排立法提出相关建议：一是加强共同责任立法，明确碳减排的管理职责、共同管理的工作机制、各部门应承担的责任。二是进一步规范资源开发技术标准和规程。以强制手段淘汰落后产能、工艺和技术，降低资源开发自身的能耗，鼓励节能设备、节能技术的研发与推广。三是调整资源税费，发挥税费调控作用，优化能源结构。四是深化矿山环境保护制度，继续加强矿山环境治理，恢复保证金制度的操作性，积极探索环境保护的市场机制等。

第七章　第三产业碳达峰与碳中和

第三产业包括的范围很广，其内部不同的行业碳排放差异很大。本章选取了交通运输业、批发零售业、住宿餐饮业、信息传输、软件与信息技术服务业和金融业，重点介绍其碳达峰与碳中和情况。

第一节　交通运输业碳达峰与碳中和

一、交通运输业碳排放

根据国际能源署（IEA）的统计数据显示（图7.1），2020年全球碳排放主要来自能源发电与供热、交通运输、制造业与建筑业三个领域，分别占比43%、26%、17%。交通运输行业碳排放所占比重大、方式众多、结构复杂、统计困难，是各国实现碳中和远景目标的重点和难点。中国作为交通大国，高速公路通车里程、高速铁路与城轨交通运营里程均处于世界第一地位。交通运输快速发展的同时，也带来能源消耗的快速增长。在“双碳”目标的大背景下，交通行业也为此按下了减碳脱碳的“加速键”。未来，交通行业将以“双碳”为牵引，促进整个交通运输产业全链条、各要素的迭代升级，推动交通行业实现低碳绿色转型和高质量发展。

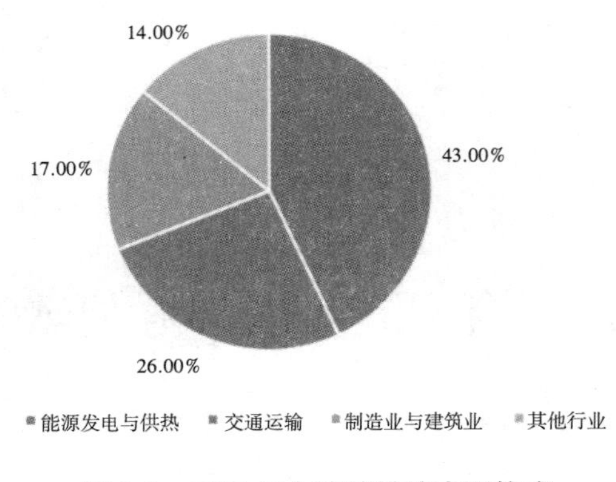

图 7.1　2020 年全球碳排放来源构成

二、交通运输碳达峰面临的重大问题

（一）交通运输需求仍将保持增长

交通运输是居民出行、产业发展的基础支撑和保障。随着经济社会的快速发展和居民生活水平的不断提高，运输需求不断增加，碳排放总量控制难度很大。2021 年中共中央、国务院印发《国家综合立体交通网规划纲要》指出，未来旅客出行需求将稳步增长，高品质、多样化、个性化的需求不断增强，预计 2021—2035 年旅客出行量（含小汽车出行量）年均增速约为 3.2%。高铁、民航、小汽车出行占比不断提升，城市群旅客出行需求逐渐增加。

此外，预计 2021—2035 年全社会货运量年均增速约为 2%，邮政快递业务量年均增速约为 6.3%。外贸货物运输保持长期增长态势，大宗散货运量未来一段时间内保持高位运行状态。

（二）碳减排效益周期长且效益递减

目前，干线铁路和铁路专用线均存在能力制约，铁路基础设施的建设以及铁路货运市场规模的形成均需要时间，铁路货运无法在短时间内迎来爆发性增长；需要在网络建设、配套设施、服务水平、市场开发、生产效率等方面综合发力，才能逐步缓解铁路货运能力紧张的状况。受铁路、水路货运能力和适运货种的限制，长期来看运输结构调整的边际效益递减，对碳减排的贡献率近中期大于远期。

（三）交通用能结构调整进程存在技术不确定性

运输装备的新能源化是交通领域碳减排的重要手段。尽管近年来新能源小型乘用车、轻型物流车的技术逐步成熟，但重型货车、船舶在短期内还缺乏成熟的能源替代方案。例如，新能源重型货车在续驶里程、有效载重方面仍存在技术瓶颈，氢燃料和氨燃料船舶在技术装备研发、配套能源基础设施建设、安全风险防控、标准规范研究等方面尚处于起步阶段。因此，交通领域用能结构的深度调整，离不开全社会各行业的共同努力，需要加快实现装备技术成熟、产能初具规模、能源供给稳定、消费意愿强烈、基础设施配套完善的新能源车船产业生态。

（四）交通领域碳减排资金需求量大

政府间气候变化专门委员会（IPCC）第六次评估报告认为，交通运输行业碳减排成本显著高于工业、建筑等行业。目前采取的“公转铁”、“公转水”、老旧柴油货车淘汰等减排措施以及配套能源供应体系等，资金投入大、经济收益小，地方政府、运输企业、个体运输户缺乏内生动力。

（五）交通领域碳达峰涉及利益方众多

交通运输的碳达峰工作涉及领域广，涵盖营业性车辆、船舶、铁路、民航以及非营业性车辆、私家车等，加之协调部门多（如铁路、民航、生态环境、工信、公安等部门），需要进一步完善工作机制，强化统筹和协调。社会车辆的碳排放占交通领域碳排放的比例超过三分之一，碳排放量占比高且保有量的增长空间大，在新能源重型货车规模化推广应用存在不确定性的情况下，社会车辆的碳减排工作尤为重要。社会车辆的碳排放取决于保有量、车辆能效、新能源替代等因素，政府主管部门针对这些因素可采取的运输管理手段十分有限，需要生态环境、工信、公安、交通运输等多个部门协同发力，在数据共享、装备研发、标准规范制定等方面加强对接，共同推进社会车辆的碳减排工作。

三、交通运输部门碳达峰与碳中和的国际行动

碳达峰、碳中和目标对交通运输领域而言，既是发展的重要挑战，也是行业绿色转型的重要机遇。从全球交通短期发展来看，交通运输规模呈现中高速增长，技术尚需发展和推广应用，规模增速是碳排放的主因；从中远期来看，交通运输规模增速放缓，技术渗透和应用全面提升，技术和政策减排措施将发挥主要作用。

因此，碳达峰与碳中和是一项全球范围内亟待解决的难题。例如：英国交通运输部 2021 年发布了《交通脱碳：更好、更绿色的英国》，明确 2050 年实现本国交通领域碳中和的愿景、行动和时间表，这也是全球首个专门针对交通领域的碳中和路线图，其共享交通、零排放载具和 MaaS（Mobility as a Service，MaaS，出行即服务）是实现英国交通脱碳的关键点；欧盟则计划利用数字技术建立统一票务系统或者部署交通系统，将注入近 22 亿欧元大力投资 140 个关键运输项目，欧洲也正共建全球首个货运无人机网络和机场以降低碳排放量、节省运输时间和成本；日本也明确提出了“脱碳”时间表，预计在 2050 年实现“碳中和”，并将智慧交通作为经济增长的重要路径，利用数字通信、人工智能、自动化、大数据等技术推动城市交通结构优化。

总体来看，无论是英国、欧盟还是日本等其他各国和地区，在城市交通运营方面的减碳措施主要呈现两大趋势：一是聚焦于提高绿色出行品质，在出行空间、路权配置等方面给予公共交通更高的优先权；二是依托出行即服务（MaaS）促进绿色出行全链条服务体验的提升，依托科技创新不断优化城市交通结构与模式。

四、推动交通运输领域碳达峰与碳中和的举措与建议

（一）提升运输装备能效

首先，提升运输装备能效是推动交通碳达峰、碳中和的重要举措，需聚焦完善能效标准、抓好准入制度、加快淘汰老旧车船等工作。主要表现为：完善运输车辆能耗限值标准，协助建立车辆碳排放标准体系。建立营运装备燃料消耗检测体系并加强对检测的监督管理，采取经济补偿、严格超标排放监管、强化汽车检测与维护制度等方式，加速淘汰落后技术和高耗低效车辆。

其次，推进实施船舶能效准入制度，建立新造船舶设计能效指标以及分阶段实施要求与验证机制；根据高能效技术和替代燃料应用情况，定期评估并调整新造船设计能效要求；建立船舶能耗监测体系、营运船舶能效核查机制与营运能效评价指标，推动高能耗老旧营运船舶限制使用政策制定，鼓励高能耗船舶技术改造升级或提前退出。

最后，加强节能技术研发和应用，积极推广智能化、轻量化、高能效、低排放的营运车辆，推动车辆燃料消耗量限值和车辆碳排放标准提升；充分发挥营运装备燃料消耗检测体系作用，做好在用装备燃料消耗限值管理工作；逐步普及车辆自动驾驶技术，试点并推广智能船舶驾驶技术，在沿海试点船舶无人驾驶技术。

（二）推进新能源车辆规模化应用

相关研究表明，利用新能源转化电能，纯电动汽车比燃油汽车更节能、碳排放更小。因此，以深度降碳为目标的汽车用能“油转电（新能源）”是大势所趋。

首先，要进一步优化机动车能源结构。在政府与市场双驱动力下，引导消费者转变车辆消费认知和模式，加快淘汰老旧燃油车，加大新能源车的应用，形成新能源车对传统燃油车的替代性优势，减少碳排放源能耗。

其次，进一步提升新能源车的通行便利程度，加快构建便利高效、适度超前的充换电（新能源补给）网络体系，在公路服务区、运输枢纽、物流园区、公交场站等区域加快布局充电桩、加氢站以及 LNG 加注站等新能源基础设施，为新能源汽车使用创造有利环境。

最后，进一步加速新能源车的智能化和共享化应用，大力推动无人驾驶技术在公交、消防、出租、物流等领域的应用，开展更多的智能共享汽车使用模式探索，为解决交通领域能源环境问题开辟新路径。

（三）加快货运结构优化调整

根据交通运输部统计（图 7.2），2020 年各种货运运输量中公路运输量占比最大，达到了 73.8%；其次为水运，占比为 16.4%；铁路运输量占比仅为 9.8%。水运和铁路运输能耗低，但现实中货物运输仍以公路运输为主。调整和优化货物运输结构，促进货运方式“公转铁（水）”，可取得良好的节能减碳效果。

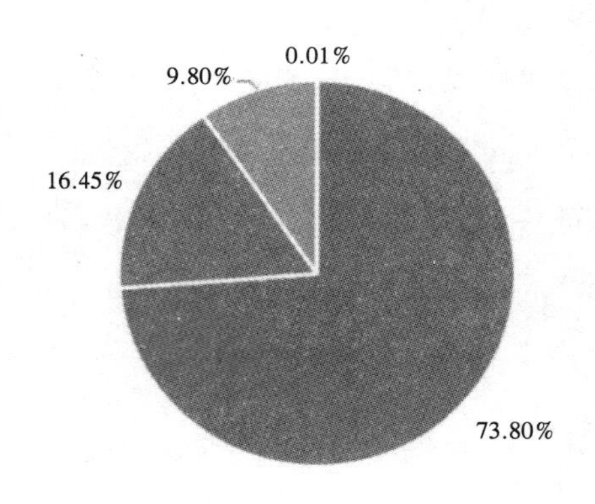

图 7.2　2020 年营业性货运量运输方式构成

此外，从政策层面看，制定多式联运的服务标准和规则，推广无缝衔接运输组织模式，提高综合运输效率；从行业来看，要推动道路货运行业高质量发展，全面推进货运车辆和货运车型标准化，探索“一票到底”的物流服务，进一步加大超限超载治理力度，推动行业规模化、集约化、网络化发展；从企业来看，要顺应“双碳”目标和市场需求，整合运输资源，长距离大宗货物运输由公路有序转移至铁路（水路），发展公路、铁路、水路多式联运，提高铁路、水路等节能低碳型交通工具等综合运输中的承运比重，构建绿色货运服务网络。

（四）提升道路快速通行能力

综合运用法律、经济、技术、行政等多种手段，加大道路交通拥堵治理力度，促进交通运行“堵转畅”。优化路网运行，建立路网一体化运营管理模式及控制平台，利用北斗卫星导航、大数据、无人机、智能控制等技术设备，实现系统运行效率最优，提升路面通行效率；优化路网设计，开展智慧高速公路系统工程研究，重点性改善关键交通节点路网，建设全天候通行、全路段感知、全过程管控的智慧高速，助力完善综合交通体系。

（五）打造公众绿色低碳出行模式

通过政府引导、公众参与等方式，引导公众绿色出行，促使个体出行“私转公”。优化客运组织，拓展多样化客运服务，鼓励和规范定制客运等新模式发展；优化公共交通服务，打造绿色、高效、快捷、舒适的公共交通服务及配套体系，缩短公交站与地铁站出入口的换乘距离，在市郊铁路和远端地铁站增建小汽车驻车换乘停车场；发展智能交通，利用移动终端实现智能服务，创造出行即服务的体验，用精准的公共交通方式减少私家车流量，提高绿色交通分担率。

第二节 批发零售业碳达峰与碳中和

批发零售业是一种重要的经济形态，与老百姓的生活息息相关。随着我国经济的发展和产业结构的优化，批发零售业得到了快速发展，其能源消耗和碳排放也达到了很大的规模。因此，促进批发零售业碳达峰与碳中和已经刻不容缓。

一、批发零售业碳排放

根据 IPCC 提供的碳排放核算方法，本文计算得到了 2005—2019 年我国批发零售住宿餐饮业的碳排放，碳排放的年均增率为 3.57%，具体变化情况如图 7.3 所示。根据时间节点，碳排放变化趋势可以分为三段：2005—2013 年，批发零售住宿餐饮业碳排放量从 8 254.12 万吨增长至 14 050.74 万吨，达到第一个峰值；2014 年略有降低，之后又呈现增长趋势，并且在 2016 年达到第二个峰值，为 14 536.63 万吨；2016 年之后呈下降趋势。

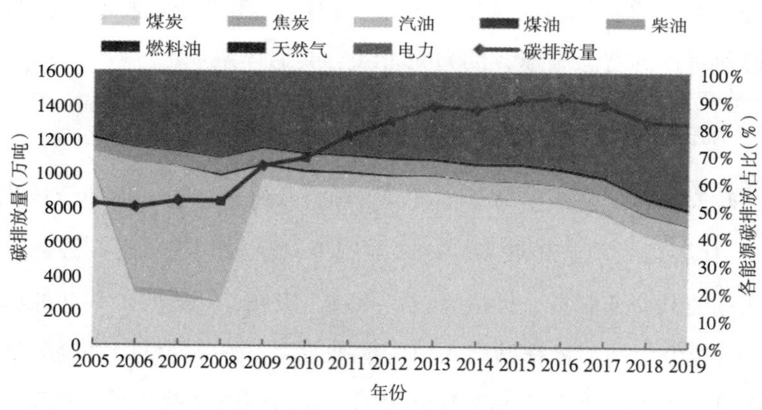

图 7.3　我国批发零售住宿餐饮业碳排放变化趋势

如图 7.4 所示，由各能源碳排放发现，煤炭碳排放的占比最大，年均占比为 45.79%，但 2009 年之后占比缓慢下降；电力次之，年均占比为 33.06%，且 2009 年之后占比逐渐增加；油类所产生碳排放的占比不断下降；天然气产生的碳排放虽然不大，但是增长迅速。总之，煤炭和油类使用所产生的碳排放占比在下降，而天然气和电力使用所产生的碳排放占比呈现上升趋势且增长迅速。从全国空间分布来看，根据《2017 年中国零售业节能环保绿皮书》中零售业的能耗绩效与能耗强度分析，我国南部的万元营业额能耗和单位面积的能耗普遍高于中部和北部地区，与我国南北地域气温气候变化特征一致。

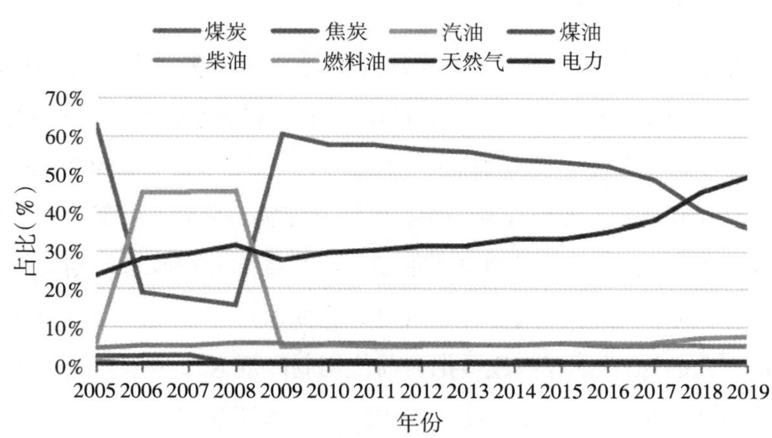

图 7.4　我国批发零售住宿餐饮业碳排放各能源占比情况

二、批发零售业碳达峰与碳中和的行动

（一）包装减量化效果显著，减排减塑大势所趋

从我国开始实施限塑令以来，一方面从源头上减少塑料袋的使用，另一方面也加大开发与应用可降解塑料袋的力度，如华润万家 OLE、麦德龙、永旺、沃尔玛、中百仓储等品牌在保证消费者购物体验和便利性的前提下，已经在探索向消费者提供全降解塑料袋。

其他相关零售业也逐渐开始使用更加环保的包装，例如近年来发展迅猛的京东商城，京东 95%以上的快递纸箱已从传统的 5 层瓦楞纸箱降低为 3 层，高于欧美发达国家 90%的平均水平。而通过包装瘦身、使用循环包装以及原发包装等一系列“绿包”举措，平均每个包裹仅在包装上就可减少碳排放 400 g。

（二）废弃物回收利用常态化

根据《2017 年中国零售业节能环保绿皮书》显示，零售业可回收废弃物的回收比例最高约为 90.48%，有害废弃物回收比例为 46.94%，餐厨废弃物回收比例为 26.53%，其他废弃物的回收比例为 19.05%。

（三）绿色制冷，减少排放

零售业是使用制冷剂的大户，无论是氟利昂 R22 制冷剂，还是目前普遍替代制冷剂 R134A、R404A 等，均不同程度对臭氧层破坏和全球变暖有影响。近年来，超市领域在冷冻冷藏系统中，逐步探索采用绿色冷媒及相关技术，推动减少二氧化碳排放。如麦德龙中国，根据全球统一部署，出于对环境气候问题的长远考虑，在 2014 年已启动了商场冷冻系统的升级改造计划，投入超过 2 亿元人民币对 30 多家商场冷冻系统进行全面改造，以实际行动树立起商业领域绿色经营的标杆。5 年内逐步把目前使用制冷剂 R22 的所有商场冷冻系统进行替换更新。更新后的低温冷冻系统将采用二氧化碳作为制冷剂，中高温冷冻机系统将采用 R134A 作为制冷剂。大润发也推动公司向高效低碳技术方向发展，为减少对臭氧层的破坏和影响，2010 年率先停止了 R22 制冷剂在新店的使用，2017 年根据《基加利修正案》，为减少高温室气体制冷剂使用，新开店停止使用 R404A 制冷剂，并尝试使用 R407F 制冷剂。2017 年全面推动 R448A 型环保型制冷剂。

（四）绿色物流建设

绿色物流的建设，对零售业低碳化起着很大作用。不少企业选择生态友好型的供应商进行大规模采购，在保证产品质量的同时压缩成本；在物流配送中心基础设施建设中，考虑环境影响，采用节能设备及技术；通过绿色仓储加速周转去库存，减少存储资源浪费；减少运输环节的能耗，优化运输路线，在节约成本的同时降低碳排放。

三、批发零售业碳达峰与碳中和面临的问题

虽然国内零售业在“双碳”行动中已经在低碳化方面做出了一些成绩，但还是面临着许多问题，制约着零售业碳达峰、碳中和的脚步。

（一）多数企业低碳零售意识比较淡薄

虽然国家早已颁布了限塑令，但是还有很多超市仍提供塑料手撕袋。而企业销售的许多产品也还存在着过度包装的现象，消耗了过量的资源，产生过量的垃圾，加重了对环境的污染。此外，许多零售企业因缺乏环保意识和技能培训，“低碳”观念还未深入人心。而且零售业一线员工流动性大，加大了节能环保的难度。

（二）低碳经营单项措施较多，缺乏系统性和综合性

目前虽然很多零售企业对门店的节能设施进行了一些投入，但通常都是节能节水等若干分散的单项措施，缺乏系统性和综合性的节能意识。且低碳经营多集中在照明设施、环保包装等花费小、易回收的项目上。

（三）资金和抗风险能力的缺乏

低碳发展模式对于零售业而言意味着更新经营设施、优化作业流程、督促和影响供应商实施低碳策略，甚至选择新的供应商。另外，低碳化经营的成本回收期较长，相关研究表明，中国境内的零售企业回收低碳化改造成本往往需要两到三年，对于零售业来说，这无疑是个巨大的风险。

（四）缺乏科学统一的标准指导和约束

标准缺乏可能会造成零售企业对于低碳发展模式的认识和解释不尽相同，同时缺乏权威的标准约束也导致部分零售企业借机炒作“低碳”概念，出现所谓“漂绿”行为，进而干扰消费者的理性消费决策。

四、促进零售业碳达峰与碳中和的措施

（一）多途径向公众宣传普及“双碳”及低碳生活理念

批发零售业约 60%的碳排放来自消费者，零售业能否早日实现碳达峰与

碳中和，消费者的影响至关重要。政府部门、行业协会和相关组织需要通过大众媒体、公益活动等多种途径，面向消费者宣传“低碳生活”“节能减排”等理念，鼓励和刺激消费者进行低碳消费，间接促进零售业碳达峰与碳中和。

（二）在节能环保方面坚持政府主导，市场推动的模式

无论是节能还是环保，其最终的目的都是环境效益，没有政府的主导作用，企业就会缺乏节能环保的动力。政府及时出台更新相关的法律法规，会有效规范企业的节能环保行为。就第三方的合同能源管理推动而言，规范节能服务公司的市场环境、提高节能服务公司的市场准入门槛、设定节能监测的行业或国家标准，不仅能避免节能服务产业的劣币逐良币的逆向选择，而且会大大促进零售企业采纳合同能源管理模式节能的积极性和主动性。

（三）补贴与示范相结合，充分发挥示范项目的引导作用

国家的补贴倾向于新能源、新技术的领域，而且所有的补贴均有一定时效性。补贴是国家通过公共财政手段降低新技术的市场风险，一方面扶持新技术产业的应用，另一方面是在零售领域运用新技术的示范效应。公共财政的补贴应与示范项目有机结合，接受补贴的企业不仅降低新技术成本，更为重要的是充分发现新技术在项目应用中的优势以及可能存在的问题，便于政府有效调整和为今后的标准及技术规范制定打下基础。以跨临界 CO_2 制冷剂在商超应用为例，安徽红府超市是国内第一家安装和运行的企业，实际的应用表明环保制冷剂可以在一定程度上提高能效，而且也明确了设备的采购、安装成本，以及实际运行成本。示范效应让更多企业在随后的采纳技术时减少风险，只有充分发挥补贴企业的示范效应才能真正让公共财政的杠杆作用得以体现。通过建立示范门店项目，促进行业间的案例学习交流，推动应用步伐。组织和加强专业知识的培训，都会不同程度提升企业采纳新技术的积极性。

第三节　住宿餐饮业碳达峰与碳中和

一、住宿餐饮业碳排放

截至2020年，我国住宿和餐饮业的法人企业数量达58 182个，年末从业人数为424.3万人，增加值15 971亿元。我国住宿餐饮业整体能耗及二氧化碳排放量较高，星级酒店已成城市易被忽略的碳排放大户。目前我国星级酒店已超过1万家，其中五星级酒店多达几百家。针对酒店餐饮系统的相关调查显示，我国酒店餐饮服务行业整体能耗及二氧化碳排放量较高，每一座大型星级酒店都成为一个城市“热岛”。近年来，我国星级酒店规模不断扩大，能耗不断增加，以舒适性为前提的星级酒店，理应向“节能、节水、节材、节地、保护环境”的绿色酒店方向发展。

二、住宿餐饮业实现碳达峰与碳中和的制约因素

（一）住宿餐饮企业低碳化的成本高、回报慢

住宿餐饮企业在我们生活中普遍存在，数量众多，如果能够实现低碳化将对我国实现碳达峰与碳中和目标起到很大帮助。但不论是在设施的修建上、低碳用品的购买，还是后期的维护上，都需要资金的支持。而我国住宿餐饮企业大多数规模较小，无法负担低碳改造的费用。并且由于这一行业利润不高，收回低碳改造的成本需要5～6年，部分企业即使有能力进行低碳改造，也考虑到回报慢而望而却步。

（二）企业经营、顾客消费和低碳理念之间存在冲突

从本质上来讲，住宿餐饮业是服务性行业，企业获得盈利，消费者享受服

务。但是企业如果进行低碳化经营，就需要消费者的积极配合和参与。一方面，宾馆饭店这样的企业不仅要提供给消费者满意的服务，让顾客觉得物有所值，还要考虑节能减排，杜绝浪费。另一方面，消费者觉得，到了宾馆饭店就是为了追求高品质的享受。例如，宾馆为了节水节电，可能会限制房间热水的使用量和水温，但往往会遭到顾客的不满，认为宾馆的节能减排措施降低了服务质量，花了钱却得不到奢侈享受。另外，饭店出于低碳环保，不提供一次性餐具，但顾客潜意识就会认为，自己是花了钱的，一次性用品应该免费提供，不提供还不降低价格这是不合理的。所以，住宿餐饮业为了提升顾客满意度，在激烈的竞争中生存下来，往往以消费者的意愿为指导，进而阻碍了住宿餐饮业的低碳发展。

（三）管理者、服务者和消费者之间缺乏低碳意识引导

住宿餐饮业多为中小企业，且数量庞大。单个企业的能耗和碳排放并不大，所以多数小型企业的管理者更注重效益，缺乏低碳意识，不关注能耗和碳排放。自然而然，这些管理者也不会站在低碳的角度去引领员工、组织相关培训。员工缺少了节能减排的培训，在工作中就不能很好地理解低碳的意义，在面对消费者时更无法向客户传递低碳理念。即使企业制定了节能减排措施，但员工如果不能引导顾客进行低碳消费，那在执行上也会受阻，这种情况下企业多数选择优先满足顾客，那么低碳就无法做到。

三、住宿业实现碳达峰与碳中和的措施

（一）酒店设计阶段力求低碳

在酒店安装光伏发电设备，利用光能转化为电能进行发电，能够减少用煤炭发电产生的碳排放。室内设计上要尽量使用保温、防水、隔音、低碳的新型建筑材料，并且充分利用自然采光，达到省电的目的。室内铺设暖气管道时要注意不要被家具或者木板等物品覆盖，防止热量被吸收，造成不必要的消耗。

（二）酒店进行低碳化运营

顾客住宿时，提倡无纸化办理登记，开电子发票。客户在手机上自助选房并登记信息，到了酒店后酒店出示电子确认单，顾客直接电子签名确认即可，这样免去了顾客出示身份证以及打印纸质确认单等过程，既省时省力，又节约了纸张。客房采取插卡取电，当顾客外出时房间没人时，就不会有用电消耗。客房里，减少一次性用品牙膏、牙刷、香皂、沐浴露、拖鞋、梳子即“六小件”的摆放，这些一次性用品很容易被浪费且无法回收，应该根据顾客居住天数和需求提供。床单被罩的更换和清洗上，相关专家统计，如果全国所有星级宾馆能做到 3 天更换一次床单，每年可减少二氧化碳排放 4 万吨。因此，客房部可以根据顾客住的天数合理安排更换频次。

（三）对顾客的低碳行为进行奖励，提高他们节能减排的积极性

如果客人不要求天天换洗床单被罩或者自带洗漱用品，不用“六小件”，可以赠送他们水果鲜花或者小礼物，提供免费熨烫衣物等服务。对有低碳行为的顾客，建议办理会员，并赠送积分，积分可用来兑换金额供下次入住减免使用。

四、餐饮业实现碳达峰与碳中和的措施

（一）烹饪加工低碳化

提倡使用天然气和电磁炉、蒸锅、微波炉、烤箱这样的低碳器具。根据测试，大功率的电磁灶比传统燃油灶具和液化气灶节能 50%～60%，可以节约大量油、煤等不可再生资源；其次，在满足顾客要求，保证菜品口味的前提下，尽量使用蒸、煮、凉拌等工序简单且耗能少的烹饪方式。

（二）菜品服务低碳化

一方面，餐饮企业在服务店内就餐的客户时，提供电子菜单，引导顾客自行使用手机扫码点单，不仅可以节约纸张还能够提高工作效率；另一方面，现在很多餐饮企业可以提供外卖服务，不仅仅包括饭菜，甚至出售月饼、腌腊制品、半成品等，这些菜品在包装上，企业应该避免过度包装，以免造成铺张浪费和环境污染。

（三）减少一次性餐具的提供

提倡餐饮企业提供消毒的餐具，避免或逐步减少一次性餐具的提供。一次性餐具多数是塑料和木材，制作过程浪费木材。同时，一次性筷子还用一层塑料膜包装，一经使用，这些都成了毫无用处、不可回收的白色垃圾，对环境也会造成一定污染。

（四）剩余餐食及废弃物的处理

企业方面首先要鼓励顾客将没吃完的食物或酒水打包以免浪费，并向顾客提供可降解的环保包装盒或包装袋；餐饮企业产生的废物，要进行分类处理，无法回收的要妥善处理，可以回收的要尽可能循环利用，实现它们的最大价值。

第四节　信息传输、软件和信息技术服务业碳达峰与碳中和

信息传输、软件与信息技术服务业是指利用计算机、通信网络等技术对信息进行生产、收集、处理、加工、存储、运输、检索和利用，并提供信息服务的业务活动。在当前环境污染和温室效应逐渐引发国际社会普遍关注的同时，如何发展绿色化、低碳化信息产业已经成为我国经济社会发展无法回避的现实

问题。

“十四五”规划纲要中提出，要打造智能绿色的现代化基础设施体系。工信部连续出台《新型数据中心发展三年行动计划（2021—2023 年）》《国家通信节能技术产品推荐目录（2021）》等政策文件，推动数字技术赋能碳减排碳中和。

一、信息传输、软件和信息技术服务业碳排放

（一）碳排放表现形式多元化

信息传输、软件和信息技术服务业的碳排放强度较低，但鉴于互联网和相关技术对各行各业的发展起到推动作用，信息产业仍需为价值链上下游的碳排放承担起相应责任。此外，随着互联网和移动流量用量的激增，网络、信息通信以及数据中心所产生的能耗预计到 2030 年将增加 2～3 倍。

信息传输、软件和信息技术服务业对整个经济系统造成的碳排放影响是多元的，主要表现为以下三种形式：

一是直接碳排放，即由信息通信设施、设备或服务所造成的直接碳排放。当前，我国 5G 网络、云计算和数据中心等往往都是电力消耗大户，其运营会产生大量的碳排放。

二是隐含碳排放，即信息通信产品隐含的碳排放。信息通信产品生产需采购大量原材料和零部件，从而拉动电力、钢铁、水泥和石化等上游部门碳排放增长。相关研究表明，一部手机所隐含的碳排放超过 70 kg，而信息通信相关产业由此隐含的碳排放量远大于其直接碳排放。

三是使用碳排放，即信息通信产品应用于其他部门所造成的碳排放。信息通信产业通过“技术赋能”推动装备制造、建筑、交通、服务等下游部门产能增长，同时也扩大了对高耗能信息通信产品的使用，从而间接造成了能源消耗和二氧化碳排放的增加。相关研究发现，信息通信产业由于此原因增加的碳排放也达到其直接碳排放的 5～10 倍。

（二）相关企业的碳排放

来自波士顿咨询的报告显示，互联网公司最大的碳排放来自数据中心。以百度为例，数据中心产生的碳排放约占其所报告总排放量的 80%。来自世界各地数据中心的海量数据传输至互联网公司的服务器，产生的总耗电量占全球电力消耗的 1%左右。

科技公司如 Alphabet（谷歌母公司）、微软和苹果公司产生的碳排放更多来自所售卖产品和设备相关的碳足迹。与所售卖产品相关的碳排放定义较为宽泛，涵盖从原材料、生产、进出货运输、零售到终端客户使用和处置产品的方方面面。其中，原材料、生产和终端客户使用是公司最大、最易测量的碳排放源。

以运营商为例，运营商的用电量不足全社会用电量（75 110 亿度）的 1%。但是运营商一直积极响应国家各项政策、积极承担社会责任，如中国电信和中国移动在企业社会责任发展报告中均已提出力争 2030 年前实现碳达峰、2060 年实现碳中和。

以腾讯企业为例，2021 年年初腾讯启动了碳中和规划。据统计，2021 年腾讯自身运营和供应链的碳排放为 511.1 万吨 CO_2-eq。其中，腾讯自身运营，比如班车、柴油发电等，所产生的直接碳排放量为 1.9 万吨，约占 0.4%；腾讯自身运营的数据中心及办公楼购电、购热等产生的间接排放，约为 234.9 万吨，约占 45.9%；供应链上的间接排放量约为 274.3 万吨，约占 53.7%，这部分主要为资本货物（如基建建材、数据中心设备）、租赁资产（如租赁的数据中心用电）及员工差旅等产生的碳排放。同时腾讯企业宣布“净零行动”，首次发布《腾讯碳中和目标及行动路线报告》，提出不晚于 2030 年实现自身运营及供应链的全面碳中和及 100%绿色电力。

二、信息传输、软件和信息技术服务业碳达峰与碳中和面临的问题

随着数字基础设施建设的加速推进，信息技术相关产业各种形式的碳排放不容忽视，该行业碳减排面临诸多严峻挑战。

（一）用电增速较快，实现碳达峰的压力较大

“十三五”期间，三次产业电量年均增速为6.3%。新一代信息网络技术与传统产业深度融合，新技术、新业态、新模式不断涌现，相关行业用电量呈现快速增长态势。根据前瞻产业研究院《中国电力行业市场前瞻与投资战略规划分析报告》可知，2020年信息传输/软件和信息技术服务业用电量增长23.9%，其中互联网和相关服务业、软件和信息技术服务业增速分别高达30.5%和45.2%，主要是大数据、云计算、物联网等新技术逐步推广应用，并促进在线办公、生活服务平台、文化娱乐、在线教育等线上产业实现高速增长（图7.5）。第三产业中，信息传输、软件和信息技术服务业，近10年用电量增长了194%，远超全社会用电量涨幅。国家能源总局公布数据显示，截至2020年11月信息传输、软件和信息技术服务业用电量同比增长24.3%，远高于同期全社会用电量增速及第一、二、三产业用电量增速。

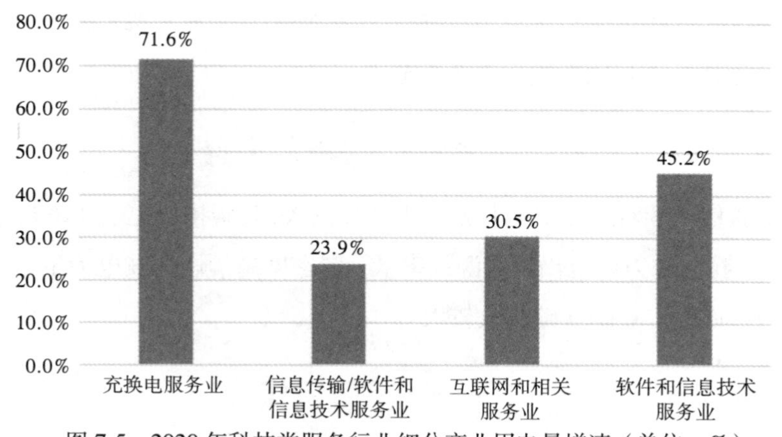

图7.5　2020年科技类服务行业细分产业用电量增速（单位：%）

（二）信息技术产业规模扩大、增速快

2021 年，我国软件和信息技术服务业运行态势良好，业务收入保持较快增长，盈利能力稳步提升。根据《2021 年软件和信息技术服务业统计公报》可知，2021 年全国软件和信息技术服务业中主营业务年收入 500 万元以上的企业超 4 万家，累计完成软件业务收入 94 994 亿元，同比增长 17.7%。

从不同领域来看：首先，软件产品收入平稳，增长较快。2021 年，软件产品收入 24 433 亿元，同比增长 12.3%，增速较上年同期提高 2.2 个百分点，占全行业收入比重为 25.7%。其中，工业软件产品实现收入 2 414 亿元，同比增长 24.8%，高出全行业水平 7.1 个百分点。

其次，信息技术服务收入增速领先。2021 年，信息技术服务收入 60 312 亿元，同比增长 20.0%，高出全行业水平 2.3 个百分点，占全行业收入比重为 63.5%。其中，云服务、大数据服务共实现收入 7 768 亿元，同比增长 21.2%，占信息技术服务收入的 12.9%，占比较上年同期提高 4.6 个百分点；集成电路设计收入 2 174 亿元，同比增长 21.3%；电子商务平台技术服务收入 10 076 亿元，同比增长 33%。

此外，信息安全产品和服务收入增长加快。2021 年，信息安全产品和服务收入 1 825 亿元，同比增长 13%，增速较上年同期提高 3 个百分点。嵌入式系统软件收入涨幅扩大。2021 年，嵌入式系统软件收入 8 425 亿元，同比增长 19%，增速较上年同期提高 7 个百分点。

（三）信息通信产业导致能源体系大规模低效高碳

信息通信产业对于能源尤其是电力消耗巨大，其碳排放也主要来自电力消耗。然而，我国电力系统仍以能源效率低、碳密度高的燃煤发电为主，导致当前我国信息通信产业隐含碳排放较大。

三、推进信息传输、软件和信息技术服务业碳达峰与碳中和的措施

（一）坚持科技创新驱动

许多科技公司已在致力于降低数据中心能耗，优化电力使用效率（PUE）。最广为接受的方法是向超大规模数据中心转型，通过更多的服务器共享系统（冷却和备份系统）来大幅减少用电量。同时，也有另一些公司通过部署先进技术降低能耗，如统一的计算基础设施、定制化刀片服务器、集中式存储和先进的电源系统。

例如，Facebook 于 2011 年开始自建超大规模数据中心，并在其中部署开放计算项目服务器（Open Compute Project）等碳减排技术，这种服务器可以在更高的温度下运行，并采用人工智能模型来优化实时能效，从而使大多数数据中心的 PUE 达到 1.1 或更低。百度也已将数据中心的平均 PUE 降低至 1.14，基础设施能耗相较行业平均水平低 76%。

（二）将减排目标纳入产业发展规划，引导推进行业的低碳转型

当前，我国信息通信产业应以《贯彻落实碳达峰碳中和目标要求推动数据中心和 5G 等新型基础设施绿色高质量发展实施方案》为基础，进一步明确我国“十四五”及中长期节能减碳目标，将能效、碳足迹等约束性指标纳入国家新型基础设施建设规划，并进一步将其纳入各地行业发展规划。此外，还应合理设定行业减排路径和行动方案，全面推动节能减排技术创新推广、提高可再生能源占比、加强低碳产品设计和工艺材料创新等。

（三）建立多部门协同联动减排机制，构建绿色产业链、供应链

部分行业与上下游部门关联密切，应沿产业链、供应链建立碳排放核算标准、碳标签体系和碳溯源机制，并以此为基础形成部门间减排责任分担机制，由此强化多部门的协同减排。此外，还应全程监测、控制和减少产品原材料开

采、零部件制造、物流运输以及再回收等环节的碳排放。

同时，可以为供应商制定具体的碳排放标准或目标来实现碳中和。例如，微软通过制定《供应商行为准则》来解决供应链的碳排放问题，该准则要求每个供应商对三个范围的排放量提交报告，同时还将内部碳税的征收范围扩大至三个范围的排放方，以便进一步跟踪监测。与之类似，联想要求一级供应商依据全球标准汇报碳排放情况，在联想的影响下，约90%的直接供应商（按支出计算）制定了公开的温室气体减排目标。

此外，企业还可以提供额外的资源和支持，引导供应商走上碳中和的道路。为解决供应商在能源优化领域缺乏专业知识的问题，谷歌推出了技术试点项目，帮助中国供应商更好地跟踪和管理工厂能效。联想也组建了专门的全球供应链可持续发展团队，帮助供应商实现可持续发展。

（四）购买可再生能源购电协议（PPA）和绿证

据统计，数字信息公司是全球 PPA 的主要购买方，其中谷歌的购买量居首（2.7GW），Facebook 排在第二位（1.1GW），然后是亚马逊（0.9GW）和微软（0.8GW）。这四家科技巨头占2019年全球 PPA 采购量的28%。然而，PPA 的可行性在很大程度上受制于地方政策。例如在中国，只有部分省份和城市允许用户参与 PPA 交易。作为替代方案，数字信息公司可以购买绿证来弥补减排缺口。

不过，对于尚无计划自建数据中心的互联网公司而言，常见举措是与外部的低碳数据中心运营商合作，更好地利用公共云服务。同时，这些公司可考虑租赁超大规模数据中心。例如，领先的数字基础设施提供商 Equinix 表示，他们提供基于100%可再生能源的数据中心租赁服务，助力客户实现零排放。

第五节　金融业碳达峰与碳中和

金融服务业在碳减排中发挥着举足轻重的作用，对其他行业影响广泛且深远。尽管金融业的碳排放强度相对较小，但其所管理的资本对各行各业都至关重要。

一、金融业碳排放

数据中心及办公楼用电是金融服务业的主要碳排放源之一。金融业的范围一（包括自有车辆及其他设备的燃料燃烧）碳排放相对较少。范围二主要指为自有办公楼和数据中心外购的电力，而范围三的排放主要涵盖外包数据中心、员工通勤、差旅以及与金融供应链和产品相关的其他排放活动。数据中心用电（约占总披露排放的30%～40%）、办公楼用电（约10%～20%）以及员工通勤和差旅（约10%～20%）是金融业最主要的碳排放源。

除自身运营产生的碳排放外，金融机构还应关注其投资组合的碳排放量。尽管测量不同资产类别的碳排放量是整个金融业面临的难题，金融机构仍需日益重视其投资活动对环境和气候变化的影响。因此，金融机构应当多管齐下，降低自身碳排放，并努力降低被投企业产生的气候影响。

二、金融业碳达峰与碳中和面临的问题

（一）金融机构数据中心耗电量较大

金融机构的主营业务大都基于办公室作业，其最主要的碳排放源是外购电力，其碳排放主要源于数据中心、办公楼用电等，因此节约电能是金融机构制定减排策略的关键环节。

近来，随着信息化创新技术以及国家监管与扶持政策、信用体系的不断发展与完善，国内金融信贷业务量持续增长，这在一定程度上给了国内银行业，尤其是众多中小型商业银行快速发展的机会。在国家政策、行业标准、市场需求、同行竞争等因素的共同影响下，国内中小型商业银行对数据存储以及业务处理的要求变得越来越高，对IT基础设施支撑能力的依赖也越来越强。因此，在这种情况下，数据中心自然而然就成了当前金融机构信息化趋势下的支撑关键业务的核心设施。如今，国内总资产超过千亿的中小型商业银行已达数十家，而这些行业领先者在市场化发展逐渐深入的今天，同样面临着核心竞争力提升以及数据中心创新、能耗过高等关键问题。随着技术的进步，数据中心的服务快速交付能力也得到了大幅提升，然而随之而来的就是过高的能耗，过去一个机柜能耗只有1～2kW，而现在甚至有些大数据设备的一个机柜就能达到10kW。节能是其亟须考虑的关键问题。

（二）绿色金融标准体系不够完善

自“十三五”规划明确提出“建立绿色金融体系，发展绿色信贷、绿色债券，设立绿色发展基金”以来，国内绿色金融发展迅速。当前绿色投资机构遍地开花，绿色金融配套的金融架构和法律架构也在不断完善，但与实现碳达峰与碳中和目标的金融需求相比仍有不小差距。

从总量上看，当前绿色金融供给不足以满足碳达峰碳中和的融资需求。据清华大学气候变化与可持续发展研究院测算，2019年我国新增绿色金融供给1.4万亿，新增绿色金融需求2万亿，供需缺口0.6万亿。到2020年年末，绿色金融占整体总融资的比重只有4.6%，绿色债券占存量银行债券的比例为0.73%，比重相对较低。未来碳达峰与碳中和相关投资需求将进一步提升至每年3.5万亿元左右，绿色金融供给规模缺口扩大。主要表现为以下几个方面：

1. 从结构上看，绿色金融工具种类单一

2020年年末绿色贷款占绿色金融存量的比重超过九成（图7.6），主要原因在于当前我国绿色金融由政府和大型企业主导，大部分资金来自央企、政策性银行和四大国有商业银行，主要通过贷款等传统融资工具进行。债券、股权等直接融资参与绿色经济的意愿和动力不足，2020 年年末债市、股市规模分别达 114 万亿元、80 万亿元，而绿色债券、绿色股权规模仅 8 132 亿元、3 947 亿元，占比均不足 1%。

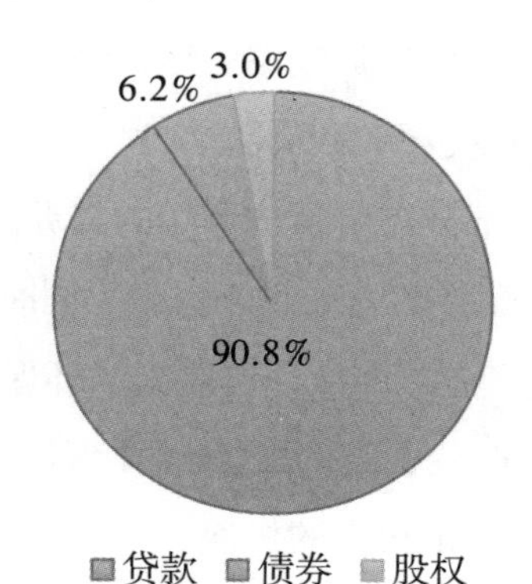

图 7.6　2020 年贷款在绿色金融中的占比情况（资料来源：财信证券）

2. 从投向分布上看，国内绿色金融供给与需求错配现象严重

从绿色金融供给看，2020 年绿色贷款占绿色金融存量的九成，而绿色债券、绿色股权比重分别为 6.2%和 3%，总和不到 10%；2019 年年末有 43.7%的绿色信贷投向交通运输行业，仅 24.4%投向能源供应领域。

从绿色资金需求看，其一是绿色债券、绿色股权等资金融资机制更适合绿色发展对资金需求期限长、资金使用风险较高、资金需求多元化等特征；其二是在未来国内绿色资金需求中，预计能源供应领域投资需求占比近八成，交通运输需求占比仅约一成。

从国际经验看，能源领域也是绿色金融主要投资方向，如 2014—2019 年花旗银行 74%的绿色投资分布于可再生能源领域。因此，国内各行业在绿色金融资金供求上不匹配现象明显。

3. 从金融产品看，当前占股市、债市的比例不足 1%的绿色股权、绿色债券等直接融资产品提升潜力大

一方面，随着绿色投资市场不断规范化，如《上市公司 ESG 评价指标体系》《绿色投资指引（试行）》等规范性文件先后发布，识别和投资绿色项目的成本将下降，绿色金融参与主体有望由以央企、政策性银行和四大国有商业银行为主向全社会广泛参与过渡，金融对绿色经济的支持工具也将由以信贷为主向各类金融工具共同作用转变；另一方面，在碳排放管控趋严、政策对绿色产业扶持力度加大背景下，绿色投资收益有望提高，将激活社会资金通过债券、股权等直接融资方式参与绿色经济发展。

在零碳金融里面相当部分需要资本市场的债券。靠银行信贷支持绿色融资是有天然短板的，风险偏好不匹配，也不方便，同时投资不稳定，风险周期比较长，也缺乏完善的绿色机制。要从现在狭义的环保走到根本的零碳来支持整个经济碳中和，从根本上改变中国的经济结构、经济生态的金融新模式，这是一个很大的挑战，但也是一个很大的机遇。

（三）绿色信贷仍无法满足巨大的金融投资需求

中国金融体系以间接融资为主，绿色信贷是最重要的绿色金融工具。央行数据显示，截至 2021 年三季度末，绿色贷款余额已达 14.78 万亿元，同比增长 27.9%，高于各项贷款增速 16.5 个百分点。

碳中和为中国带来了大量的绿色信贷需求，绿色信贷规模还需逐渐扩大。绿色金融对实现“碳中和”目标将发挥重要作用。根据联合国的测算，要实现《巴黎协定》的气温上升控制目标，全球需要总投资大约为 90 万亿美元，中国实现“碳中和”目标同样需要巨量的资金投入。不同研究机构对未来 30 年到 40 年间实现碳中和所需新增投资需求进行了不同口径的研究测算。根据清华大学气候变化与可持续发展研究院的估算，实现 1.5℃目标导向转型路径需累计新增投资约 138 万亿元人民币。中国绿色金融委员会测算，未来 30 年内中国在《绿色产业目录》确定的 211 个领域内将产生 487 万亿元的绿色低碳投资需求。综合估算中国实现“双碳”目标战略所需投资大约在 150 万亿～500 万亿元人民币。

相较巨大的投资需求而言，目前绿色信贷产品远未满足相关需求。据中国金融学会绿色金融专业委员会《碳中和愿景下的绿色金融路线图研究》，中国银行业目前所提供的绿色信贷占全部对公贷款余额的比重约为 10%，但根据估算，未来绿色投资占全社会固定资产投资的比重应该超过 25%。因此，绿色信贷作为绿色融资的主要来源，其增长率将远高于全部信贷的整体增速。

三、促进金融业碳达峰与碳中和的建议

（一）降低金融机构数据中心和办公楼耗电

金融行业碳排放主要来源外购电力和办公材料产生的碳排放,因此减排措施可以概括为节能降耗和使用绿色能源。

1. 构建绿色节能为主题的数据中心

金融机构的数据中心规划需要具有一定的前瞻性,应按照高于当前需求的标准进行规划。在能耗控制方面，可以提高供回水温度以提高冷水机组能效性，节省耗电量。在数据中心运维层面，通过监控管理系统，有效提升了数据中心基础设施的运维效果。

2. 低碳节能和使用绿色能源

现代办公中，金融机构的耗电设备主要包括空调系统、照明系统、电脑设备、复印机，以及饮水机等其他设备。可以采取以下措施进行节能减排：

（1）节约用能。可通过倡导随手关灯、室温适宜时不使用空调、调低电脑屏幕亮度等绿色办公的方式，减少非必要能耗，杜绝浪费。

（2）提升能效。实现能源效率提升的主要途径是设施的节能改造。在硬件方面，可将高能耗设备替换为节能装置；在软件方面，可引入智能化控制系统以实现能效的自动化管理。高效使用办公空间、减少建筑面积占用也能使金融机构的能效提升事半功倍。

（3）使用绿色能源。在建筑物内充分利用太阳能（光伏屋顶、光伏幕墙）及地源热泵等清洁能源替代外购火电、自建自用分布式可再生能源项目、向发

电企业直接采购绿色电力。

3. 制定减排措施

针对碳核算与报告选择的排放源，制定对应的减排措施，减少产生碳排放的相关活动和物料使用。例如，金融机构可通过推行无纸化办公来减少废纸处理产生的排放，以远程视频会议的方式替代员工出差来减少商务旅行产生的碳足迹。

同时，金融机构执行减排计划同样需要制度支持，包括科学高效的能源管理制度以及与减排成效挂钩的绩效激励机制。此外，企业减碳离不开员工的参与和支持，提升员工对碳达峰与碳中和的认知和环保节能意识、进行“绿色企业文化”建设。

近年，节能服务行业在我国发展迅速，金融机构在减排过程中可聘用第三方机构，获得能源管理咨询、节能改造工程、绿色建筑顾问等为其提供减排相关的专业服务。

（二）完善绿色金融体系建设

1. 建立绿色金融机构

鼓励有条件的境内外金融机构设立绿色金融事业部、绿色金融分（支）行，制定绿色金融业务管理办法，在客户准入、业务流程、绩效考核、理赔管理等方面实施差异化经营；支持金融机构设立绿色金融业务中心、绿色金融培训中心、绿色产品创新实验室等组织机构，提升绿色金融产品研发和绿色金融风险防控能力；支持设立服务绿色产业发展的绿色小额贷款公司、绿色融资担保公司、绿色融资租赁公司等地方金融组织；支持中外资金融机构、企业设立绿色产业基金，服务经济绿色低碳转型；鼓励绿色金融研究机构、专业智库创新发展。

2. 研发绿色金融产品

鼓励金融机构研发差异化的金融产品，开展绿色信用贷款、绿色信贷资产证券化、碳资产支持商业票据、绿色供应链票据融资等金融产品创新。引导和支持符合条件的金融机构和企业在境内外发行绿色债券和绿色债券融资工具；支持金融机构开发绿色和可持续发展主题的理财、信托、基金等金融产品；构建多场景的绿色保险产品体系，开展清洁技术保险、绿色产业、碳交易信用保证保险、碳汇损失保险等绿色保险产品创新；鼓励发展重大节能低碳环保装备融资租赁业务，探索发展专业化的政府性绿色融资担保业务，支持绿色领域投融资。

（三）银行业金融机构应找寻低碳业务成长机遇

一方面银行应尽快明确自身运营和投融资碳中和目标，设计分步骤、清晰可执行的碳中和路线图；建立与碳中和目标相适应的治理架构，将绿色与可持续纳入公司治理，构建绿色与可持续组织架构和工作机制。

另一方面，银行应创新适合于清洁能源和绿色交通项目的产品和服务，推动开展绿色建筑融资创新试点，围绕星级绿色建筑、可再生能源规模化应用、绿色建材等领域。探索贴标融资产品创新，积极发展能效信贷、绿色债券和绿色信贷资产证券化；探索服务小微企业、消费者和农业绿色化的产品和模式；探索支持能源和工业等行业绿色和低碳转型所需的金融产品和服务。

（四）支持发行碳中和债券

支持企业发行碳中和领域债券，推动银行发行绿色金融债券，支持有条件的市场主体发行绿色公司债券。将符合条件的绿色低碳发展项目纳入政府债券支持范围，推动发行绿色政府专项债。充分发挥碳达峰基金功能，鼓励社会资本以市场化方式设立绿色低碳产业投资基金，引导创业投资、私募股权投资支持低碳产业发展和传统产业低碳转型。

（五）开设企业和个人碳账户

持续开发推广与碳排放权相关的碳金融产品和服务，开展碳排放权、碳汇收益权、排污权抵质押贷款及低碳项目支持贷款业务，深化碳债券、碳信托、碳保险等产品创新，推广绿色资产证券化融资工具，探索碳远期、碳期权、碳掉期等金融衍生品。建立健全碳普惠体系，开设企业和个人碳账户，拓宽企业和个人碳账户应用场景，鼓励企事业单位及个人使用碳积分抵消碳排放。

第八章　碳达峰与碳中和的技术支撑

碳达峰、碳中和将引发以去碳化为标志的科技革命，将成为世界各国技术进步和创新的“竞技场”。本章重点介绍其中具有代表性的清洁能源技术，二氧化碳捕集、利用与封存技术，以及储能技术。

第一节　清洁能源技术

清洁能源技术是指在可再生能源及新能源、煤的清洁高效利用等领域开发的有效控制温室气体排放的新技术。

一、太阳能技术

（一）太阳能热利用

太阳能热的基本来源是将太阳辐射能收集起来，通过与物质的相互作用转换成热能加以利用。以下简要介绍几种主要的太阳能热利用方式。

1. 太阳能光热直接利用

太阳能集热器主要是指太阳能热水器，是太阳能热利用中最常见的一种装置。其基本原理是将太阳辐射能收集起来，通过与物质的相互作用转换成热能供生产和生活使用。

2. 太阳能集热发电

太阳能集热发电，又称太阳能热力发电，是当今世界各国在太阳能利用领域研究的重点之一。太阳能集热发电的原理就是利用太阳光集热器收集太阳辐射产生的高温来替代常规锅炉或者驱动发电机发电。与传统的发电厂相比，太阳能热电厂整个发电过程清洁，没有热和碳排放；利用的是太阳能，无须任何燃料成本。

（二）太阳能光伏发电

太阳能光伏发电，是利用半导体材料的光生伏特效应，将太阳光辐射能直接转换为电能的一种新型发电方式，有独立运行和并网运行两种发电系统。独立运行的光伏发电系统需要蓄电池作为储能装置，主要用于无电网的边远地区和人口分散地区，整个系统造价很高；在有公共电网的地区，光伏发电系统与电网连接并网运行，可以省去蓄电池，不仅大幅度降低了造价，而且具有更高的发电效率和更好的环保性能。

（三）太阳能制氢

氢属于二次能源，也是一种新能源，干净无毒，对环境无污染，用途十分广泛。目前，利用太阳能分解水制氢的方法有太阳能热分解水制氢、太阳能发电电解水制氢、光催化光解水制氢、太阳能生物制氢等。

（四）太阳能建筑

利用太阳能供电、供热、供冷、照明，简称太阳能综合利用建筑物，是太阳能利用的一个新的发展方向。光伏建筑一体化（BIPV）是太阳能光伏与建筑的完美结合，属于分布式发电的一种。

（五）太阳能的其他利用形式

1. 太阳能车

太阳能车就是利用太阳能电池板将太阳能转换为电能，并利用电能作为驱动车辆行驶的能源。

2. 太阳能海水淡化

太阳能海水淡化系统与现有的海水淡化系统相比有许多优点：可独立运行，不受蒸汽、电力等条件限制，无污染，低能耗，低排放，运行安全，稳定可靠，应用价值突出，生产规模灵活，适应性好，投资相对较少，成本较低。

二、风力发电技术

风能（Wind Energy）是因空气流做功而提供给人类的一种可利用的能量，属于可再生的清洁能源，储量大、分布广。在一定的技术条件下，风能可作为一种重要的能源得到开发利用。风能利用是综合性的工程技术，通过风力机将风的动能转化成机械能、电能和热能等。

（一）水平轴风电机组技术

因为水平轴风电机组具有风能转换效率高、转轴较短，在大型风电机组上更突显了经济性等优点，使它成为世界风电发展的主流机型，并占有95%以上的市场份额。同期发展的垂直轴风电机组，因为转轴过长、风能转换效率不高，启动、停机和变桨困难等问题，目前市场份额很小、应用数量有限，但由于它的全风向对风和变速装置及发电机可以置于风轮下方（或地面）等优点，近年来，国际上的相关研究和开发也在不断进行并取得一定进展。

（二）风电机组单机技术

近年来，世界风电市场上风电机组的单机容量持续增大。根据《2020年中国风电吊装容量统计简报》可知，2020年中国风电装机创新高，全国（除港、澳、台地区外）新增装机20 401台，容量5443万千瓦，同比增长105.1%；累计装机超15万台，容量超2.9亿千瓦，同比增长23%。

其中，2020年中国新增装机的风电机组平均单机容量为2 668kW，同比增长8.7%。从装机机型来看，2.0MW以下风电机组仅占新增装机容量的1%；3.0～5.0MW（不含5.0MW）风电机组则占新增装机容量的34%；5.0MW及以上风电机组则占新增装机的3.9%，比2019年增长了0.9%。

（三）海上风电技术成为发展方向

目前建设海上风电场的造价是陆地风电场的1.7～2倍，而发电量则是陆上风电场的1.4倍，所以其经济性仍不如陆地风电场。随着技术的不断发展，海上风电的成本会不断降低，其经济性也会逐渐凸显。

（四）变桨变速、功率调节技术

由于变桨距功率调节方式具有载荷控制平稳、安全和高效等优点，在大型风电机组上得到了广泛采用。

（五）直驱式、全功率变流技术

无齿轮箱的直驱方式能有效地减少由于齿轮箱问题而造成的机组故障，可有效提高系统的运行可靠性和寿命，减少维护成本，因而得到了市场的青睐，市场份额不断扩大。

（六）新型垂直轴风力发电机

新型垂直轴风力发电机采取了完全不同的设计理念，并采用了新型结构和材料，达到微风启动、无噪声、抗12级以上台风、不受风向影响等优良性能，可以大量用于别墅、多层及高层建筑、路灯等中小型应用场合。以新型垂直轴风力发电机为主建立的风光互补发电系统，具有电力输出稳定、经济性高、对环境影响小等优点，也解决了太阳能发展中对电网的冲击等影响。

三、生物质能技术

生物质能可转化为常规的固态、液态和气态燃料，取之不尽、用之不竭，是一种可再生能源，同时也是唯一一种可再生的碳源。生物质能的利用技术主要有以下几个方面：

（一）直接燃烧

生物质能直接燃烧和固化成型技术的研究开发主要着重于专用燃烧设备的设计和生物质成型物的应用。现已成功开发的成型技术按成型物形状主要分为三类：以日本为代表开发的螺旋挤压生产棒状成型物技术，欧洲各国开发的活塞式挤压制的圆柱块状成型技术，美国开发研究的内压滚筒颗粒状成型技术和设备。

（二）生物质气化

生物质气化技术是将固体生物质置于气化炉内加热，同时通入空气、氧气或水蒸气，来产生品位较高的可燃气体。它的特点是气化率可达 70%以上，热效率也可达 85%。生物质气化生成的可燃气经过处理可用于合成、取暖、发电等不同用途，这对于生物质原料丰富的偏远山区意义十分重大，不仅能改变他们的生活质量，而且也能够提高用能效率，节约能源。

（三）液体生物燃料

由生物质制成的液体燃料叫作生物燃料。生物燃料主要包括生物乙醇、生物丁醇、生物柴油、生物甲醇等。虽然利用生物质制成液体燃料起步较早，但发展比较缓慢，由于受世界石油资源、价格、环保和全球气候变化的影响，20 世纪 70 年代以来，许多国家日益重视生物燃料的发展，并取得了显著的成效。

（四）沼气

沼气是各种有机物质在隔绝空气（还原）并且在适宜的温度、湿度条件下，经过微生物的发酵作用产生的一种可燃烧气体。沼气的主要成分甲烷类似于天然气，是一种理想的气体燃料，它无色无味，与适量空气混合后即可燃烧。

1. 沼气的传统利用和综合利用技术

我国是世界上开发沼气较多的国家，最初主要是农村的户用沼气池，以解决秸秆焚烧和燃料供应不足的问题。此后，大中型废水、养殖业污水、村镇生物质废弃物、城市垃圾沼气的建立扩宽了沼气的生产和使用范围。

自 20 世纪 80 年代以来，建立起的沼气发酵综合利用技术，以沼气为纽带，将物质多层次利用、能量合理流动的高效农业模式，已逐渐成为我国农村地区利用沼气技术促进可持续发展的有效方法。

2. 沼气发电技术

沼气燃烧发电是随着大型沼气池建设和沼气综合利用的不断发展而出现的一项沼气利用技术，它将厌氧发酵处理产生的沼气用于发动机上，并装有综合发电装置，以产生电能和热能。沼气发电具有高效、节能、安全和环保等特点，是一种分布广泛且价廉的分布式能源。沼气发电在发达国家已受到广泛重视和积极推广。

3. 沼气燃料电池技术

燃料电池是一种将储存在燃料和氧化剂中的化学能直接转化为电能的装置。当源源不断地从外部向燃料电池供给燃料和氧化剂时，它可以连续发电。燃料电池能量转换效率高、洁净、无污染、噪声低，既可以集中供电，也适合分散供电，是 21 世纪最有竞争力的高效、清洁的发电方式之一，它在洁净煤炭燃料电站、电动汽车、移动电源、不间断电源、潜艇及空间电源等方面，有着广泛的应用前景和巨大的潜在市场。

（五）生物制氢

氢气是一种清洁、高效的能源，有着广泛的工业用途，潜力巨大，未来生物制氢将逐渐成为人们关注的热点，但将其他物质转化为氢并不容易。生物制氢过程可分为厌氧光合制氢和厌氧发酵制氢两大类。

（六）生物质发电技术

生物质发电技术是将生物质能源转化为电能的一种技术，主要包括农林废物发电、垃圾发电和沼气发电等。作为一种可再生能源，生物质能发电在国际上越来越受到重视，在我国也越来越受到政府的关注。

生物质发电将废弃的农林剩余物收集、加工整理，形成商品，不仅防止秸秆在田间焚烧造成的环境污染，而且还改变了农村的村容村貌，是我国建设生态文明、实现可持续发展的能源战略选择之一。如果我国生物质能利用量达到5亿吨标准煤，就可满足我国能源消费量的20%以上，每年可减少碳排放量近3.5亿吨，二氧化硫、氮氧化物、烟尘减排量近2 500万吨，将产生巨大的环境效益。更为重要的是，我国的生物质能资源主要集中在农村，大力开发并利用农村丰富的生物质能资源，可促进农村生产发展，显著改善农村的村貌和居民生活条件，将对建设社会主义新农村产生积极而深远的影响。

（七）原电池

通过化学反应时电子的转移制成原电池，产物和直接燃烧相同但是能量能够充分利用。原电池制氢，是一种高效且环保的制氢方法，采用原电池及氢氧燃料电池相结合的方法，同时为小汽车提供动力。

四、核能发电技术

核能发电是利用核反应堆中核裂变所释放出的热能进行发电，它是实现低碳发电的一种重要方式。

（一）核电技术的发展

纵观核电发展历史，核电站技术方案大致可以分为以下四代：

第一代核电站。核电站的开发与建设开始于20世纪50年代。1954年，苏联建成发电功率为5兆瓦的实验性核电站；1957年，美国建成发电功率为9万千瓦的Ship Ping Port原型核电站。这些成就证明了利用核能发电的技术可行性。国际上把上述实验性的原型核电机组称为第一代核电机组。

第二代核电站。20世纪60年代后期，在实验性和原型核电机组基础上，陆续建成发电功率30万千瓦的压水堆、沸水堆、重水堆、石墨水冷堆等核电机组，它们在进一步证明核能发电技术可行性的同时，使核电的经济性也得以证明。目前，世界上商业运行的400多座核电机组绝大部分是在这一时期建成的，习惯上称为第二代核电机组。

第三代核电站。20世纪90年代，为了消除三英里岛和切尔诺贝利核电站事故的负面影响，世界核电业界集中力量对严重事故的预防和缓解进行了研究和攻关，美国和欧洲先后出台了《先进轻水堆用户要求文件》，即URD文件和《欧洲用户对轻水堆核电站的要求》，即EUR文件，进一步明确了预防与缓解严重事故，提高安全可靠性等方面的要求。国际上通常把满足URD文件或EUR文件的核电机组称为第三代核电机组。对第三代核电机组要求是能在2010年前进行商用建造。

第四代核电站。2000年1月，在美国能源部的倡议下，美国、英国、瑞士、南非、日本、法国、加拿大、巴西、韩国和阿根廷共10个有意发展核能的国家，联合组成了“第四代国际核能论坛”，于2001年7月签署了合约，约定共同合作研究开发第四代核能技术。第四代核电技术是在反应堆和燃料循环方面有重大创新的核电站，它着眼于核能更长远的发展，但最快也要在2030年后才能开始商业应用。

（二）中国推进碳中和需要发展核电

1983年，中国首个核电站秦山核电站破土动工时，彼时核电站的技术设备，包括反应堆压力容器等都依赖进口，且总装机量只有30万千瓦。中国核电技术自20世纪80年代起步以来，40多年来不间断地积累着技术。

我国核电从技术上“一穷二白”起步，到自主设计、建设百万千瓦级核电站，我国已成为世界上少数几个具有完整的核工业体系的国家之一，并在此基础上形成了完整的核电产业链，实现了核电的规模化发展。例如中核集团，积极响应“一带一路”倡议，落实国家核电“走出去”战略，推动海外华龙一号项目落地，与巴基斯坦、沙特、阿根廷、巴西等20多个国家和地区形成核电项目合作意向。华龙一号海外示范工程“巴基斯坦卡拉奇核电2号机组”已投入商运，3号机组已发电。其中2号机组创造了全球三代核电海外建设的最短工期，荣获能源国际合作最佳实践案例；2022年，华龙一号阿根廷核电项目总包合同签订。

相比于发达国家的核电在能源结构中的占比，中国核电的发展空间仍然较大。2020年中国核电装机容量接近50GW，仅占电力装机总量的2%，却占了总发电量的5%，其高效清洁的特征可以为实现碳中和做出重要贡献。

中国的碳中和需要发展核电。核电由于安全考虑而需要做出布局上的安排，因此不宜夸大中国核电的规模潜力。但是，由于目前核电占比较小，在风电光伏以及水电都面临着不同发展瓶颈的背景下，清洁稳定的核电也将成为政府实现碳中和的一个重要选择。在国际上，特别对那些目前面临着电力短缺，且由于可再生能源发展缓慢而无法满足短中期电力需求的国家，核电的经济性和高效性可以提供一个有效的低碳解决方案。

五、地热能技术

地热能是一种新的洁净能源，在当今人们的环保意识日渐增强和能源日趋紧缺的情况下，对地热资源的合理开发利用已愈来愈受到人们的青睐。其中距地表 2 000 m 内储藏的地热能约为 2 500 亿吨标准煤。全国地热可开采资源量为每年 68 亿立方米，所含地热量为 973 万亿千焦耳。在地热利用规模上，近些年我国一直位居世界首位，并以每年近 10%的速度稳步增长。

（一）地热发电

高温地热资源的最佳利用方式是地热发电。200～400℃的地热可以直接用来发电。地热发电实际上就是把地下的热能转变为机械能，然后再将机械能转变为电能的能量转变过程。开发的地热资源主要是蒸汽型和热水型两类，因此，地热发电也分为两大类。

1. 地热蒸汽发电分类

地热蒸汽发电有一次蒸汽法和二次蒸汽法两种。蒸汽型地热发电是把蒸汽田中的干蒸汽直接引入汽轮发电机组发电但在引入发电机组前应把蒸汽中所含的岩屑和水滴分离出去。这种发电方式最为简单，但干蒸汽地热资源十分有限，且多存在于较深的地层中，开采难度大，故其发展受到了限制。

2. 地热水发电方法

地热水中的水，按常规发电方法是不能直接送入汽轮机去做功的，必须以蒸汽状态输入汽轮机做功。对温度低于 100℃的非饱和态地下热水发电，有两种方法：一种是减压扩容法，另一种是利用低沸点物质。

（二）地热供暖

用煤炭、石油、天然气的高品位能量烧锅炉变成低品位的热水来供暖是一种能源浪费，而且带来严重的空气污染。地热供暖是对低温地热资源（小于 90℃）中的温度较高者的最佳利用方式。

六、海洋能技术

海洋能指依附在海水中的可再生能源，海洋通过各种物理过程接收、储存和散发能量，这些能量以潮汐能、波浪能、温差能、盐差能、海流能等形式存在于海洋之中。

海洋能的利用是指利用一定的方法、设备把各种海洋能转换成电能或其他形式可利用的能。由于海洋能具有可再生性和不污染环境等优点，因此是一种亟待开发的具有战略意义的新能源。

（一）温差发电

温差发电是以非共沸介质（氟利昂 22 与氟利昂 12 的混合体）为媒质，输出功率是以前的 1.1～1.2 倍。一座 75 千瓦试验工厂的试运行证明，由于热交换器采用平板装置，所需抽水量很小，传动功率的消耗很少，其他配件费用也低，再加上用计算机控制，净电输出功率可达额定功率的 70%。人们预计，利用海洋温差发电，如果能在一个世纪内实现，可成为新能源开发的新的出发点。

（二）潮汐发电

潮汐发电就是利用潮汐能的一种重要方式。据初步估计，全世界潮汐能约有 10 亿多千瓦，每年可发电 2 万亿～3 万亿千瓦时。

据估计，我国仅长江口北支就能建 80 万千瓦潮汐电站，年发电量为 23 亿千瓦时，接近新安江和富春江水电站的发电总量；钱塘江口可建 500 万千瓦潮汐电站，年发电量约 180 多亿千瓦时，约相当于 10 个新安江水电站的发电能力。

（三）波力发电

波力发电是一种开发海洋能源技术，是将海洋波力能转换为电能的发电新技术。波力发电是海洋开发重要内容，它开发的是一种清洁的可再生能源，取之不尽、用之不竭，发展前景广阔。

中国海域辽阔，总面积470万平方千米，海岸线曲折漫长，大陆岸线1.8万千米，海岛岸线1.4万千米，海浪能源丰富，年均波力功率在3kJ/m以上。针对国情，加大力度和投入，发展波电更为有利，可以联站并网，发挥密集型特点，实现群体化，可操作性很强。中国波力发电研究成绩显著。20世纪70年代以来，上海、青岛、广州和北京的五六家研究单位开展了此项研究。用于航标灯的波力发电装置也已投入批量生产。向海岛供电的岸式波力电站也在试验之中。

七、洁净煤技术

洁净煤技术是指从煤炭开发到利用的全过程中旨在减少污染排放与提高利用效率的加工、燃烧、转化及污染控制等新技术。洁净煤技术包括两个方面：一是直接烧煤洁净技术，二是煤转化为洁净燃料技术。

（一）直接烧煤洁净技术

这是在直接烧煤的情况下，需要采用的技术措施：①燃烧前的净化加工技术，主要是洗选、型煤加工和水煤浆技术。原煤洗选采用筛分、物理选煤、化学选煤和细菌脱硫方法，可以除去或减少灰分、矸石、硫等杂质；型煤加工是把散煤加工成型煤，由于成型时加入石灰固硫剂，可减少二氧化硫排放，减少烟尘，还可以节煤；水煤浆是先用优质低灰原煤制成，可以代替石油。②燃烧中的净化燃烧技术，主要是流化床燃烧技术和先进燃烧器技术。流化床又叫沸腾床，有泡床和循环床两种，由于燃烧温度低可减少氮氧化物排放量，煤中添加石灰可减少二氧化硫排放量，炉渣可以综合利用，能烧劣质煤，这些都是它的优点；先进燃烧器技术是指改进锅炉、窑炉结构与燃烧技术，减少二氧化硫和氮氧化物的排放技术。③燃烧后的净化处理技术，主要是消烟除尘和脱硫脱氮技术。消烟除尘技术很多，静电除尘器效率最高，可达99%以上。脱硫有干法和湿法两种，干法是用浆状石灰喷雾与烟气中二氧化硫反应，生成干燥颗粒硫酸钙，用集尘器收集；湿法是用石灰水淋洗烟尘，生成浆状亚硫酸排放。它们脱硫效率可达90%。

（二）煤转化为洁净燃料技术

主要有以下四种：

（1）煤的气化技术，有常压气化和加压气化两种。它是在常压或加压条件下，保持一定温度，通过气化剂（空气、氧气和蒸汽）与煤炭反应生成煤气，煤气中主要成分是一氧化碳、氢气、甲烷等可燃气体。用空气和蒸汽做气化剂，煤气热值低；用氧气做气化剂，煤气热值高。煤在气化中可脱硫除氮，排去灰渣，因此，煤气就是洁净燃料了。

（2）煤的液化技术，有间接液化和直接液化两种。间接液化是先将煤气化，然后再把煤气液化，如煤制甲醇，可替代汽油，我国已有应用。直接液化是把煤直接转化成液体燃料，比如直接加氢将煤转化成液体燃料，或煤炭与渣油混合成油煤浆反应生成液体燃料，我国已开展研究。

（3）煤气化联合循环发电技术。先把煤制成煤气，再用燃气轮机发电，排出高温废气烧锅炉，再用蒸汽轮机发电，整个发电效率可达45%。我国正在开发研究中。

（4）燃煤磁流体发电技术。当燃煤得到的高温等离子气体高速切割强磁场，就直接产生直流电，然后把直流电转换成交流电。发电效率可达50%～60%。我国正在开发研究这种技术。

八、氢能技术

氢在地球上主要以化合态的形式出现，是宇宙中分布最广泛的物质，它构成了宇宙质量的75%，是二次能源。氢能在21世纪有可能在世界能源舞台上成为一种举足轻重的能源，氢的制取、储存、运输、应用技术也将成为21世纪备受关注的焦点。氢燃烧的产物是水，是世界上最干净的能源。氢能被视为21世纪最具发展潜力的清洁能源。

中国对氢能的研究与发展可以追溯到20世纪60年代初，中国科学家为发展本国的航天事业，对作为火箭燃料的液氢的生产、H_2/O_2燃料电池的研制与开发进行了大量而有效的工作。将氢作为能源载体和新的能源系统进行开发，则是从20世纪70年代开始的。

（一）氢能的发展

1869年，俄国著名学者门捷列夫整理出化学元素周期表，他把氢元素放在周期表的首位，此后从氢出发，寻找与氢元素之间的关系，为众多的元素打下了基础，人们对氢的研究和利用也就更科学化了。1928年，德国齐柏林公司利用氢的巨大浮力，制造了世界上第一艘“LZ-127齐柏林”号飞艇，首次把人们从德国运送到南美洲，实现了空中飞渡大西洋的航程。

20世纪50年代，美国利用液氢作超音速和亚音速飞机的燃料，使B57双引擎轰炸机改装了氢发动机，实现了氢能飞机上天。特别是1957年苏联宇航员加加林乘坐人造地球卫星遨游太空和1963年美国的宇宙飞船上天，紧接着1968年阿波罗号飞船实现了人类首次登上月球的创举，这一切都依靠着氢燃料的功劳。到了21世纪，先进的高速远程氢能飞机和宇航飞船的高新技术逐渐成熟，商业运营的日子已为时不远。

（二）氢动力汽车

经过日本、美国、德国等许多汽车公司的试验，以氢气代替汽油作汽车发动机的燃料，技术上是可行的，但廉价氢的来源具有一定困难。氢是一种高效燃料，每千克氢燃烧所产生的能量为33.6千瓦时，几乎等于汽油燃烧的2.8倍。氢气燃烧不仅热值高，而且火焰传播速度快，点火能量低（容易点着），所以氢能汽车总的燃料利用效率比汽油汽车高20%。当然，氢的燃烧主要生成物是水，只有极少的氮氢化物，绝对没有汽油燃烧时产生的一氧化碳、二氧化硫等污染环境的有害成分。

（三）氢能发电

大型电站，无论是水电、火电或核电，都是把发出的电送往电网，由电网输送给用户。但是各种用电户的负荷不同，电网有时是高峰，有时是低谷。为了调节峰荷、电网中常需要启动快和比较灵活的发电站，氢能发电适合扮演这个角色。利用氢气和氧气燃烧，组成氢氧发电机组。这种机组是火箭型内燃发动机配以发电机，它不需要复杂的蒸汽锅炉系统，因此结构简单，维修方便，启动迅速。在电网低负荷时，还可吸收多余的电来进行电解水，生产氢和氧，以备高峰时发电用。这种调节作用对于用网运行是有利的。另外，氢和氧还可直接改变常规火力发电机组的运行状况，提高电站的发电能力。例如氢氧燃烧组成磁流体发电，利用液氢冷却发电装置，进而提高机组功率等。

（四）氢燃料电池

氢燃料电池是更为新型的氢能发电方式。这是利用氢和氧（成空气）直接经过电化学反应而产生电能的装置。换言之，也是水电解槽产生氢和氧的逆反应。20 世纪 70 年代以来，日美等国加紧研究各种燃料电池，现已进入商业性开发，日本已建立燃料电池发电站，美国有 30 多家厂商在开发燃料电池。德、英、法、荷、丹、意和奥地利等国也有 20 多家公司投入了燃料电池的研究，这种新型的发电方式已引起世界的关注。

燃料电池的简单原理是将燃料的化学能直接转换为电能，不需要进行燃烧，能源转换效率可达 60%～80%，而且污染少、噪声小，装置可大可小，非常灵活。最早，这种发电装置很小，造价很高，主要用于宇航电源。现已大幅度降价，逐步转向地面应用。燃料电池的种类很多，主要有磷酸盐型燃料电池、融熔碳酸盐型燃料电池、固体氧化物电池，此外，还有几种类型的燃料电池，如碱性燃料电池，运行温度约 200℃，发电效率也可高达 60%，且不用贵金属作催化剂，瑞典已开发200千瓦的一个装置用于潜艇。美国最早用于阿波罗飞船的一种小型燃料电池称为美国型，实为离子交换膜燃料电池，它的发电效率高达75%，运行温度低于100℃，但是必须以纯氧作氧化剂。后来，美国又研制一种用于氢能汽车的燃料电池，充一次氢可行300km，时速可达100km，这是一种可逆式质子交换膜燃料电池，发电效率最高达80%。

燃料电池理想的燃料是氢气，因为它是电解制氢的逆反应。燃料电池的主要用途除建立固定电站外，还特别适合作移动电源和车船的动力。

第二节　二氧化碳捕获、利用与封存技术（CCUS）

一、CCUS技术简介

CCUS（Carbon Capture，Utilization and Storage，碳捕获、利用与封存）是指将对二氧化碳大型排放源所排放的二氧化碳进行捕集、压缩后输送并封存，或进行工业应用（如食品加工、离岸驱油及生产化学产品等）的一种技术。这种技术可有效缓解温室效应，被认为是未来大规模减少温室气体排放、减缓全球变暖的方法。

联合国政府间气候变化专门委员会指出，如果没有CCUS技术，几乎所有气候模式都不能实现《巴黎协定》目标，而且全球碳减排成本将会成倍增加。随着全球应对气候变化和碳中和目标的提出，CCUS作为减碳固碳技术，已成为多个国家碳中和行动计划的重要组成部分。目前全球正在运行的大型CCUS示范项目有20多个，每年可捕集封存二氧化碳约4 000万吨。

CCUS作为碳中和必不可少的技术路径，在我国工业利用前景同样广阔，我国未来有10亿多吨碳排放量要依靠CCUS来实现中和。

二、CCUS 技术的发展

（一）美国

2010 年 8 月上旬，美国 Novomer 公司获得美国能源部 1 840 万美元的资助，加快该公司二氧化碳制塑料生产线实现商业化。Novomer 公司的技术是使用二氧化碳和环氧丙烷生产聚丙烯碳酸酯（PPC）树脂。PPC 树脂可用于涂料、表面活性剂、软包装和硬包装以及纤维等，并且可实现生物降解。Novomer 公司已经在其合作伙伴伊士曼柯达（Eastman Kodak）公司的生产装置中进行二氧化碳制塑料的小规模生产。

（二）中国

中国企业在二氧化碳制塑料方面已经处于世界领先地位。江苏中科金龙化工股份公司早于 2007 年就形成了 2.2 万吨/年的二氧化碳树脂生产能力(一条 2 000 吨/年和一条 20 000 吨/年的生产线），该项目采用中科院广州化学所技术。中科金龙已经开发了二氧化碳树脂在涂料、保温材料、薄膜等多个领域的应用。

2022 年 1 月 29 日，中国首个百万吨级 CCUS 项目——齐鲁石化—胜利油田 CCUS 项目全面建成。项目投用后，每年可减排二氧化碳 100 万吨。

（三）日本

日本研究人员开发出一种新技术，使二氧化碳能转变为用于合成塑料和药物的碳资源，从而变“害”为宝。二氧化碳的化学性质非常稳定，不容易与其他物质发生反应，因此在工业领域仅用于生产尿素和聚碳酸酯等。东京工业大学教授岩泽伸治等人发现，碳化合物经过处理后可以与二氧化碳结合，形成新的碳物质。

（四）德国

拜耳材料科学公司和两家合作伙伴已获得德国政府的资助，将共同开发基于二氧化碳原料的聚氨酯生产方法。

德国最大电力公司 RWE Power International 公司和位于德国亚琛的亚琛工业大学也将参与由总部位于德国 Leverkusen 的拜耳材料科学发起的这一项目。此外，将在 Leverkusen 兴建一座采用上述新工艺的试验工厂。

该工艺中使用的二氧化碳将来自 RWE Power 公司在德国 Niederaussem 的工厂，该厂的一座煤创新中心内设有一套二氧化碳洗涤装置。由此工艺生产出的 PPP 材料可用在建筑隔热和轻型汽车零部件中。

三、CCUS 技术流程

按照流程，CCUS 可分为捕集、输送、利用与封存几大环节。从产业流程来看，CCUS 依次涉及能源、钢铁、化肥、水泥、交通、化工、地质勘探、环保等众多二氧化碳排放行业。

（一）CO_2 捕集

CO_2 捕集是指将电力、钢铁、水泥等行业利用化石能源过程中产生的 CO_2 进行分离和富集的过程，是 CCUS 系统耗能和成本产生的主要环节。CO_2 的捕集方式主要有三种：燃烧前捕集（Pre-combustion）、富氧燃烧（Oxy-fuel combustion）和燃烧后捕集（Post-combustion）。

1. 燃烧前捕集

燃烧前捕集主要运用于 IGCC（Integrated Gasification Combined Cycle，整体煤气化联合循环发电系统）中，将煤高压富氧气化变成煤气，再经过水煤气变换后将产生 CO_2 和氢气（H_2），气体压力和 CO_2 浓度都很高，将很容易对 CO_2 进行捕集。剩下的 H_2 可以被当作燃料使用。

该技术的捕集系统小，能耗低，在效率以及对污染物的控制方面有很大的潜力，因此受到广泛关注。然而，IGCC 发电技术仍面临着投资成本太高、可靠性还有待提高等问题。

2. 富氧燃烧

富氧燃烧采用传统燃煤电站的技术流程，但通过制氧技术，将空气中大比例的氮气（N_2）脱除，直接采用高浓度的氧气（O_2）与抽回的部分烟气（烟道气）的混合气体来替代空气，这样得到的烟气中有高浓度的 CO_2，可以直接进行处理和封存。

欧洲已有在小型电厂进行改造的富氧燃烧项目。该技术路线面临的最大难题是制氧技术的投资和能耗太高，还没找到一种廉价低耗的能动技术。

3. 燃烧后捕集

燃烧后捕集即在燃烧排放的烟气中捕集 CO_2，如今常用的 CO_2 分离技术主要有化学吸收法（利用酸碱性吸收）和物理吸收法（变温或变压吸附），此外还有膜分离法，该技术正处于发展阶段，但却是公认的在能耗和设备紧凑性方面具有非常大潜力的技术。

从理论上说，燃烧后捕集技术适用于任何一种火力发电厂。然而，普通烟气的压力小体积大，CO_2 浓度低，而且含有大量的 N_2，因此捕集系统庞大，耗费大量的能源。

（二）CO_2 运输

CO_2 运输是指将捕集的 CO_2 运送到利用或封存地的过程，是捕集和封存、利用阶段间的必要连接。根据运输方式的不同，主要分为管道、船舶、公路槽车和铁路槽车运输 4 种。

（三）CO_2 利用

CO_2 利用是指利用 CO_2 的物理、化学或生物作用，在减少 CO_2 排放的同时实现能源增产增效、矿产资源增采、化学品转化合成、生物农产品增产利用和消费品生产利用等，是具有附带经济效益的减排途径。根据学科领域的不同，可分为 CO_2 地质利用、CO_2 化工利用和 CO_2 生物利用三大类。

（四）CO_2 封存

二氧化碳封存是指将大型排放源产生的二氧化碳捕获、压缩后运输到选定的地点长期保存，而不是释放到大气中。CO_2 封存方式主要有地质封存、地表封存和海洋封存三大类。

1．地质封存

地质封存的基本原理就是模仿自然界储存化石燃料的机制，把 CO_2 封存在地层中，CO_2 可经由输送管线或车船运输至适当地点后，注入特定地质条件及特定深度的地层中。所提出适合作 CO_2 地质封存的地质条件，包含旧油气田、难开采煤层、深层地下水层等地质环境。

比较理想的地质封存环境是无商业开采价值的深部煤层（同时促进煤层天然气回收）与油田（同时促进石油回收）、枯竭天然气田、深部咸水含水地层。在每种类型中，CO_2 的地质封存都将 CO_2 压缩液注入地下岩石构造中。封存深度一般要在 800m 以下，该深度的温压条件可使 CO_2 处于高密度的液态或超临界状态。二氧化碳埋藏其间的时间跨度为数千年甚至上万年，为防止二氧化碳在压力作用下返回地表或向其他地方迁移，地质构造必须满足盖层、储集层和圈闭构造等特性，方可实现安全有效埋藏。

常规地质圈闭构造包括油田、气田和不含烃的储气层（主要是深部含盐水层）三种。对于前两种，由于熟悉已开采油气田的构造和地质条件，利用它们来储存 CO_2 相对容易。此外，还有一点不同的是，CO_2 注入含盐水层后，经过流体力学的反应，可在含水地层中稳定上万年，矿物地层和富含 CO_2 的含水层之间发生化学反应，使 CO_2 转化为无害的碳酸盐沉淀下来，可以保存上百万年。

非常规地质圈闭构造的处理包括海上与陆地两部分，利用非常规地质圈闭构造来储存 CO_2 也是有效的方法。可能的地质构造或结构包括玄武岩、盐穴、废弃矿井以及深海海底，都是潜在的封存 CO_2 地点的选择对象，在沿岸和沿海的沉积盆地中也可能存在合适的封存构造，有充分渗透性且以后不可能开采的煤炭，也可能用于封存 CO_2。此外，把 CO_2 埋存在地下深部的不可采深煤层还能增加煤层气的产量。

2. 地表封存

地表封存的基本原理是使 CO_2 与金属氧化物进行化学反应，形成固体形态的碳酸盐及其他副产品。地表封存所形成的碳酸盐，也是自然界的稳定固态矿物，可在很长的时间中提供稳定的 CO_2 封存效果。CO_2 地表封存的可行性取决于封存过程所需提供的能量成本、反应物的成本以及封存的长期稳定性三个因素。每封存 1t 的 CO_2 约需要 1.6～3.7t 含碱土金属的硅酸盐岩石，并会产生 2.6～4.7t 的废弃物。一旦 CO_2 经地表封存为碳酸盐矿物后，其封存稳定性可高达千年以上，相对于地质、海洋等其他封存机制，其封存后的监管成本较低。整体而言，CO_2 地表封存技术尚未成熟，高操作成本、矿业开采作业对环境的影响等议题，是后续研究的重点。

3. 海洋封存

海洋封存的基本原理是利用海洋庞大的水体体积及 CO_2 在水体中不低的溶解度，使海洋成为封存 CO_2 的容器。海水中所含碳的总量约为大气层的 50 倍，植物及土壤中所含碳的总量和的 20 倍。CO_2 海洋封存的潜在容量远大于化石燃料的含量，海水能自大气层吸收 CO_2 的潜在能力，取决于大气层的 CO_2 浓度和海水的化学性质。而吸收速率的高低，则取决于表层及深层海水的混合速率。受限于表层及深层海水间的缓慢对流，仅在大约 1 000m 深的海洋水体中发现了因人类活动所排放 CO_2 的证据。就阻隔 CO_2 返回大气层而言，灌注深度越深隔离效果越好。CO_2 的海洋封存都是把 CO_2 灌注于海洋的斜温层以下，以期获得更好的封存效果。被灌注到深海中的 CO_2，可以是气态、液态、固态或水合物形态，不同灌注形态 CO_2 的溶解速率会有差别。增加海水中 CO_2 的浓度，会对海洋生物造成不利的影响，例如降低生物钙化、繁殖及成长速率、迁移能力等。虽然 CO_2 海洋封存已历经近 30 年的理论发展、试验室试验和小规模现场测试以及模式模拟研究，但目前仍缺乏大规模 CO_2 海洋封存的操作实例。

一个潜在的 CO_2 封存方案是将捕获的 CO_2 直接注入深海，深度在 1 000m 以上，大部分 CO_2 在这里将与大气隔离若干世纪。该方案的实施办法是：通过管道或船舶将 CO_2 运输到海洋封存地点，从那里再把 CO_2 注入海洋的水柱体或海底。被溶解和消散的 CO_2 随后会成为全球碳循环的一部分。

四、CCUS 对中国实现碳中和的重要性

（一）CCUS 技术是煤基能源产业低碳绿色发展的重要选择

CCUS 技术为煤基能源产业避免“碳锁定”制约提供了重要的技术保障，能够支撑相关产业继续有效使用已经是沉没成本的基础设施并以低碳和环境友好的方式发展，一定程度上避免因减排而造成的化石能源资产“贬值”。

另一方面，CCUS 技术与煤电、煤化工等传统煤基能源产业具有巨大的耦合潜力和应用空间。目前中国二氧化碳捕集主要集中在煤化工行业，其次为煤电行业等。无论从捕集份额、难度、成本等各维度来看，煤基能源都是 CCUS 技术最主要的应用领域。适合碳捕集的大规模集中煤基排放源为数众多、分布广泛、类型多样，完备的煤基能源产业链也为二氧化碳利用技术发展提供了多种选择。

（二）CCUS 技术与煤基能源体系呈现出相互契合、协同互补的耦合发展态势

CCUS 技术的应用，有利于中国煤基能源体系实现西部化、集中化、规模化的发展，进而保障煤炭资源低碳、高效地合理开发利用。中国重点建设的大型煤炭能源基地大多位于西北部，煤炭开发利用向西部集中的趋势明显。大型和集中化的煤炭能源基地的西移有利于 CCUS 区域管网布局建设，有利于 CCUS 发挥规模效应和集聚效应。由于咸水层地质构造、石油资源在中国西北

部也分布广泛。二氧化碳排放源和封存地在地域上的重合为实现源汇匹配、缩短输送距离，减少运输成本、低成本运行 CCUS 提供了更加便利的条件。

煤化工是中国煤基能源体系的特色产业，煤制油、煤制气等战略新兴产业未来将成为减少油气对外依存度，保障能源安全稳定供应的重要方向之一。煤化工行业尾气中二氧化碳的浓度较高，对于实施碳捕集而言具有明显的成本优势，已经成为中国发展 CCUS 技术的早期优先领域，低成本的碳源对于推动二氧化碳利用技术的规模化和产业化具有显著的提升作用。

（三）CCUS 技术有利于保障可再生能源大规模接入电网后的电力稳定持续供应

碳中和目标的实现依赖于风能、光能等可再生能源电力对传统化石能源电力的替代。经济可靠的低排放电力系统应包含高渗透率的间断性可再生发电系统和以化石燃料为基础并部署 CCUS 技术的可调度电力。可调度电力不会增加额外的并网成本或风险，在低风速和弱阳光以及用电高峰时段，可以保障电力稳定持续供应，降低电力维护成本。

五、CCUS 典型示范案例

国际能源署（International Energy Agency，IEA）提出，在清洁技术情景下，2060 年工业部门的 CCUS 累计量将达到 280 亿吨，能源加工和转换部门 CCUS 累计量为 310 亿吨，电力部门 CCUS 累计量为 560 亿吨。CCUS 将实现 38%的化工行业减排，15%的水泥和钢铁行业减排。CCUS 技术国内典型示范案例有以下几个：

（一）华润电力海丰电厂 CCUS 示范项目

华润电力海丰电厂 CCUS 示范项目集测试平台区、二氧化碳储存区、化学实验室以及技术与国际交流中心于一体，项目总投资 8 531 万元，捕集规模为 20 000 吨/年。它是中国首个也是亚洲第一个基于超临界燃煤电厂的燃烧后碳捕集示范项目。

（二）海螺水泥白马山水泥厂水泥窑烟气 CO_2 捕集纯化示范项目

海螺水泥白马山水泥厂总投资约 5 546.38 万元，得到副产物 5 万吨/年液体 CO_2，其中 3 万吨/年食品级液体 CO_2，2 万吨/年工业级液体 CO_2。该示范项目采用的是化学吸收法，捕集到的 CO_2 取得良好的环境效益和社会效益，并且安徽省人民政府也给予了一定的财政补贴。

（三）化学链燃烧（CLC）技术工业试点

道达尔与清华大学、东方电气集团、东方锅炉有限公司等共同启动了一个总投资 2 000 万欧元的“干杯”项目。目前正在四川德阳建设世界上最大的化学链燃烧（CLC）技术工业试点工厂，该工厂可以大大降低二氧化碳捕获的能耗和成本。该技术成熟后，可广泛应用于化工、发电和供热工程。

第三节　储能技术

一、储能技术简介

储能技术主要是指电能的储存。储存的能量可以用作应急能源，也可以用于在电网负荷低的时候储能，在电网高负荷的时候输出能量，用于削峰填谷，减轻电网波动。能量有多种形式，包括辐射、化学能、重力势能、电势能、电力、高温、潜热和动力。能量储存涉及将难以储存的形式的能量转换成更便利或经济的可存储的形式。

据光大证券预测，到 2025 年，我国储能投资市场空间将达到 0.45 万亿元，2030 年将增长到 1.30 万亿元左右。《储能产业研究白皮书（2021）》数据显示，截至 2020 年年底，我国已投运储能项目累计装机规模达 35.6GW，包括其他新型储能装机规模为 3.9GW，其中，锂离子电池累计装机规模为 2 902.4MW。

根据中关村储能产业技术联盟（CNESA）统计，截至 2020 年年底，国内累计投运的储能项目规模为 35.6GW，其中非抽水蓄能的规模约为 3.8GW，这意味着“十四五”期间我国新建的新型储能规模将达到 26GW 以上，如按 2 h 配置容量计算，则对应 50GW · h 以上的新型储能容量，参照 2020 年国内 1 500 元/（kW · h）的锂电储能系统成本，对应市场空间近千亿元。在新型储能路线中，电化学储能的应用范围最广、商业化成熟度最高。截至 2020 年年底，全球储能累计装机 191.1GW，其中抽水储能累计规模最大，电化学储能其次，虽然累计规模远不及抽水储能，但同比增长 49%，比抽水储能高 48 个百分点。

二、世界主要国家储能产业政策与发展情况

随着新能源产业的兴起，储能应用日益受到世界各国的重视，由于各国技术发展阶段不同，储能产业政策各具特色。储能产业初始阶段，政府多采用税收优惠或补贴政策，促进储能成本下降和规模应用。储能应用较广泛时，政府通常鼓励储能企业深入参与辅助服务市场，以实现多重价值。

（一）北美以政策和补贴形式鼓励发展分布式储能

近年来，美国各州关注储能部署。美国能源和自然资源委员会推出的《更好的储能技术法案》（BEST）修订版由一系列储能法案构成，包括 2019 年《促进电网储能法案》《降低储能成本法案》《联合长时储能法案》等，采购储能系统流程、回收储能系统材料（如锂、钴、镍和石墨等）的激励机制，以及联邦能源管理委员会（FERC）制定的收回储能系统部署成本的规则与流程。

美国加利福尼亚州计划到 2030 年部署装机容量达 11～19GW 的电池储能系统，建议采用持续放电时间为 6～8 h 的锂离子电池；纽约州计划到 2030 年

部署装机容量为 3GW 的储能系统；马萨诸塞州确定 2025 年实现装机容量达到 1GW 的储能目标；弗吉尼亚州明确目标，2035 年部署 3.1GW 储能系统，2050 年实现 100%可再生能源，用户必须从第三方储能系统获得超过三分之一（35%）的储能容量；内华达州、新泽西州和俄勒冈州也制定了储能目标。各州还采取激励措施支持储能部署：俄勒冈州要求每家公用事业公司至少部署 10MW · h 的储能系统和 1%的峰值负荷；加利福尼亚州将 2020 年部署装机容量 1 325MW 的目标增加了 500MW，并向储能系统相关发电设施提供超 5 亿美元的资助，为可能受到火灾影响的区域部署户用储能系统提供 1 000 美元/（kW · h）资助。

在美国储能市场处于领先地位的各州正在审查将储能设备连接到电网的可行性，将储能系统作为未来强大电网的关键组成部分，并对互联过程中储能系统部署有明确规定，以确保灵活性和响应性。马里兰州、内华达州、亚利桑那州和弗吉尼亚州都已采取措施，在互联标准制定中解决储能系统问题。

税收方面，美国政府为鼓励绿色能源投资，2016 年出台了投资税收减免（Investment Tax Credit，ITC）政策，提出先进储能技术都可以申请投资税收减免，可以通过独立方式或并入微网和可再生能源发电系统等形式运行。补贴方面，自发电激励计划（SGIP）是美国历时最长且最成功的分布式发电激励政策之一，用于鼓励用户侧分布式发电。储能也被纳入 SGIP 的支持范围，储能系统可获得 2 美元/W 的补贴支持。SGIP 至今经历多次调整和修改，对促进分布式储能发展发挥了重要作用。

加拿大许多地区纬度偏高，四季冰寒，储能是其保障电力供应的有效措施之一，应用比较普遍。2018 年 4 月，安大略省能源委员会（OEB）发布规划以促进包括储能项目在内的分布式能源开发。中立管理机构独立电力系统运营公司（IESO）建议投资者重点关注能够提供多重服务的细分领域，充分发挥储能潜力。阿尔伯塔省计划在 2030 年实现 30%的电力由可再生能源供应。

（二）欧洲主要国家储能部署已趋饱和，政策偏重引导新需求

欧洲电力市场的发展方向明确，即更多的可再生能源、更便宜的储能系统、更少的基本负荷，热力和运输领域实现电气化。2019 年，欧盟 17 个成员国成功实现电力网络互联。对部署天然气和柴油峰值发电设施的审查更加严格，储能系统部署备受青睐。

补贴和光伏是欧洲储能产业发展的最大推手。为了给可再生能源介入日益增高的欧洲电网做支撑，德国、荷兰、奥地利和瑞士等国开始尝试推动储能系统参与辅助服务市场，为区域电力市场提供高价值服务。随着分布式光伏的推广，欧洲许多国家以补贴手段扶持本地用户侧储能市场，意大利实施了补贴及减税政策。

欧盟制定了欧洲能源目标，旨在 2050 年实现“净零”温室气体排放，因此需要大量部署储能系统和其他灵活的可再生能源。到 2040 年，欧洲将拥有 298GW 的可变可再生能源发电能力，这需要装机容量为 118GW 的灵活性发电设施来平衡系统波动，储能将在其中起到重要作用。欧洲在储能部署上先行一步，并获得巨大成功，频率响应和其他电网服务已基本得到满足，当前欧洲储能市场接近饱和，储能发展放缓。

德国政府高度重视能源转型，近 10 年一直致力于推动本国能源系统转型变革。为推动储能市场发展，德国采取一系列措施，包括逐年下降上网电价补贴、高额零售电价、高比例可再生能源发电，以及德国复兴信贷银行提供的户用储能补贴等。2017 年，为了鼓励新市场主体参与二次调频和分钟级备用市场，市场监管者简化了参与两个市场的申报程序，为电网级储能应用由一次调频转向上述二次调频和分钟级备用等两个市场做准备。

此外，德国政府部署了大量电化学储能、储热、制氢与燃料电池研发和应用示范项目，使储能技术的发展和应用成为能源转型的支柱之一。例如，位于柏林市区西南的欧瑞府零碳能源科技园区，占地面积 $5.5 \times 10^4 m^2$，共 25 幢建筑，建筑面积约 $16.5 \times 10^4 m^2$，园区 80%～95%的能源从可再生能源中获得，

采用了一系列先进的智能化能源管理手段，具体包括光伏、风电、地热、沼气热电联产、储热储冷及热泵等多能联供模式，无人驾驶公交车和清扫机器人、无线充电及智能充电等高新技术，获得 LEED 能源性能标准认证及铂金评级的低能耗绿色建筑，提供灵活性的储能电站和智能管理负荷的微电网等。

整个园区成为集低碳城市理念展示、科技创新平台为一体的产学研一体化的新能源和低碳技术产业生态圈，智慧能源与零碳技术有机融合，2013 年获“联合国全球城市更新最佳实践”奖，成为德国能源转型的创意灵感象征。

2016 年以来，英国大幅推进储能相关政策及电力市场规则的修订工作。政府将储能定义为其工业战略的一个重要组成部分，制订了一系列推动储能发展的行动方案，明确储能资产的定义、属性、所有权及减少市场进入障碍等，为储能市场的大规模发展注入强心剂。英国政府提议，降低准入机制，取消装机容量 50MW 以上储能项目的政府审批程序，消除电网规模储能系统部署的重大障碍。另外，取消了光伏发电补贴政策，客观上刺激了户用储能的发展。

（三）亚洲主要国家储能以分散部署为主，政策与补贴关注用户与交通储能

亚洲储能项目装机主要分布在中国、日本、印度和韩国。2016 年 4 月，日本政府发布《能源环境技术创新战略 2050》，对储能做出部署，提出研究低成本、安全可靠的快速充放电先进电池技术，使其能量密度达到现有锂离子电池的 7 倍，成本降至十分之一，应用于小型电动汽车使续航里程达到 700km 以上。日本政府除了对用户储能提供补贴，新能源市场的政策导向也十分积极。例如，要求公用事业太阳能独立发电厂装备一定比例的电池以稳定电力输出，要求电网公司在输电网上安装电池以稳定频率，对配电网或微电网使用电池进行奖励等。为鼓励新能源走进住户，又要缓解分布式太阳能大量涌入带来的电网管理挑战，日本政府采用激励措施鼓励住宅采用储能系统，对实施零能耗房屋改造的家庭提供一定补贴。

中国的储能产业虽然起步较晚，但近几年发展速度令人瞩目。据伍德麦肯

兹（Wood Mackenzie）预测，到2024年，中国储能部署基数将增加25倍，储能功率和储电量分别达到12.5GW 和32.1GW·h，将成为亚太地区最大的储能市场。政府在储能领域的积极政策激励是促进行业快速发展的主要原因，也是储能部署的主要推动力。

印度2022年智能城市规划中，将可再生能源的装机目标增加到175GW。为此，政府发布光储计划、电动汽车发展目标、无电地区的供电方案等。很多海外电池厂商在印度建厂，印度希望不断提升电池制造能力，陆续启动储能技术在电动汽车、柴油替代、可再生能源并网、无电地区供电等领域的应用。

韩国持续推动储能在大规模可再生能源领域的应用，政府主要通过激励措施，例如为商业和工业用户提供电费折扣优惠等方式，支持储能系统部署。

三、储能技术的分类

储能技术主要分为机械储能（如抽水蓄能、压缩空气储能、飞轮储能等）、电磁储能（如超导电磁储能、超级电容器储能等）和电化学储能（如铅酸电池、氧化还原液流电池、钠硫电池、锂离子电池等）三大类。根据各种储能技术的特点，飞轮储能、超导电磁储能和超级电容器储能适合于需要提供短时较大的脉冲功率场合，如应对电压暂降和瞬时停电、提高用户的用电质量，抑制电力系统低频振荡、提高系统稳定性等；而抽水蓄能、压缩空气储能和电化学电池储能适合于系统调峰、大型应急电源、可再生能源并入等大规模、大容量的应用场合。

目前储能方式主要有：机械储能、电磁储能、电化学储能等方式。

（一）机械蓄能

1. 抽水蓄能

抽水储能是在电力负荷低谷期将水从下池水库抽到上池水库，将电能转化成重力势能储存起来，在电网负荷高峰期释放上池水库中的水发电。抽水蓄能的释放时间可以从几个小时到几天，综合效率在70%～85%之间，主要用于电力系统的调峰填谷、调频、调相、紧急事故备用等。抽水蓄能电站的建设受地形制约，当电站距离用电区域较远时输电损耗较大。

2. 压缩空气储能

压缩空气技术在电网负荷低谷期将电能用于压缩空气，将空气高压密封在报废矿井、沉降的海底储气罐、山洞、过期油气井或新建储气井中，在电网负荷高峰期释放压缩的空气推动汽轮机发电。压缩空气主要用于电力调峰和系统备用，压缩空气储能电站的建设受地形制约，对地质结构有特殊要求。

3. 飞轮储能

飞轮储能利用电动机带动飞轮高速旋转，将电能转化成机械能储存起来，在需要时飞轮带动发电机发电。飞轮系统运行于真空度较高的环境中，其特点是没有摩擦损耗、风阻小、寿命长、对环境没有影响，几乎不需要维护，适用于电网调频和电能质量保障。飞轮储能的缺点是能量密度比较低。保证系统安全性方面的费用很高，在小型场合还无法体现其优势，目前主要应用于为蓄电池系统做补充。

（二）电磁储能

1. 超导电磁储能

超导电磁储能系统（SMES）利用超导体制成的线圈储存磁场能量，功率输送时无须能源形式的转换，具有响应速度快（ms级），转换效率高（>96%）、比容量［1～10（W·h）/kg］/比功率（104～105kW/kg）大等优点，可以实现与电力系统的实时大容量能量交换和功率补偿。SMES可以充分满足输配电网电压支撑、功率补偿、频率调节、提高系统稳定性和功率输送能力的要求。

2. 超级电容器储能

超级电容器根据电化学双电层理论研制而成，可提供强大的脉冲功率，充电时处于理想极化状态的电极表面，电荷将吸引周围电解质溶液中的异性离子，使其附于电极表面，形成双电荷层，构成双电层电容。电力系统中多用于短时间、大功率的负载平滑和电能质量峰值功率场合，如大功率直流电机的启动支撑、态电压恢复器等，在电压跌落和瞬态干扰期间提高供电水平。

（三）电化学储能

电化学储能包括铅酸电池、锂离子电池、氧化还原液流电池以及钠硫电池等。氧化还原液流电池具有大规模储能的潜力，但目前使用最广泛的还是铅酸电池。

四、新型储能技术

近年来，随着储能产业的发展，多种新型储能技术不断突破，在越来越多的场景实现示范应用，主要有储热技术、氢储能技术等。储热技术属于能量型储能技术，能量密度高、成本低、寿命长、利用方式多样、综合热利用效率高，在可再生能源消纳、清洁供暖及太阳能光热电站储能系统应用领域均可发挥较大作用。

近年来，备受关注的储热技术主要有熔融盐储热技术和高温相变储热技术。熔融盐储热技术的主要优点是规模大，方便配合常规燃气机使用，主要应用于大型塔式光热发电系统和槽式光热发电系统。高温相变储热技术具有能量密度高、系统体积小、储热和释热温度基本恒定、成本低廉、寿命较长等优点，也是目前研究的热点。该技术适用于新能源消纳、集中/分布式电制热清洁供暖、工业高品质供热供冷，同时可作为规模化的储热负荷，为电网提供需求侧响应等辅助服务。目前已应用于民用供热领域，并逐步向对供能有更高需求的工业供热领域拓展。

氢储能技术是通过电解水制取氢气，将氢气存储或通过管道运输，有用能需求时通过燃料电池进行热（冷）电联供的能源利用方式。该技术适用于大规模储能和长周期能量调节，是实现电、气、交通等多类型能源互联的关键。氢储能技术主要包含电解制氢、储氢及燃料电池发电技术。该技术可用于新能源消纳、削峰填谷、热（冷）电联供以及备用电源等诸多场景。

五、商业化应用的储能技术

根据中国能源研究会储能专业委员会的不完全统计，目前全球发展最成熟、装机规模最大的储能是抽水储能，电化学储能紧随其后。同时，以氢储能技术、储热/冷技术、压缩空气储能技术为代表的新型储能技术也在越来越多的应用场景展现价值。

抽水储能技术是目前技术最成熟、应用最广泛的能量型储能技术，具有规模大、寿命长、运行费用低等优点，具备调峰、调频、黑启动等功能，但其建设周期较长，且需要适宜的地理资源条件。抽水蓄能技术在我国的应用已较成熟。截至 2020 年年底，全国正在运行的抽水蓄能电站总装机容量 3 146 万千瓦，可开发站址资源约 1.6 亿千瓦。

电化学储能技术主要通过电池内部不同材料间的可逆电化学反应实现电能与化学能的相互转化，电池类型主要有锂离子电池、铅蓄电池、氧化还原液流电池和钠硫电池等。电化学储能响应速度快，主要作为功率型储能技术应用。目前，电化学储能应用已覆盖电力系统各环节，能够满足多样化的场景需求。全生命周期成本、安全问题是在推广应用电化学储能过程中应持续关注的问题。

六、储能技术对实现碳达峰与碳中和目标的作用

（一）实现碳达峰与碳中和目标，能源系统的低碳化是关键，且必须先行

可再生能源加储能是促进能源系统低碳化，提供能源系统灵活性的一种方案。如果储能技术能有突破性发展，成本大幅度下降，经济上具有竞争力，且大规模应用，可使传统的发输配供用电能单向、线性配置成为环状多向配置，促进能源、电力、物质间双向转换，使电气化与经济社会深度融合。

（二）储能发展方兴未艾，技术及商业模式层出不穷，为未来展现了美好的前景

储能的特点决定了在应用对象、条件、安全、技术、商业模式等方面的问题，而这正体现出储能不可能脱离新能源发展的进程、电力系统需求、经济社会的需求而独立发展。相信通过“十四五”期间的技术发展和政策完善，储能的发展态势会更加明朗，在促进低碳转型中将发挥重要作用。

（三）大幅度降低成本

储能成本在过去 10 年间，每年平均下降 10%～15%。随着储能技术的进步，成本逐步下降。储能系统成本已经由最初的 7～8 元 /（W · h），降到后来的 2 元 /（W · h），再到现在的约 1.5 元 /（W · h）；电池的循环寿命也不断延长，从最开始的 1 500 次，到 3 400 次，再到现在的 6 500 次。整个系统成本下降，使得造价成本、度电成本同步下降。目前，锂电池度电成本约为 0.53 元 /（W · h）。当然这涉及很多边界条件，如充放电深度、寿命周期等。多数专家认为其成本下降至约 0.35 元 /（W · h）时将具备经济性。届时可再生配储能也将更具可行性。

随着储能技术研发的推进，以及市场机制的逐步完善，综合经济效益将是影响储能技术大规模推广的重要因素。未来，储能材料会朝着低成本、高储能密度、高循环稳定性、长周期存储的方向发展。储能装置的发展也将从关注单体设备效率、成本，转向满足差异性需求的高品质供能、储用协调方向。规模化储能技术将从单纯供能转向兼顾电网辅助服务和综合能源服务的多元化用能。储能将为构建以新能源为主体的新型电力系统提供有力支撑，助力碳达峰、碳中和目标实现。

第九章　实现碳达峰与碳中和的调控工具

为了尽早实现碳达峰与碳中和，许多国家和地区都出台了一系列的调控工具，本章重点介绍使用最多的工具，主要包括财政型工具、金融型工具、气候投融资政策、市场型工具，以及总量控制方法。

第一节　财政型工具

一、碳税

在碳减排相关税收方面，中国早已对原油、天然气和煤炭等化石能源征收资源税，对成品油开征消费税，对大气污染物等开征环保税，对小汽车等车辆开征购置税等，在降碳减排和促进低碳发展上发挥了重要作用。

碳税和碳排放权交易都是碳减排政策手段。目前国际上有的用其中一种手段，有的则是两个手段并用。碳排放权交易主要针对大企业，很难覆盖所有市场主体，以固定排放额度交易这一市场手段，来控制和减少温室气体排放。

2021 年，全国碳排放权交易市场线上交易已经启动，目前主要覆盖发电行业等重点排放单位。而碳税则是通过增加碳排放税收成本，来促进碳减排。目前在碳减排相关税收政策研究中，碳税比较受关注。

（一）碳税的含义

碳税是指针对二氧化碳排放所征收的税。它以环境保护为目的，希望通过削减二氧化碳排放来减缓全球变暖。碳税通过对燃煤和石油下游的汽油、航空燃油、天然气等化石燃料产品，按其碳含量的比例征税来实现减少化石燃料消耗和二氧化碳排放。与总量控制和排放贸易等市场竞争为基础的温室气体减排机制不同，征收碳税只需要额外增加非常少的管理成本就可以实现。

（二）征收碳税的目的

（1）征收碳税主要是为了减少温室气体的排放量。碳税是按照化石燃料燃烧后的排碳量进行征收。所以为了减少费用支出，公共事业机构、商业组织和个人均将努力减少使用由化石燃料产生的能源。由于碳税具有可预见性，碳税中的碳排放设定了一个明确的价格，因此为提高能源效率进行的高昂投资可以得到相应回报。

（2）碳税使得替代能源与廉价燃料相比更具成本竞争力，进而推动替代能源的使用。对像煤这样价格低廉的燃料征收碳税，提高了其每英热单位（Btu）的价格，从而拉近了它们与清洁能源的价格差距。英热单位是工业中使用的标准热能测量单位，一个英热单位的热量为一磅纯水升高一华氏度所需的热量。

（3）通过征收碳税而获得收入，这项收入可用于资助环保项目或减免税额。碳税是财税手段，属于带有强制性的政策工具，见效快，管理和实施成本比较低，但是碳税集中在财政手里，各国财政能否对碳税进行最优配置存在一定的不确定性，而且碳税的主要问题是难以对减排效果进行精准规划，减排总量具有不确定性。

（三）各国征收碳税状况

1. 芬兰

芬兰于 1990 年开始征收碳税，是第一个征收碳税的国家，初期主要以化石燃料的含碳量作为计税依据。1997 年税制改革之后，液体燃料和煤炭按照二氧化碳排放量征收碳税，其他化石燃料仍按其含碳量征收碳税。2005 年，芬兰加入欧盟建立的碳排放权交易体系，该体系主要覆盖以电力及供热为主的能源生产行业及能源密集型行业。同时，为了鼓励更多的企业加入碳排放权交易体系中来，芬兰规定涉及这些行业的碳税可以减免。例如，对能源生产行业进行碳税返还，对电力、航空等行业采取豁免碳税的政策。2008—2018 年，芬兰碳排放量年均增长率为 2.5%，2019 年比 2018 年下降 8.2%，是欧盟成员国中减排效果十分显著的国家之一。2019 年 11 月，芬兰的拉赫蒂市成为世界首个试行个人碳交易市场的城市，以探寻节能减排的新方法，使碳减排复合机制进一步得到拓展。

2. 英国

英国的气候变化税是相当于碳税的一种税收，于 2001 年开始征收，征收对象是电力、煤炭及焦炭、液化石油气和天然气四类能源产品。2002 年，还是欧盟成员国的英国，是世界上第一个实施温室气体排放贸易制度的国家，为欧盟碳排放权交易体系的建立提供了经验，其通过温室气体排放贸易制度与气候变化税共同促进国内碳减排。在碳减排复合机制方面，英国的特殊做法是 2013 年引入最低碳价机制。如果碳排放权交易的碳成交价格低于政府规定的最低碳价，政府通过加征排放价格支持机制税来弥补差额，从而稳定碳价。政府针对不同能源产品设置不同的税率，最低碳价也会根据政策目标进行调整。另外，英国政府与能源密集行业的企业签订自愿减排协议，企业只要能够完成协议规定的减排量，就可以享受气候变化税的减免。2008—2018 年，英国碳排放量年均增长率为 3.4%，2019 年比 2018 年下降 2.5%。可见，英国的碳减排复合机制取得了较为显著的效果。

3. 挪威

挪威也是先征碳税，然后才实行碳排放权交易的国家，但做法与芬兰、英国和日本都不相同。在 1991 年开征碳税时，石油和天然气开采行业的碳税设置的税率较高，金属制造业、煤炭加工业、航空和海洋运输业的税率较低。

2005 年，挪威加入欧盟碳排放权交易体系。油气、造纸、航空等部门同时受到碳税和碳排放权交易的双重管制，加重了企业的负担。但是从碳减排效果看，并不尽如人意，2008—2018 年碳排放量年均增长率为 0.4%。

4. 日本

日本在 2007 年以征收环境税的名义对包括煤炭、天然气、液化石油气、汽油等征税，计税依据是化石燃料的含碳量。2010 年，日本首先在东京的工业和建筑业实行碳排放权交易制度。两种机制并行加剧了企业和居民的负担。因此，2011 年日本进行了税制改革，将环境税改为附加税，计税依据是化石燃料的二氧化碳排放量，并大幅下调税率。2012 年，日本正式将附加税改为碳税，对上游电力企业使用的化石燃料征收，也对下游家庭消费环节使用的化石燃料征收，但对家庭使用的煤油减征 50%，并将碳税收入用于环保，主要是开发新能源。2008—2018 年，日本碳排放量年均增长率为 1.1%，2019 年比 2018 年下降 3.5%。可见，日本的政策措施较有成效。

二、补贴

2021 年 5 月 9 日，中国国家发改委发布《污染治理和节能减碳中央预算内投资专项管理办法》的通知，该通知中指出，重点支持电力、钢铁、有色、建材、石化、化工、煤炭、焦化、纺织、造纸、印染、机械等重点行业节能减碳改造，重点用能单位和园区能源梯级利用、能量系统优化等综合能效提升，城镇建筑、交通、照明、供热等基础设施节能升级改造与综合能效提升，以及公共机构节能减碳，重大绿色低碳零碳负碳技术示范推广应用，煤炭消费减量替代和清洁高效利用，绿色产业示范基地等项目建设。

2021 年 5 月 25 日，广州市黄埔区、开发区、高新区印发《广州市黄埔区、广州市开发区、广州市高新区促进绿色低碳发展办法》进一步放大财政资金的带动作用，文件指出，对纳入监管的重点用能单位实施节能降耗，最高补贴 1 000 万元；对企业实施循环经济和资源综合利用项目的按实际投资总额给予最高200万元补助；对建设充电基础设施项目的给予最高100万元补贴。

2021年9月，深圳市工业和信息化局制定了《深圳市工业和信息化局支持绿色发展促进工业"碳达峰"扶持计划操作规程》，拟对各类具有较为明显的节能减排效果的示范项目给予补贴或奖励的资金支持，最高可达1 000万元。

在绿色低碳产业完善基础市场条件方面，如新能源汽车充电桩、充电站的建设方面，需要财税加大对"绿色低碳"基础设施的支持力度，对"绿色低碳"产品的推广应用"架桥铺路"。

未来新一代信息技术、生物技术、新能源、新能源汽车等战略性新兴产业、低碳前沿技术研发和绿色低碳产业发展，将获得更大财政资金支持。

三、绿色公共采购

欧盟各个部门采购那些对环境影响比较小的产品和服务来促进碳排放的减少。政府部门办公过程中涉及大量楼宇、车辆等相关碳排放领域和产品，而且使用强度高。政府部门从自身做起，以上率下，政府绿色采购在碳达峰和碳中和当中对全社会起着引领性和示范性作用，同时由于我国政府采购的规模和市场较大，对相关行业和领域的支持带动作用不可小觑。政府应完善政府绿色采购标准，加大绿色低碳产品采购力度。

中国已经建立起政府绿色采购的制度框架。财政部数据显示，2020年在支持绿色发展方面，全国强制和优先采购节能、节水产品566.6亿元，占同类产品采购规模的85.7%，全国优先采购环保产品813.5亿元，占同类产品采购规模的85.5%。

第二节　金融型工具

2021 年 3 月 12 日，发改委、财政部、中国人民银行、银保监会、国家能源局联合发布《关于引导加大金融支持力度促进风电和光伏发电等行业健康有序发展的通知》，来助力碳达峰与碳中和。

一、货币政策

2021 年 11 月 8 日，人民银行宣布创设推出碳减排支持工具这一结构性货币政策工具。采取的是“先贷后借”的直达机制，实际就是特定目的的再贷款，因为需向人民银行提供合格质押品，本质还是一个央行交易对手的正回购。

人民银行通过碳减排支持工具向金融机构提供低成本资金，引导金融机构在自主决策、自担风险的前提下，向碳减排重点领域内的各类企业一视同仁提供碳减排贷款，贷款利率应与同期限档次贷款市场报价利率（LPR）大致持平。

碳减排支持工具发放对象暂定为全国性金融机构，人民银行通过“先贷后借”的直达机制，对金融机构向碳减排重点领域内相关企业发放的符合条件的碳减排贷款，按贷款本金的 60%提供资金支持，利率为 1.75%。

二、碳中和债券

2021 年 2 月，中国银行间市场交易商协会推出首批碳中和债券，率先在全球范围冠以“碳中和”贴标绿债，体现了协会落实碳达峰与碳中和重大决策部署，创新绿色债券品种决心。

碳中和债券是绿色债务融资工具的子品种，属于绿色债券的一种，主要是指募集资金专项用于具有碳减排效益的绿色项目的债务融资工具，碳中和债的准入目录相比绿色债券的支持领域更为聚焦，可以更有效地引导资金支持绿色产业发展，加速“碳中和”目标的实现。

2021 年 3 月 18 日，上海清算所将支持国家开发银行面向全球投资者发行“碳中和”专题“债券通”绿色金融债券。该债券是我国首单获得国际气候债券倡议组织认证的“碳中和”债券，募集资金将用于支持风电、光伏等碳减排绿色项目。

三、碳排放期货期权交易

欧盟碳排放权交易体系于 2005 年 4 月推出碳排放权期货、期权交易，碳交易被演绎为金融衍生品。2008 年 2 月，首个碳排放权全球交易平台 Blue Next 开始运行，该交易平台随后还推出了期货市场。其他主要碳交易市场包括英国的英国排放交易体系、澳大利亚的澳大利亚信托和美国的芝加哥气候交易所。

2017 年 1 月 12 日，经中国人民银行批准，上海清算所正式推出上海碳配额远期交易中央对手清算业务。这是我国碳金融市场的重要尝试，也是绿色金融的又一次重大创新。

2017 年 7 月，我国碳排放配额首笔期权交易在广东达成。作为深圳排放权交易所战略会员的广州守仁环境能源股份有限公司与壳牌能源（中国）有限公司通过场外交易的方式，达成全国碳市场碳排放权配额场外期权交易协议。我国有世界上规模最大的碳市场，2021 年生态环境部发放的免费碳配额大约为 43 亿吨。未来碳期货上市后，中国有潜力成为全球最大的碳衍生品市场。

四、碳基金

欧盟现代化基金是一项专门的资金计划，旨在帮助能源系统实现现代化并提高能源效率，支持 10 个低收入欧盟成员国“碳中和”目标的实现。现代化基金主要包括以下几个方面投资：可再生能源的生产和使用；能源效率的提高；能源储备系统的建设；能源网络的现代化；碳依赖地区的公平过渡，涉及劳动力的安置、低碳相关技能的提升。

欧盟创新基金是帮助企业在清洁能源和产业上进行投资，以促进绿色经济增长、创造就业机会，并在全球范围内巩固欧盟低碳技术的领先地位。创新基金的一大特点在于和不同资金的协同配合，充分发挥桥梁、杠杆作用。

第三节　市场型工具

最主要的市场型工具是碳排放权交易，交易碳排放权的市场称为碳排放权交易市场，简称碳市场，是推动碳达峰和碳中和目标的核心政策工具之一。中国从 2011 年起，在北京、上海、天津等城市开始试点碳排放权交易。2021 年，全国碳市场发电行业第一个履约周期正式启动。

与碳税相比，碳市场属于自发性政策工具，更多靠市场调节，碳市场交易能够发挥市场机制在资源配置方面的基础性作用，有利于扩展金融进入碳市场的渠道和机制。

为达到《联合国气候变化框架公约》全球温室气体减量的最终目的，产生了碳排放权交易机制、清洁发展机制和联合履约机制三种减排机制。

一、碳排放权交易机制（ET）

碳排放权交易机制为一种配额交易机制，首先政府通过总量控制，向企业发放碳排放权配额，规定企业的二氧化碳排放上限额度，要求企业对其温室气体排放实行总量管理和减排，并对超出配额的排放设立罚则。

碳排放权交易使政府及企业形成强烈的“减碳”意识，体现碳排放空间的量化价值，引导投资趋于低碳领域，推动低碳技术的推广应用，促进低碳产业的发展和向低碳经济的转型。

碳排放权交易是利用市场化的手段、以最低的全社会成本来降低二氧化碳排放量的有效方式，为世界诸多国家和地区所采用。当前全球已经有 20 多个国家和地区建立了碳排放交易市场，其中主要碳交易市场包括欧盟、中国、美国加州、新西兰、瑞士等，其中欧洲是世界上规模最大、制度最为完善、纳入企业最多的碳交易市场。

（一）欧盟碳市场

欧盟应对气候变化的主要政策工具之一——欧盟碳排放权交易体系（The EU Emissions Trading System，EU ETS）起源于 2005 年，是依据欧盟法令和国家立法的碳交易机制，一直是世界上参与国最多、规模最大、最成熟的碳排放权交易市场。

2020 年 12 月在布鲁塞尔举行的国家首脑会议上，欧盟商定温室气体减排新目标，即到 2030 年将欧盟区域内的温室气体排放量比 1990 年减少 55%，与前期减少 40%的目标相比降幅显著提高，并提出在 2050 年实现“碳中和”（图 9.1）。

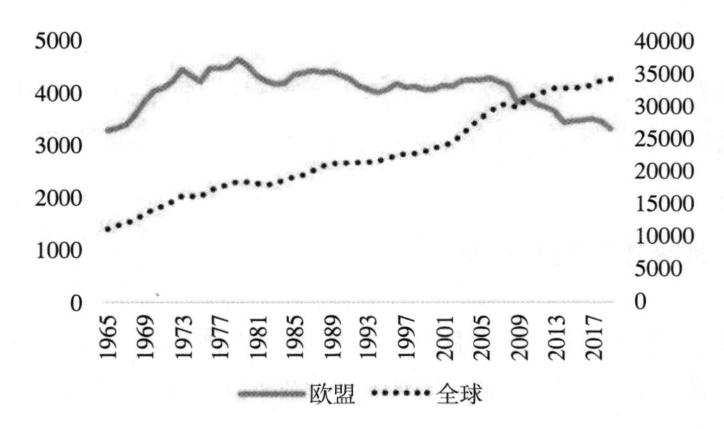

图 9.1 欧盟碳排放量变化情况（百万吨二氧化碳）

从市场规模上看，根据路孚特对全球碳交易量和碳价格的评估，欧盟碳交易体系的碳交易额达到 1 690 亿欧元左右，占全球碳市场份额的 87%。从减排效果上来看，截至2019年，欧盟碳排放量相对1990年减少了23%。

欧盟碳交易市场已走过三个发展阶段，当前处于第四阶段，并随着时间发展各项政策逐渐趋严（表9–1）。第四阶段已废除抵消机制，同时开始执行减少碳配额的市场稳定储备机制，一级市场中碳配额分配方式也从第一阶段的免费分配过渡到50%以上进行拍卖，并计划于2027年实现全部配额的有偿分配。

表9–1　欧盟碳交易市场发展阶段

类别	时间	期初配额总量（$MtCO_2$-eq）	配额递减速率	配额分配方法	行业范围
第一阶段	2005—2007年	2 096	—	免费分配祖父法	电力+部分工业
第二阶段	2008—2012年	2 049	—	10%拍卖祖父法+标杆法	新加入航空业
第三阶段	2013—2020年	2 084	1.74%	57%拍卖祖父法+标杆法	新扩大工业控排范围
第四阶段	2021—2030年	1 610	2.20%	57%拍卖祖父法+标杆法	无变化

（二）美国碳市场

由于美国在应对气候变化、控制温室气体排放上政策导向摇摆不定，某些州在没有联邦政府参与下尝试推行区域性碳排放权交易机制。区域温室气体倡议（RGGI）是美国东北部地区和大西洋中部某些州共同实施的第一个强制性温室气体排放交易机制，该机制仅覆盖不低于25MW的发电装置且采用拍卖的形式进行初始配额的分配。近年来，RGGI在制定收紧总量控制和建立排放控制储备等新措施的同时还吸纳了弗吉尼亚州和新泽西州两个“新成员”。加利福尼亚州则创立了全球最广泛且最复杂的温室气体排放权交易体系，其出台的《全球变暖应对法案》对碳减排目标设定与排放权交易机制的总量控制目标、覆盖范围、碳配额抵消与存储机制等问题做出明确的制度安排，是地方应对气候变化措施的典型代表（图 9.2、图 9.3）。

美国加州已成为北美最大的区域性强制碳交易市场，北美尚未形成统一碳市场，尽管区域性温室气体减排计划是第一个强制性的、以市场为基础的温室气体减排计划，但加州总量控制与交易计划（California's Cap-and-Trade Pro-gram，简称 CCTP）后来居上，成为全球最为严格的区域性碳市场之一（表 9−2）。

2019 年，美国总排放量仅次于中国，排名第二。而加州作为美国经济综合实力最强、人口最多的州，排放量自然不低。根据加州空气资源委员会数据，2012 年加州温室气体排放总量（不含碳汇）为 4.59 亿吨二氧化碳当量，在全美各州中位居第二，同时据国际能源网数据统计在能耗强度上，加州仅次于得克萨斯州排名第二，人均能耗排名第四。

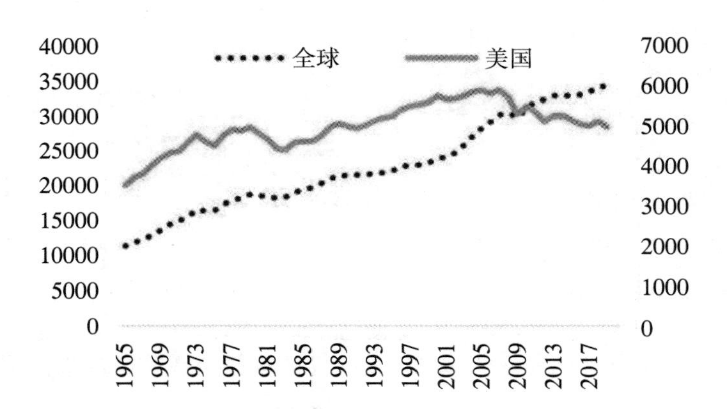

图 9.2　美国碳排放量变化情况（百万吨二氧化碳）

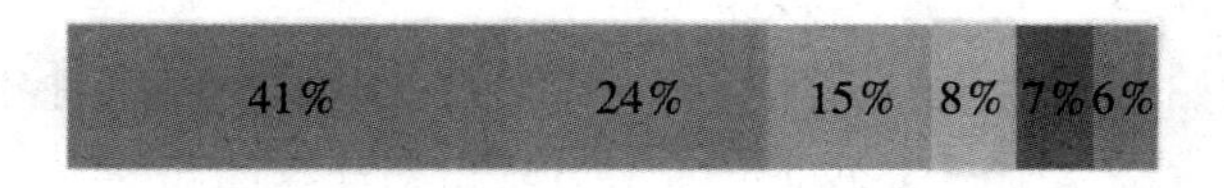

交通　工业过程　电力生产　农林业　居民　商业

图 9.3　美国加州碳排放来源占比情况

表 9–2 加州碳交易市场发展阶段

<table>
<tr><th>类别</th><th>时间</th><th>期初配额总量（$MtCO_2$-eq）</th><th>配额递减速率</th><th>配额分配方法</th><th>行业范围</th></tr>
<tr><td>第一阶段</td><td>2013—2014 年</td><td>162.8</td><td>1.9%</td><td rowspan="4">免费分配+标杆法（工业、配电企业等），拍卖（电力生产、交通等）2020 年约有 58% 配额进行了拍卖</td><td>电力、工业、电力进口、化石燃料燃烧固定装置、其他排放源（超过一定阈值）</td></tr>
<tr><td>第二阶段</td><td>2015—2017 年</td><td>394.5</td><td>3.1%</td><td>增加天然气、汽油、柴油、液化石油气供应商（供应能源超过一定阈值），所有的电力进口商</td></tr>
<tr><td>第三阶段</td><td>2018—2020 年</td><td>358.3</td><td>3.3%</td><td>无变化</td></tr>
<tr><td>第四阶段</td><td>2021—2023 年</td><td>321.1</td><td>4%</td><td>无变化</td></tr>
</table>

（三）韩国碳市场

高度依赖化石能源进口的韩国是东亚第一个开启全国统一碳交易市场的国家，近几年韩国排放权交易体系发展势头良好。在全球范围内来看，韩国碳排放量排名靠前，2019 年韩国碳排放量居世界第七位，且整体排放呈波动上涨趋势（图 9.4）。

2020 年 12 月 30 日，韩国已向联合国气候变化框架公约秘书处，提交了政府近期在国务会议上表决通过的“2030 国家自主贡献”（NDC）目标，即争取到 2030 年将温室气体排放量较 2017 年减少 24.4%，以及“2050 长期温室气体低排放发展战略”（LEDS），即至 2050 年实现碳中和，将以化石燃料发电为主的电力供应体制转换为以可再生能源和绿色氢能为主的能源系统。相比韩国之前在哥本哈根气候大会上宣布的减排目标（比 2005 年的排放水平减少 4%，比不采取措施的预计排放量减少 30%），减排目标有所加强。

从排放来源上看，韩国碳排放主要来源于化石燃料燃烧，占比 87%左右，其碳交易体系覆盖了韩国碳排放的 74%左右，同时覆盖行业范围也较广，主要包括电力行业、工业、国内航空业、建筑业、废弃物行业、国内交通业、公共部门等。但从减排效果上来看，韩国碳减排效果并不明显，2019 年韩国碳排放量相比 2005 年增加了 28%，相比 2017 年减少了 1%。

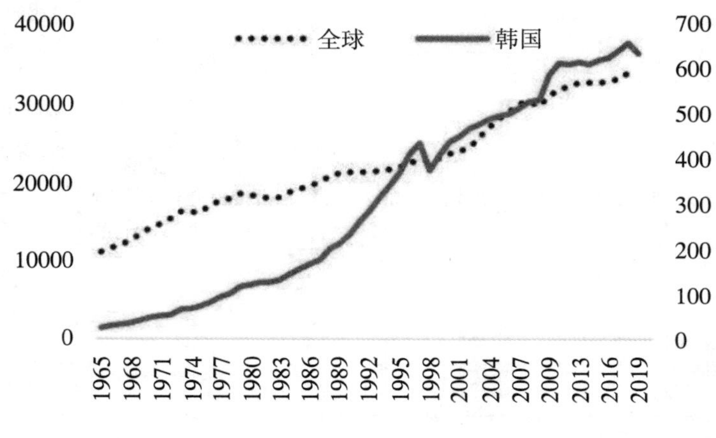

图 9.4　韩国碳排放量变化情况（百万吨二氧化碳）

（四）新西兰碳市场

新西兰碳交易体系历史悠久，是继澳大利亚碳税被废除、澳大利亚全国碳市场计划未按原计划运营后，大洋洲剩下的唯一的强制性碳排放权交易市场。

基于《2002 年应对气候变化法》（2001 年通过，并于 2008 年、2011 年、2012 年、2020 年进行过修订）法律框架下的新西兰碳交易体系自 2008 年开始运营，是目前为止覆盖行业范围最广的碳市场，覆盖了电力、工业、国内航空、交通、建筑、废弃物、林业、农业（当前农业仅需要报告排放数据，不需要履行减排义务）等行业，且纳入控排的门槛较低，总控排气体总量占温室气体总排的 51%左右。

新西兰碳交易市场于 2019 年开始进行变革，以改善其机制设计和市场运营，并更好支撑新西兰的减排目标。

其一，在碳配额总量上，新西兰碳交易市场最初对国内碳配额总量并未进行限制，2020 年通过的《应对气候变化修正法案》（针对排放权交易改革）首次提出碳配额总量控制（2021—2025 年）。

其二，在配额分配方式上，新西兰碳市场以往通过免费分配或固定价格卖出的方式分配初始配额，但在 2021 年 3 月引入拍卖机制，同时政府选择新西兰交易所以及欧洲能源交易所，来开发和运营其一级市场拍卖服务。此外，法案制定了逐渐降低免费分配比例的时间表，将减少对工业部门免费分配的比例，具体为在 2021—2030 年间以每年 1%的速度逐步降低，在 2031—2040 年间降低速率增加到 2%，在 2041—2050 年间增加到 3%。

其三，在排放大户农业减排上，之前农业仅需报告碳排放数据并未实际履行减排责任，但新法规表明计划于 2025 年将农业排放纳入碳定价机制。

其四，在抵消机制上，一开始新西兰碳交易市场对接《京都议定书》下的碳市场且抵消比例并未设置上限，但于 2015 年 6 月后禁止国际碳信用额度的抵消，未来新西兰政府将考虑在一定程度上开启抵消机制并重新规划抵消机制下的规则。

（五）日本碳市场

日本早在 20 世纪 90 年代就开始积极推进国家气候变化政策，逐渐建立起自己的碳排放体系。

日本除中央政府部门以外，一些地方政府也积极地建立辖区内的碳交易系统。在地方上，借助国家的政策引导和地方政府的大力支持，现阶段地方性碳交易市场有东京、埼玉和京都三个。这类地方性碳交易市场主要以强制性为主，对交易规则有严格的设定，可操作性强，也收到了良好的减排效果。2010 年 4 月，世界上第一个城市级的强制排放交易体系在东京正式启动。该强制排放交易体系是设定总的排放额，再以一定的配额落实到辖内企业，企业获得配额后可根据需求进行交易。交易体系设立了严格的惩处机制，对未能履约的企业处以缴纳高额的罚金。随后，2011 年埼玉县政府和京都市政府也先后运行了碳交易系统。

此外，面对国内有限的减排潜力，日本把目标对准了国际市场。1997 年通过的《京都议定书》不仅对 38 个工业化国家规定了限排义务，还建立了三个合作机制，包括国际排放贸易机制（ET）、联合履行机制（JI）、清洁发展机制（CDM）。ET 和 CDM 机制成为近几年日本参与国际碳交易的主要渠道。国际排放贸易机制是发达国家缔约方，交易和转让排放额度，使超额排放国家通过购买节余排放国家的多余排放额度完成减排义务的机制。

（六）中国碳市场

1. 中国碳市场发展进程

我国的碳交易市场建设是从地方试点起步的。2011 年 10 月国家发展和改革委员会印发《关于开展碳排放权交易试点工作的通知》，批准北京、上海、天津、重庆、湖北、广东和深圳等 7 省市开展碳交易试点工作。地方试点从 2013 年 6 月陆续启动了交易，经过多年发展取得了积极进展。试点市场覆盖了电力、钢铁、水泥等 20 多个行业近 3 000 家重点排放单位，重点排放单位履约率保持很高水平。根据国家发改委提供的统计数据，2014 年，所有 7 个试点项目都启动了网上交易，试点涉及 1 900 多家企业和服务业，碳排放总量约 12 亿吨。截至 2017 年 9 月底，7 个碳排放试点市场累计成交近 2 亿吨二氧化碳当量，累计成交金额达 45.1 亿元人民币，中国碳市场发展进程大致如表 9–3、表 9–4 所列。

表 9–3　中国碳交易市场发展进程

时间	中国碳交易市场相关规定
2011 年	国家发改委颁布《关于开展碳排放权交易试点工作》，在国内启动交易试点，标志着国内碳市场进入初步建设阶段
2012 年	十八大报告提出积极开展碳排放权交易试点工作，逐步建立碳排放交易市场
2013 年	十八届三中全会上提出推行碳排放权交易制度，将生态环境保护与社会资本投入相结合

续表

时间	中国碳交易市场相关规定
2014 年	国务院 336 改革清单中纳入“建立碳排放权交易市场”
2015 年	《中美元首气候变化联合声明》承诺 2017 年启动全国碳交易市场
2016 年	颁布《“十三五”控制温室气体排放工作方案》
2017 年	全国正式启动碳排放权交易体系
2020 年	生态环境部发布了《2019—2020 年全国碳排放权交易配额总量设定与分配实施方案（发电行业）》和《纳入 2019—2020 年全国碳排放权交易配额管理的重点排放单位名单》。发电行业的碳排放强度远高于其他行业，全国碳市场建设将以发电行业为突破口，率先开展全国范围内的碳排放权交易
2021 年	生态环境部正式发布《碳排放权交易管理办法（试行）》。该《办法》自 2 月 1 日起启动施行，全国碳市场发电行业第一个履约周期正式启动。这标志着酝酿 10 年之久的全国碳市场终于“开门营业”

表 9-4　全国 7 个试点碳市场履约情况（2013—2016 年）

地区	2013 年	2014 年	2015 年	2016 年
北京	97.1（403/415）	100.0（543/543）	100.0（543/543）	100.0（945/945）
天津	96.5（110/114）	99.1（111/112）	100.0（109/109）	100.0（109/109）
上海	100.0（191/191）	100.0（190/190）	100.0（191/191）	100.0（310/310）
湖北	—	100.0（138/138）	100.0（168/168）	100.0（242/242）
广东	98.9（182/184）	98.9（182/184）	100.0（186/186）	100.0（244/244）
深圳	99.4（631/635）	99.7（634/636）	99.8（635/636）	99.0（803/811）
重庆	暂未公布	暂未公布	暂未公布	暂未公布

注：表中数值代表约率（%）；括号中分数代表完成履约的控排企业数量与纳入的控排企业数量之比。

碳交易市场参与者之间的交易行为模式在 2015 年出现了重大转变。2015 年的履约率较 2014 年同期明显提高，2016 年同比 2015 年基本持平。2013 年，只有上海试点达到100%的履约率，2014年北京、上海和湖北均达到100%的达标率。到2015年，除深圳、重庆外全部达到100%。

2020年，全国7个试点碳市场成交量及成交额如图9.5所示。

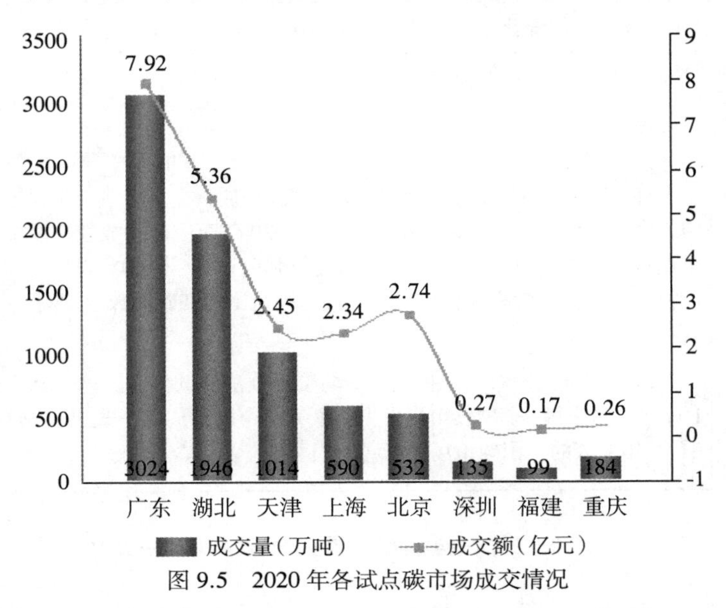

图9.5 2020年各试点碳市场成交情况

从各试点碳市场交易来看，广东市场配额成交最为活跃，2020年累计成交量为3 024万吨，累计成交额为7.92亿元。

2. 中国碳交易市场发展现状

截至2019年年底，中国碳强度较2005年降低约48.1%，非化石能源占一次能源消费比重达15.3%，提前完成我国对外承诺的到2020年控制温室气体排放目标。

作为控制温室气体排放的一种市场化手段，碳排放权交易相对于行政手段具有全社会减排成本较低、能够为企业减排提供灵活选择等优势。随着生态文明制度建设的推进，以及市场机制的引入，碳排放权交易市场空间继续扩大。截至2020年8月，中国8个区域碳市场配额现货累计成交量为4.06亿吨，累计成交额为92.8亿元（图9.6、图9.7）。

2021年全国碳市场发电行业第一个履约周期正式启动，这标志着酝酿10

年之久的全国碳市场终于“开门营业”。全国碳市场第一个履约周期从2021年1月1日到12月31日。共纳入发电行业重点排放单位2 162家，年覆盖约45亿吨二氧化碳排放量。碳排放配额累计成交量1.4亿吨，累计成交额58.02亿元。

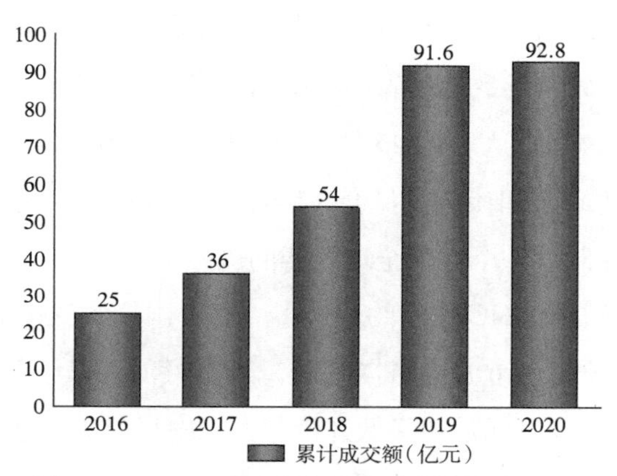

图9.6　2016—2020年各试点碳市场累计成交额

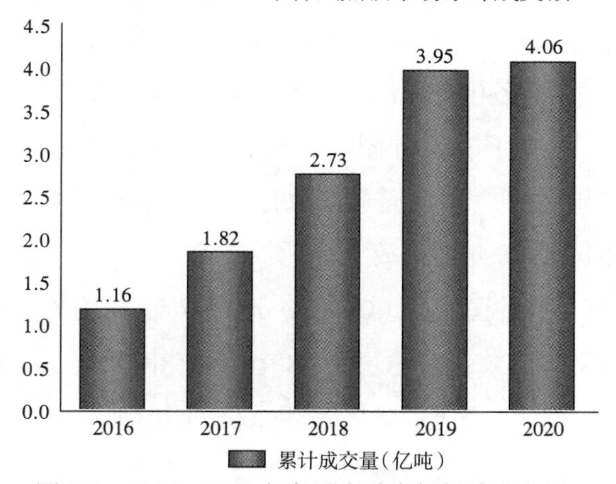

图9.7　2016—2020年各试点碳市场累计成交量

二、清洁发展机制（CDM）

清洁发展机制，是指《京都议定书》中引入的灵活履约机制之一。核心内容是允许其缔约方即发达国家与非缔约方即发展中国家进行项目级的减排量抵消额的转让与获得，从而在发展中国家实施温室气体减排项目。

1. 清洁发展机制的由来

由于意识到气候变化问题的严重性，联合国环境规划署（UNFP）和世界气象组织（WMO）于 1988 年成立了政府间气候变化专门委员会（IPCC）。IPCC 于 1990 年发表了第一次研究报告，结论是“人类活动排放的温室气体在大气中的累积量不断增长，将增强温室效应，如果不及时采取措施限制温室气体排放，下个一百年将导致地球表面在平均意义上的额外变暖”。

1990 年 12 月联合国大会第 45 届大会通过了第 45/212 号决议，决定设立气候变化框架公约政府间谈判委员会（INC）。正式发起了有关气候变化框架公约的谈判，旨在制订一个保护全球气候的国际协议。

1992 年 5 月 9 日，INC 在纽约通过了《联合国气候变化框架公约》（UNFCCC），公约于 1992 年 6 月经各国签署，1994 年 3 月 21 日生效。

UNFCCC 的最终目标是：降低并控制大气中目前的温室气体浓度，并使之稳定在一个安全水平，以使生态系统能自然适应全球气候变化，确保粮食生产不受威胁，使经济发展能够以可持续的方式继续下去。

UNFCCC 将全球各国分成两组：附件 I 成员国，即那些对气候变化负有最大历史责任的工业化国家；非附件 I 成员国，主要由发展中国家组成。

UNFCCC 要求附件 I 国家首先采取行动，在 2000 年年底以前将温室气体排放量降低到本国 1990 年的排放水平。

UNFCCC 第二缔约国大会（COP3）于 1997 年 12 月在日本京都举行，会议通过了《京都议定书》。该议定书为 38 个工业化国家规定了具有法律约束力的减、限排义务，即 38 个工业化国家在 2008 年至 2012 年的承诺期内，相较于 1990 年，将温室气体排放量排放水平平均降低约 5.2%。

《京都议定书》规定了主要减排的 6 种温室气体：二氧化碳（CO_2）、甲烷（CH_4）、氧化亚氮（N_2O）、氢氟碳化物（HFCs）、全氟化碳（PFCs）以及六氟化硫（SF_6）。《京都议定书》允许附件 I 国家自由组合选取这 6 种温室气体建立其国家减排策略。

按照以最小成本实现最大减排的经济学原理，《京都议定书》引入了 3 个基于市场机制的、旨在符合成本效益原则的合作减排机制：国际排放贸易（ET）、联合履行机制（JI）和清洁发展机制（CDM）。建立合作机制的目的在于帮助附件 I 国家通过在其他国家而不是本国以较低的成本获得减排量，从而降低其减排成本。

2. 清洁发展机制的含义

《京都议定书》第十二条对清洁发展机制（CDM）的解释是：附件 I 国家的政府或者私人经济实体在非附件 I 国家开展温室气减排项目，并据此获得“经核证的减排量”（Certified Emission Reductions，CERs），附件 I 国家可以用所获得的 CERs 来抵减本国的温室气体减排义务。简言之，即附件 I 国家通过“资金或技术”，从非附件 I 国家换取更多的温室气体排放权或冲抵其减、限排量。

清洁发展机制具有双重目的：一是帮助发展中国家实现可持续发展，并对 UNFCCC 的最终目标做出贡献。二是帮助发达国家实现其部分温室气体减、限排义务。

3. 清洁发展机制项目的基本要求

（1）每个缔约方自愿参与。

（2）产生真实、长期和可测量的温室气体减排效益。

（3）项目所产生的减排效益必须是额外的。

4. 清洁发展机制项目的实施机构

清洁发展机制项目执行过程中，主要的参与机构包括：

（1）缔约方会议：这是清洁发展机制的最高决策机构，也是气候变化公约及《京都议定书》下所有问题的最高决策机构。缔约方会议由所有缔约方代表组成，每年召开一次会议。

（2）清洁发展机制执行理事会：负责监管清洁发展机制项目的实施，并对缔约方负责；维持清洁发展机制活动的注册登记，包括签发新产生的 CERs，建立账户管理 CERs。执行理事会由 10 个专家组成。

（3）项目所在国政府：负责判断报批的清洁发展机制项目是否符合可持续

发展需求,决定是否批准所报批的将在其境内实施的项目作为清洁发展机制项目。中国政府批准的主办机构是国家发展和改革委员会国家气候变化对策协调小组办公室。

（4）经营实体：是由执行理事会授权的独立组织，对申报的清洁发展机制项目进行审查（Validation）；核实项目产生的减排量，并签署减排信用文件证明，推荐签发 CERs（Verification/Certification）。

（5）项目参与者：或指参与清洁发展机制项目活动的缔约方，或指经某缔约方批准并在其负责下参与清洁发展机制项目活动的私营和/或公共实体（如项目业主等）。

5. 清洁发展机制项目活动周期

一个典型的清洁发展机制项目，其运行过程主要包括：

（1）项目业主寻找清洁发展机制合作方，即 CERs 的买家。

（2）项目参与方按照要求提出项目设计书。

（3）政府批准该项目清洁发展机制合作。

（4）在获得政府批准后，将批准文件和项目文件提交给项目经营实体进行审定；项目经营实体根据清洁发展机制的各项规则要求，对所申报的项目进行审定。

（5）当项目通过审定合格后，提交给清洁发展机制执行理事会批准注册；没有 3 名以上的清洁发展机制执行理事会成员反对，则在 8 周内批准注册；项目获得注册后，项目参与方应根据项目文件所提出的项目监测方案对项目实施情况进行监测。

（6）项目参与方应在项目执行一段时间后，邀请经营实体对项目所产生的温室气体减排量进行核查。

（7）经营实体根据项目监测报告，计算项目实际产生的温室气体减排抵消额，形成核查报告，并提交给清洁发展机制执行理事会请求签发 CERs。

（8）如果没有 3 名以上的清洁发展机制执行理事会成员反对，应该在 15 天内批准签发该项目的 CFRs。

（9）经营实体定期对项目进行核查，重复以上从项目实施到签发 CERs 的过程。

6. 清洁发展机制项目涵盖领域

清洁发展机制项目包括以下领域：

（1）改善终端能源利用效率。

（2）改善供应侧能源效率。

（3）可再生能源。

（4）能源替代。

（5）农业（甲烷和氧化亚氮减排项目）。

（6）工业过程（水泥等工业过程减排二氧化碳项目，减排氢氟碳化物、全氯化碳或六氟化碳项目）。

（7）碳汇项目（仅适用于造林和再造林项目）。

目前清洁发展机制项目禁止附件 I 国家利用核能项目产生的CERs来满足其减排目标。

此外，在第一个承诺期（2008—2012 年），只允许造林和再造林项目作为碳汇项目，并且在承诺期每一年内，附件 I 国家用于完成他们分配排放数量的、来自碳汇项目的 CERs 至多不超过其基准排放量的 1%。

清洁发展机制是一项“双赢”机制：一方面，发展中国家通过这种项目级的合作，可以获得技术和资金甚至更多的投资，从而促进国家的经济发展和环境保护，实现可持续发展的目标；另一方面，通过这种合作，发达国家将以远低于其国内的减排成本实现其在《京都议定书》规定下的减排指标，节约大量的资金，并通过这种方式将技术、产品甚至观念输入到发展中国家。对发达国家来讲，要实现其在《京都议定书》规定下的减排指标，就需对其能源结构进行调整，对高耗能产业进行技术改造和设备更新，或通过大面积的植树造林活动来实现，但都需要高昂的成本。

三、联合履行机制（JI）

1. 联合履行机制的含义

联合履行机制（简称JI），指的是发达国家之间经过项目级的合作，其所结余的温室气体排放量可以转让给另一发达国家缔约方，并且从转让方的可排放配额上扣减相应的额度。《京都议定书》第六条规定“联合履行”是指发生在两个国家，一方为东道国，另一方是投资国，双方在监督委员会的监督下，经过项目合作或者是碳汇的方式获得减排单位来减少或消除人为的温室气体的排放。投资国可以获得项目活动产生的减排单位，从而用于履行其温室气体的减排承诺，而东道国可以通过项目获得一定的资金或有益于环境的先进技术，从而促进本国的发展。联合履行机制的交易客体是项目产生的“减排单位”。

一般来说，要想实现联合履行机制必须满足以下几个要求：首先是项目所在地缔约方的政府要批准，而且需要接受委员会的领导和监督；其次对于被投资方来说，自身必须有正在进行的相关排放行动才可以，如果不具备这样的行动，就无法产生相应的减排量，也就无法从其他国家通过资金或技术的头数获得更多的减排量，无法提高自身的减排能力。最后必须采用一定的措施实现减排的目标，而不仅仅是完全通过联合履行机制获取减排减量单位，而是将其作为达成减排行为的主要方式。

2. 联合履行机制的机构设置

（1）作为议定书缔约方会议的公约缔约方大会。根据《气候变化框架公约》的规定，“缔约方大会作为公约的最高机构，定期审评公约和缔约方大会可能通过的任何相关法律文书的履行情况，并应在其职权范围内作出为促进本公约的有效履行所必要的决定”。《京都议定书》规定，自议定书生效后举行的第一次公约缔约方大会应当作为议定书的第一次缔约方会议，此后每年的议定书缔约方会议常会与公约缔约方大会常会合并举行。因此，《京都议定书》的缔约方会议被称为“作为议定书缔约方会议的公约缔约方大会”。作为议定书缔约方会议的公约缔约方大会应经常审查议定书的履行情况，并应在其权限内做出为促进议定书得到有效履行而必要的决定，缔约方会议应履行《京都议定书》交托给它的职能。

（2）联合履约监督委员会。2001 年在马拉喀什举行的第七次公约缔约方大会在决定草案第 CMP. 1“关于执行《京都议定书》第六条的指南”中，建议作为《京都议定书》缔约方会议的公约缔约方大会在其第一次会议上，通过设立第六条监督委员会（联合履约监督委员会）的决定，以便除其他外，监督联合履约项目活动产生的排减单位的核查。2005 年，在 COP/MOP1 上，缔约方大会通过了 COP7 的提议“关于执行《京都议定书》第六条的指南”，决定设立第六条监督委员会。

（3）经认证的独立实体。经认证的独立实体是联合履约机制实施的一个创新之处。它是通过联合履约监督委员会授权的非《京都议定书》本身组成机构的其他专业实体来确定一个项目及有关人为源排放量减少或人为清除量增加是否符合《气候变化框架公约》第六条和有关《指南》的要求。

根据 COP/MOP1 的决议，申请成为经认证的独立实体必须具备以下几个条件：

①属于法律实体（或为国内法律实体或为国际组织）；

②雇用足够的人员，且这些人员具备在负责人的领导下，行使与所从事的工作的类别、范围、工作量、有关的一切涉及核查第六条项目产生的排减单位的职能的必要能力；

③具备开展活动所需的稳定经费、保险和资源；

④订有充分的安排，能够处理其活动引起的法律责任和债务；

⑤定有行使职能所需的成文的内部程序，并应公布这些程序；

⑥具备行使作为议定书缔约方会议的公约缔约方大会通过的有关决定明确规定的职能所需要的专门知识：关于执行第六条的指南、作为议定书缔约方会议的公约缔约方大会以及第六条监督委员会的有关决定；与第六条项目的核查

相关的环境问题；与环境问题有关的第六条活动的技术方面，包括确定基准和监测排放量及其他环境影响方面的专门知识；相关的环境审计要求和方法；核算人为源排放量和/或人为汇清除量的方法；

⑦拥有一个管理结构，从总体上负责实体职能的行使，包括质量保证程序，以及做出所有与核查有关的决定等；

⑧没有任何关于渎职、欺诈和/或与其经认证的独立实体的职能不符的其他行为的司法诉讼。

（4）遵约委员会。遵约委员会由两个分支机构组成：促进分支机构和强制执行分支机构。促进分支机构旨在向缔约方提供建议和协助，以便促进遵约；强制执行分支机构的职责则在于确定缔约方不遵守承诺的后果。两个分支机构皆由 10 名成员组成。这 10 名成员的构成状况如下：

5 个联合国区域集团（非洲、亚洲、拉美加勒比地区、中东欧、西欧和其他地区）各 1 名；小岛屿发展中国家 1 名；附件 I 和非附件 I 缔约方各 2 名。10 名成员中，其中 5 名为任期 2 年，5 名为任期 4 年。

第四节　总量控制方法

一、碳预算

碳预算是预算制度在温室气体减排领域的具体应用，是在特定时期内针对不同行业、不同主体设定温室气体排放上限的一种总量控制方法。2008 年英国正式制定《气候变化法案》引入了具有法律约束力的碳预算框架。该框架旨在为实现 2050 年将温室气体排放降低 80%的长远目标设定路线，开始以法律应对气候变化。2009 年 3 月经王室批准正式成为世界上第一个为减少温室气体排放建立起法律约束性的国家。在气候变化法案中最关键的莫过于“碳预算”方案。作为《气候变化法案》中的核心条款，碳预算第一阶段将建立三个具有法律约束力执行周期，每个执行周期为 5 年，每一阶段的碳排放总量都设有上限，分别是 2008—2012 年、2013—2017 年、2018—2022 年，其中 2018—2022 年排放至少要比 1990 年减少 34%；通过碳预算制定 2020 年和 2050 年的排放目标，为英国的低碳经济转型设计一个清楚、可靠且长期的框架，同时为企业和个人指明方向，确认他们所需扮演的角色。

从范围上看，碳预算可以分为全球预算和国家预算，国际社会普遍认为全球升温 2℃是人类能够承受气候变化的最高极限。从而基本确定了人类能够排放的最高上限，这是全球碳预算；而国际社会减少碳排放主要途径是建立国际框架国家履约来实现，而国家履约过程一般又会设定预期年份和预期目标，如 2020 年在 1990 年基础上减排 20%，2050 年在 1990 年基础上减排 60%，等等，这是国家预算。然而国家预算的设定并不代表在实现预算目标的过程中就能实现预期排放限额，一个时间点减排目标的达成很可能在达成过程中出现超出自己预期的后果。

目前有多种方法用于估计累积碳排放量预算。2016 年 2 月 24 日，荷兰环境评估局（PBL）、英国埃克塞特大学（University of Exeter）和国际应用系统分析研究所（IIASA）等 11 个机构的研究人员在 *Nature Climate Change* 发表题为《阐明碳预算估算之间的差异》一文，文章将碳预算分为三类：

（1）仅针对 CO_2 排放驱动变暖的预算（Budget for CO_2-induced warming only）：只由 CO_2 排放引起增暖的情景下，以一定的概率限制全球平均温度不超过一定的温度阈值的累积碳排放量。

（2）超越阈值预算（Threshold exceedance budgets）：在某个多种温室气体排放情景下，当以一定的概率超过一定的温度阈值时的累积碳排放量。

（3）回避阈值预算（Threshold avoidance budgets）：在某个多种温室气体排放情景下，在一定的时间区间内，以一定的概率限制全球平均温度不超过一定的温度阈值的累积碳排放量。

我国将碳排放总量控制目标作为“十三五”约束性指标，并结合地区和行业发展特点进行分解，实施总量和强度目标“双控”。碳排放总量控制目标是确定全国家碳市场配额的基础，碳排放配额的分配综合考虑历史排放法、行业基准法等方法，并从主要碳排放源的行业入手。碳市场配额总量与碳排放总量控制目标相结合，促进碳市场健康发展。

二、碳排放分数

根据法国生态转型署公布的一组数据，时尚行业是世界上第二大污染源，每生产一件T恤平均需要消耗2 700L水，每生产一条牛仔裤平均需要消耗11 000L水。2021年4月，法国国民议会就修改《气候法案》展开了为期三天的激烈辩论，最终以93：28的投票分数通过了在产品上添加“碳排放分数标签”这一修正法案。

通过在产品上加入“碳排放分数”标签来告知消费者相关产品在原料生产、产品制作、包装、运输过程中产生的碳排放量，同时敦促品牌和生产商采取符合国家环保要求的措施。国民议会表示，“碳排放分数”标签将首先在服装和纺织品行业试行。

第五节　气候投融资政策

一、气候投融资的含义

气候投融资政策体系是一项新的政策体系建设工作，主要服务于面向减缓和适应气候变化相关的投融资活动。然而，目前国内外对于气候投融资政策体系的概念尚未形成统一的定义，各国的气候投融资政策根据各国自身国情和经济发展需求也存在较大差异。国际上，许多发达国家普遍将气候投融资工作称为气候金融（Climate Finance），把气候金融的政策支撑体系作为气候投融资工作的政策保障。国际上的气候投融资体系主要是基于国际气候谈判基础上搭建的资金机制，以及各国国内建立的相关气候投融资激励和扶持政策。

气候变化构成的威胁要求各方实体做出快速、全面和全球性的反应。自1992年以来，《联合国气候变化框架公约》（UNFCCC）制定了稳定温室气体排放以防止危险气候变化的国际行动框架。《联合国气候变化框架公约》承认，发达国家对全球温室气体排放的累积贡献最大，而发展中国家承担的历史责任较小。这一认识促使发达国家承诺动员资金帮助发展中国家应对气候变化，而这种“气候投融资”已成为国际谈判的核心问题。

根据《联合国气候变化框架公约》（UNFCCC），气候投融资是可持续投融资的一个子集，旨在支持应对气候变化的减缓和适应行动。它可以是地方的、国家的或跨国的，也可以来自公共、私营和其他融资来源。依据气候投融资的减缓和适应目的，减缓投融资和适应投融资应运而生。根据融资来源，可以进一步区分公共气候投融资和私营气候投融资。私营气候投融资通常指私营部门提供的资本，也就是说，不受国家控制的经济部门。私营部门由广泛的行动者组成，包括个人（消费者）、中小企业、合作社、公司、投资者、金融机构和慈善机构。公共气候投融资是通过税收和其他政府收入流为气候变化项目筹集的公共资金，包含国际和国内项目。

气候投融资是为实现国家自主贡献目标和低碳发展目标，引导和促进更多资金投向应对气候变化领域的投资和融资活动，是绿色金融的重要组成部分，支持范围包括减缓和适应两个方面。

（1）在减缓气候变化方面。包括调整产业结构，积极发展战略性新兴产业；优化能源结构，大力发展非化石能源，实施节能降碳改造工程项目；开展碳捕集、利用与封存试点示范；控制工业、农业、废弃物处理等非能源活动温室气体排放；增加森林、草原及其他碳汇等。

（2）在适应气候变化方面。包括提高农业、水资源、林业和生态系统、海洋、气象、防灾减灾救灾等重点领域适应能力；加强适应基础能力建设，加快基础设施建设、提高科技能力等。

二、气候投融资的管理

气候基金作为气候投融资的核心载体，其管理问题一直是热点。管理气候基金的一个关键问题是气候投融资举措实施的透明度。绿色气候基金的建立有两个主要目的：减缓气候变化和适应气候变化。

绿色气候基金自提出以来经历了强大的推动和发展。然而，作为一个新概念，绿色气候基金引起了许多关注，如何筹集资金、如何分配资金以及如何有效分配资金等仍未解决。目前相关机构已经提出了指导发达国家分担其融资责任的各种计划，然而大多数方案尚未达成共识。

三、中国气候投融资政策体系

在中国，气候投融资体系是绿色金融体系的重要组成部分。2016 年 8 月，中国人民银行等 7 部委联合印发了《关于构建绿色金融体系的指导意见》，这是全球首个国家层面的绿色金融顶层设计文件，为我国绿色金融政策体系构建提供了坚实的基础。

2020 年 10 月，生态环境部、国家发展和改革委员会、中国人民银行、银保监会、证监会 5 部门印发的《关于促进应对气候变化投融资的指导意见》提出，大力推进应对气候变化投融资发展，引导和撬动更多社会资金进入应对气候变化领域，进一步激发潜力、开拓市场，推动形成减缓和适应气候变化的能源结构、产业结构、生产方式和生活方式。

2021 年，生态环境部、国家发展和改革委员会、工业和信息化部、住房和城乡建设部、中国人民银行等 9 部门联合印发《关于开展气候投融资试点工作的通知》，并附有《气候投融资试点工作方案》，提出通过 3～5 年的努力，试点地方基本形成有利于气候投融资发展的政策环境，培育一批气候友好型市场主体，探索一批气候投融资发展模式，打造若干个气候投融资国际合作平台，使资金、人才、技术等各类要素资源向气候投融资领域充分聚集。气候投融资作为绿色金融的重要部分之一，更多地重视和聚焦于减缓和适应气候变化相关的活动，范围更精准，效益更显著，其产生的效益直接影响我国的生态文明建设、应对气候变化以及碳达峰与碳中和目标，对我国在气候变化领域实现大国担当提供强有力的保障，同时在我国平衡经济发展效益和低碳绿色转型方面扮演着关键角色。因此有必要在绿色金融政策体系的基础上，单独研究和构建我国气候投融资政策体系，通过完善高效的政策体系帮助气候资金落实到真正产生气候效益的领域，激励和扶持气候友好项目和产业的发展，更好地实现可持续发展，构建人与自然和谐相处的美好画卷。

第十章　碳达峰与碳中和的公众参与

联合国环境署《2021 排放差距报告》指出，当前家庭消费温室气体排放量约占全球排放总量的三分之二，加快转变公众生活方式已成为减缓气候变化的必然选择。从我国碳排放结构来看，26%的能源消费直接用于公众生活，由此产生的碳排放占比超过 30%。中科院最新研究指出，工业过程、居民生活等消费端碳排放占比已达 53%。全民广泛参与是实现碳达峰与碳中和的持久动力，推动碳达峰与碳中和工作需要从公众参与进行，公众行为改变是温室气体减排不可或缺的一部分。

我国要实现“30・60”目标，必须经历一场广泛而深刻的经济社会变革，居民消费领域碳减排是重要一环。居民消费领域产生的碳排放包括取暖、烹饪、出行等直接碳排放以及所消费的产品与服务在生产、运输过程中产生的碳排放。据已完成工业化的发达国家经验，居民消费产生的碳排放将会成为国家碳排放的主要增长点。在我国消费结构持续升级的大背景下，尽早采取必要手段减缓个人消费产生的碳排放增长速度，这事关“30・60”目标的全面达成。

第一节　低碳出行

一、低碳出行简述

低碳出行的概念是在低碳经济发展模式的背景下提出的。比如，人们在日常交通出行中既可以通过把个人传统动力的小汽车置换为新能源小汽车以达到减排的目的，也可以换成步行、骑自行车等非机动交通行为达到更为明显的节能减排。所以，从某种意义上说，低碳出行方式比某一项低碳出行技术的创新更为重要。

发展低碳出行需要高新技术的创新与应用，通过节能降耗、降低排放的技术应用达到发展现代交通的目的，但同时需要强调的是，低碳出行的理念更为重要。居民在选择交通出行方式和交通运输工具时，在理念上首先要有环保的理念、生态的理念、节能减排的理念，而不是一味地讲究自我的舒适、尊严、排场。低碳出行出发点是节能减排，落脚点是通过节能减排解决人类社会发展过程中出现的生态与环境问题，从而能够与环境友好相处。

低碳出行，应当成为我国新时期经济社会可持续发展的重要经济战略之一，而居民参与低碳出行的具体行动有使用新能源汽车，选择公共交通或步行交通等方式。

二、低碳出行与私人交通

（一）简述

根据《人民日报》发布的消息，2021 年全国机动车保有量达 3.95 亿辆，其中汽车 3.02 亿辆；机动车驾驶人达 4.81 亿人，其中汽车驾驶人 4.44 亿人。2021 年全国新注册登记机动车 3674 万辆，比上一年增长 10.38%。汽车行业成为全球温室气体排放的主要领域之一，以汽车产业为载体，推动汽车产业电气化、清洁化成为助力碳达峰和碳中和的重要途径，新能源汽车成为居民参与低碳行动的重要工具。

当前，全球新一轮科技革命和产业变革蓬勃发展，汽车与能源、交通、信息通信等领域有关技术加速融合，电动化、网联化、智能化成为汽车产业的发展潮流和趋势。新能源汽车包含新能源、新材料和互联网、大数据、人工智能等多种变革性技术，从单纯交通工具向移动智能终端、储能单元和数字空间转变。新能源汽车的使用对带动交通和能源基础设施改造升级，促进能源消费结构优化、交通体系和城市运行智能化水平提升具有重要意义。

近年来，汽车产品形态、交通出行模式、能源消费结构和社会运行方式正在发生深刻变革，为新能源汽车产业提供了前所未有的发展机遇。经过多年持续努力，我国新能源汽车产业技术水平显著提升、产业体系日趋完善、企业竞争力大幅增强。

截至 2021 年年底，全国新能源汽车保有量达 784 万辆，占汽车总量的 2.6%，与上年相比增长 59.25%。新注册登记新能源汽车 295 万辆，占新注册登记汽车总量的 11.25%，与上年相比增加 178 万辆，增长 151.61%。其中，纯电动汽车保有量 640 万辆，占新能源汽车总量的 81.63%。

新注册登记新能源汽车数量呈高速增长态势，根据汽车之家统计分析，2021 年全球新能源汽车共实现注册销量 650.14 万辆，中国的新能源乘用车销量最高，全球市占率高达 45.22%，是德国和美国的 4 倍多，渗透率也超平均水平，达到 13.77%。新能源汽车成为降低碳排放行动的后备军，进一步助力碳达峰的实现。

目前新能源汽车主要是指电动汽车，而电动汽车补充电能的方式分为“充电模式”和“换电模式”两种。简而言之，充电模式指的是车辆直接与交流或者直流电源连接充电的一种整车充电方式，在整个充电过程中，车辆与电池不分开，实现一体化充电。而电动汽车的换电模式是指当电动汽车电池没电或不足时，通过与满充电池进行交换来补充其电能的一种全新模式。详细说来，换电方式为电动汽车用户到充换电站，由机械手臂自动更换一块满电电池，过程仅需数分钟。换电站对电动汽车用户更换下来的待充电电池进行统一管理，并选择在电网负荷低谷时期进行电能补充。

（二）新能源汽车介绍

狭义新能源汽车可以参考国家《新能源汽车生产企业及产品准入管理规则》的规定：新能源汽车是指采用非常规的车用燃料作为动力来源，综合车辆的动力控制和驱动方面的先进技术，形成的具有新技术、新结构、技术原理先进的汽车。

广义新能源汽车，又称代用燃料汽车，包括纯电动汽车、燃料电池电动汽车这类全部使用非石油燃料的汽车，也包括混合动力电动车、乙醇汽油汽车等部分使用非石油燃料的汽车。

1. 纯电动汽车

纯电动汽车（Battery Electric Vehicles，BEV）是一种采用单一蓄电池作为储能动力源的汽车，它利用蓄电池作为储能动力源，通过电池向电动机提供电能，驱动电动机运转，从而推动汽车行驶。纯电动汽车的可充电电池主要有铅酸电池、镍镉电池、镍氢电池和锂电池等。

2. 混合动力汽车

混合动力汽车（Hybrid Electric Vehicle，HEV）是指车辆驱动系统由两个或多个能同时运转的驱动系统联合组成的车辆，车辆的行驶功率依据实际的车辆行驶状态由内部驱动系统单独或共同提供。它的工作方式有两种，一种是串联式混合动力汽车，它们之间用串联方式组成 HEV 动力单元系统，发动机驱动发电机发电，电能通过控制器输送到电池或电动机，由电动机通过变速机构驱动汽车。另一种是并联式混合动力汽车，发动机和电动机共同驱动汽车，发动机与电动机分属两套系统，可以分别独立地向汽车传动系提供动力，在不同的路面上既可以共同驱动又可以单独驱动。

3. 燃料电池电动汽车

燃料电池电动汽车（Fuel Cell Electric Vehicle，FCEV），在催化剂的作用下，燃料电池电动车用氢气、甲醇、天然气、汽油等作为反应物与空气中的氧在电池中燃烧，进而转化为电能，为汽车提供动力源。本质上来说，燃料电池电动车也属于电动汽车之一，在很多性能和设计方面和电动汽车都有很多相似之处，将其分为两类是由于燃料电池电动车是将氢气、甲醇、天然气、汽油等通过化学反应能转化成电能，而纯电动车是靠充电补充电能。其中以氢气为燃料电池的氢动力车，是新能源汽车中环境最友好型的汽车，可以实现零污、零排放。然而，氢动力车生产成本过多，氢动力车的成本比传统燃油汽车的成本要多出 20%，并且氢动力汽车的电池成本很高，在实际生产中受到储存及运输条件的限制。

4. 增程式电动汽车

增程式电动汽车（Extended Range Electric Vehicle，EREV）与电动汽车相似，通过电池向电机提供动能，驱动电机运转，从而推动车辆行驶。然而，增程式电动车在车身中配有一个汽油或柴油发动机，在增程式电动车电池电量过低的情况下，驾驶员可以利用这个发动机为增程式电动车进行电量补充。

5. 压缩空气动力汽车

压缩空气动力汽车（Airpowerd Vehiele，APV）简称气动汽车，利用高压压缩空气为动力源，将压缩空气存储的压力能转化为其他形式的机械能，从而驱动汽车运行，例如以液态空气和液氮等吸热膨胀为动力的其他气体动力汽车。它由储气筒、气动马达及一些管道组成。没有内燃机、变速箱和油箱，不用燃料，结构简单，操作容易，维修方便，对环境没有污染。

三、低碳出行与公共交通

（一）简述

相比私人交通，公共交通在实现碳达峰行动中更是不可或缺的一部分，发展城市公共交通不仅是缓解城市交通拥堵的有效措施，也是改善城市人居环境，提高交通资源利用率，缓解交通拥堵，降低交通污染，节约土地资源和能源的重要手段；同时对增强城市功能、统筹城乡发展、促进城乡共同繁荣具有十分重要的作用。据交通领域“十四五”期间油控方案，交通运输行业的碳排放约占全国终端碳排放总量的15%，其中道路交通占比约82%，城市交通碳排放占道路交通的比例约45%，呈现出规模大、占比高、增速快、发展强劲等特点。因此城市公共交通不仅对城市政治经济、文化教育、科学技术等方面的发展影响极大，也是实现碳达峰和碳中和的重要抓手。

公共交通（Public Transportation），泛指所有向大众开放并提供运输服务的交通方式。公共交通由通路、交通工具、站点设施等物理要素构成，在城市人民政府确定的区域内，利用公共汽（电）车（含有轨电车）、城市轨道交通系统和有关设施，按照核定的线路、站点、时间、票价运营，为公众提供基本出行服务的活动。

根据我国的《城市公共交通分类标准》，城市公共交通可以分为“城市道路公共交通”“城市轨道公共交通”“城市水上公共交通”三种基本类型，每大类型具体包括多个组成部分。城市道路公共交通一般是城市公共交通的主体，具有灵活、低成本运营而且适用广泛，适合大部分城市的特点，包括常规公共汽车、快速公共汽车、无轨电车以及出租汽车。城市轨道公共交通节约能源、运输客运量大、但工程建设起来造价较高，适用于大中型城市，是城市公共交通的骨干，包括地铁、轻轨等。城市水上公共交通是指利用天然的水系资源所发展成的一种公共交通手段，发展水上公共交通，可以在一定程度上缓解陆地道路的通行压力，但是对地理条件的要求比较高，适合建设在拥有天然水系的城市，包括城市客渡、城市车渡。

在所有的机动交通方式中，公共交通具有较低的人均碳排放量，运行成本相对也比较低。结合《城市综合交通体系规划标准》相关指标来看，应该构建快线、干线等多层次大运量城市轨道交通网络，以轨道交通为骨架、常规交通为经络、快速交通为延伸，建立分层次的公共交通体系，改进交通可达性和服务水平，提高公共交通出行分担率达60%以上。

（二）新型公共交通工具

1. 共享单车

共享单车（自行车）企业通过在校园、地铁站点、公交站点、居民区、商业区、公共服务区等提供服务，完成交通行业最后一块“拼图”，带动居民使用其他公共交通工具的热情。

共享单车也被认为是可用来解决大众运输系统中的“最后一里”问题，并联结通勤者与大众运输网络的一种方式。此外，共享单车还具备休闲、旅游、健身等功能。世界上第一座共享单车系统为2005年5月法国里昂建置的共享单车系统。我国最早实行共享单车的城市是杭州，杭州融鼎科技在2008年5月1日，率先运行共享单车租赁系统，将自行车纳入公共交通领域，意图让慢行交通与公共交通“无缝对接”，破解交通末端“最后一里”难题。

2. 共享汽车

随着“共享经济”的概念迅速普及，共享汽车也随之悄然进入了人们的视野。共享汽车成为当下广受欢迎的绿色公共交通工具。

3. 共享电动车

继共享单车、共享汽车后，共享运营的时代也催化了另外一种交通工具的流行，那就是共享电动车。其实共享电动车的起步并不比摩拜和ofo晚，只是太多的运营商选择校园或者是景区作为运营范围，不受人们的关注。共享电动车，可解决市民3～10 km出行范围。共享电动车的系统解决方案是结合电动车和自行车的优点，在传统电动车基础上做了升级，升级后可以实现手机控制车辆（一键启动、关闭、寻车）、车辆定位、车况检测、车辆数据分析等。其循环共享的方式，结合智能手机普及，已经慢慢进入人们的视线。

共享电动车对我们的日常出行提供了巨大便利，一方面它能较自行车更省力、快速地抵达目的地；另一方面，它比汽车更轻量，便捷又能节省生活成本降低堵车风险。

4. 云轨

“云轨”是比亚迪旗下轨道交通产业的子品牌，是比亚迪跨座式单轨产品的特有名称。2016 年 10 月 13 日，比亚迪历时 5 年、投资 50 亿元研发的跨座式单轨——“云轨”在深圳举行全球首发仪式，正式宣告进军轨道交通领域。“云轨”是比亚迪针对世界各国城市拥堵问题推出的战略性解决方案，将成为广大城市居民未来便捷的新型交通工具（图 10.1）。

作为新款单轨系统，最大运能单向每小时 1～3 万人次，最高速度可达每小时 80 千米（未来将继续研制时速 120 千米以上级别的单轨系统）。造价较低、中小运量的云轨系统能与地铁、公共汽车等其他公共交通错位发展、互为补充，缓解道路交通拥堵，可广泛用于大中城市的骨干线和超大型城市的加密线、商务区、游览区等线路。

5. 虚拟轨道列车

虚拟轨道列车是以地面虚拟轨道为导向运行的公路列车，因其轨道不是传统钢轨而是采用特殊材料在地面上铺设的感应标识而得名。虚拟轨道列车属于新型城市轨道交通工具，集合了公共汽车、有轨电车和轻动车组的部分特点，是汽车列车和火车列车的特殊融合物，将成为缓解城市路面交通压力、降低交通碳排放的新尝试（图 10.2）。

图 10.1　云轨

图 10.2　虚拟轨道列车

（三）公共交通与碳达峰

据《人民日报》刊文显示，全国不到70万辆的公交车每年完成客运量近700亿人次，一辆公交车日均运营能力相当于270乘次的小汽车出行。公交依然是城市交通的脊梁，全国每天运送的乘客依然达到2亿人次，大大超过巡游出租车和网约车每天的1.3亿单，更是轨道交通的三倍多；而且公交车的出行效率是私家车的25倍，城市内的交通拥堵问题不能通过减少公交车解决，而是应该大大增加公交车，让精准化的公交车来彻底解决城市拥堵问题。

我国在汽车新能源领域做得最好的也是公交车，很多城市的公交车新能源化率已经达到80%以上。通过提高公交车的分担率，加大公交车辆投入，鼓励市民乘坐公交车出行，是提高道路承载效率，解决城市交通碳排放问题以及交通拥堵的一条重要路径。

公共交通分担率是目前公认的最为直接和全面反映公交发展水平的指标，指的是城市轨道、公共汽（电）车的出行量（不包括出租车）占所有交通方式出行总量的比例。国外一些大城市的公交分担率都在50%以上，如首尔、巴黎（内环）、波哥大、东京等，纽约曼哈顿地区的公交分担率更是高达72%。我国大部分城市的公交分担率与国外公交发达城市相比，还有明显差距。

大力发展公共交通，制订主要的公共交通规划方案，从而提高居民使用公共交通出行占比。居民外出时，首先选择公共交通，可以有效地降低私家车的使用次数和出行里程，不仅可以减少对道路和公共设施资源的消耗而且可以减少大气污染物的排放量。

第二节　低碳住宅

一、低碳住宅简述

“低碳”概念来自生活，二氧化碳增多导致地球变暖，因而低碳住宅应运而生。之前老百姓只是看见汽车、工厂的排放量，而住宅的碳排放却被忽略了。但是实际上，城市里碳排放60%来源于建筑维持功能本身上，而交通汽车只占到30%。越来越多的国家开始建筑行业的低碳化，而人类住宅作为建筑中的一部分，承担着很大一部分减排任务要求。例如欧洲近年流行的“被动节能住宅”可以在几乎不利用人工能源的基础上，依然能够使室内能源供应达到人类正常生活需要。这在奥地利、德国等国家，已经成为现实。

目前中国上海、深圳、重庆等城市住宅能耗仍处于较低水平，欧美发达地区城市人均能耗约为其三倍，亚洲发达地区城市人均能耗约为其两倍。由于中国处于亚洲地区，气候、生活习惯与住宅形式较为相似，预计城市未来住宅能耗会趋近于日本东京、新加坡、中国香港等，大致有一倍左右增幅。对比亚洲发达地区，预计中国城市住宅的能耗结构中空调及暖气、热水能耗比例将增加。同时中国城市住宅能耗还将会有一倍左右增幅。毫无疑问，住宅作为生活领域中碳排放重要的一部分，是碳达峰行动重要环节。

事实上，当我们谈到气候变化或碳中和时，总会觉得这是世界层面、国家层面的问题。但是事实上，碳达峰行动与我们每个人休戚相关，个人碳排放量也是碳达峰体系里不可或缺的组成部分。碳达峰意味着一场新时代浪潮的来临，不管你愿不愿意承认、愿不愿意参与，它都将从方方面面影响社会发展和你的生活，与其被动接受碳达峰，不如主动拥抱它。实现个人碳达峰，首先需要转变观念，主动将碳达峰看作我们每个人的责任和义务，使节能减排成为个人自觉的习惯。我们每个人都可以在低碳环保、科研或就业选择等方面为碳达峰行动贡献自己的一份力量。表 10-1 展示了不同单位的日常居住过程中的相关物品碳足迹。

表 10-1 不同单位的日常用品碳足迹

日常用品	碳足迹（$kgCO_2$-eq）	日常用品	碳足迹（$kgCO_2$-eq）
1 度径流水电	0	$1m^2$ 石膏板	1.2
1 度大坝水电	4	1 度煤电	1.2
1 度核电	6	1kg 玉米	2.3
1kg 柴油	68	尿不湿（52 片装）	7.2
1 个巧克力派	68	8kg 装洗衣粉	10.5
1 度光伏电	70	1 双皮鞋	11
1kg 汽油	83	三星 S5 手机	13.2
250mL 听装可乐	92	洲际酒店一晚	26.7
250mL 听装雪碧	100	iPhone 4	55
500mL 矿泉水	103	笔记本电脑	67.1
100mL 功能饮料	123	座式电话机	82
1 对牙刷	127	$1m^3$ 混凝土	189
1kg 生物柴油	128	电脑主机	227
500mL 啤酒	166	智能马桶盖	301
$1m^3$ 水	248	微波炉	315
1 袋爆米花	292	显示器	492
1 度燃气电	451		
500mL 洗手液	454		
500mL 牛奶	517		
$1m^2$ 壁纸	591		
780mL 洗发水	713		

二、低碳住宅—低碳家电

（一）简述

国际能源署（IEA）数据显示，家用电器是居民能源消耗的第二大来源，占住宅总能耗的20%以上，这一比例在过去数十年一直保持增长。中国是全球最大的家用电器生产和消费国。家用电器保有量的迅速增长带来了巨大的能源消耗，也加重了对环境的污染。目前，国内已经有很多家电企业开始从设计生产、平台销售、回收处理、运输流通等多个环节着手，通过技术、管理创新推进绿色转型。低碳消费已渐成气候，成为家电市场里不可小觑的潮流，产品覆盖电视机、冰箱、空调、洗衣机、热水器、燃气灶和集成灶等多个家电品类，既促进消费产品的更新换代，又推动国人的消费升级，成为家电消费市场的新风尚和新增长点。

什么样的家电应该称为“低碳家电”，迄今国内还没有统一的检测和评定标准，但是低碳家电无疑是获得“绿色”认证的家电，以资源节约型、低噪声型、减少废物型、低毒安全性型为主，使用时不会给人体带来伤害、不会过度伤害环境，报废后也可以回收利用且不会对人和环境造成直接或间接的危害。

2021年的“双11”期间，包括海尔、美的、海信在内的30多个家电品牌参与了“绿色家电”会场，上线了空调、洗衣机、冰箱、热水器、燃气灶、平板电视、空气净化器、风扇、电饭煲、电脑等十几个品类、上百款符合国家一级能效的家电商品。鼓励公众选择绿色低碳的生活方式，也为公众提供更多绿色、低碳的家电产品可选。

从2021年1月1日起，我国已经开始正式启动首个履约周期，在此期间，将会从国家层面将温室气体控排责任压实到2 225家发电行业。尽管家电业并不在我国首个履约周期涉及的企业中，但是家用电器作为居民能源消耗的第二大能源，居民碳排放中有高达20%来自家用电器。这意味着家电业在未来数年内，将会率先纳入履约周期中。

目前评价家电是否低碳绿色的参考指标主要是能效等级，能效等级是表示家用电器产品能效高低的一种分级方法。能效标准与能效标识已被证明是在降低能耗方面成本效益最佳的途径，同时将带来巨大的环境效益，也为消费者提供了积极的回报。

等级 1 表示产品节电已达到国际先进水平，能耗最低；等级 2 表示产品比较节电；等级 3 表示产品能源效率为我国市场的平均水平；等级 4 表示产品能源效率低于市场平均水平；等级 5 是产品市场准入指标，低于该等级要求的产品不允许生产和销售（图 10.3）。

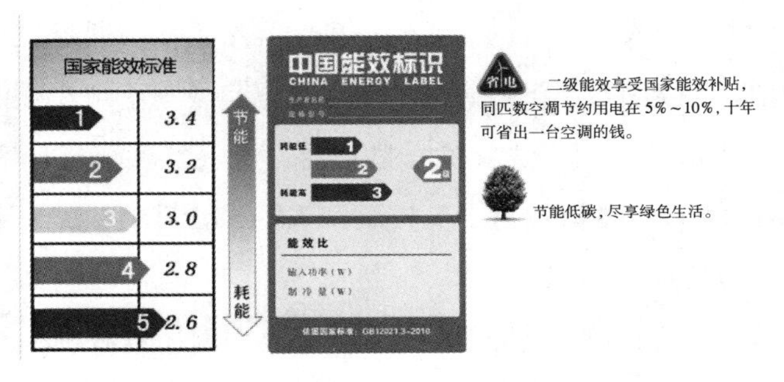

图 10.3　国家能效等级标准

研究结果表明，制定和有效地实施新的能效标准和能效标识，提高产品的能效水平和消费者节能意识，在 2020 年节电 277.5TW · h，约折合节能量 1.29 亿吨标准煤。二者共同的节电量相当于 2020 年中国城乡居民生活预计总用电量的 56%，也就是说，通过制定和推广能效标准、实施能效标识，中国未来 20 年城乡居民生活用电量的预期增长可以减少近 85%。到 2030 年，能效标准与能效标识的实施总共将减少 1.10 多亿吨的碳排放量；氮氧化物的减排量将达 170 多万吨；硫氧化物的减排量将达 1 833 万吨；大气颗粒物减排量将达 1 035 万吨。这些大气污染物排放量的显著减少能够大大缓解温室效应、光化学烟雾、酸雨等环境问题，对改善环境质量、提高人民生活质量作用匪浅。

（二）家电使用与碳达峰

空调使用时，要合理空调温度；国家提倡夏季温度设定在 26℃～28℃，冬季设定在 16℃～18℃。不论制冷模式调高 1℃，还是制热模式室温调低 2℃，均可省电 10%以上。同时，降低室内外温差，也可以减少患感冒的概率。如果每台空调在国家提倡的 26℃基础上调高 1℃，每年可节电 22 度，相应减排二氧化碳 21 kg。如果对全国 1.5 亿台空调都采取这一措施，那么每年可节电约 33 亿度，减排二氧化碳 317 万吨。对空调滤清器定期清扫，去除滤网上的各类污垢、细菌和病菌，不但可去除空调异味，保持室内空气卫生干净；还可提高空调制冷及使用效率，节省更多电费（若每台空调及时清洗，将可节约家庭用电的 10%～30%）。每台空调过滤网清理前后大约可节约 0.3 度电，减排 0.4 kg 二氧化碳。同样如果全国每家每户均能做到及时清洗空调，那么每年可节电约 45 亿度电，预计减排二氧化碳 350 万吨。

使用节能灯，一只 11W 节能灯的照明效果，顶得上 60W 的普通灯泡，而且每分钟都比普通灯泡节电 80%。如果全国使用 12 亿只节能灯，节约的电量相当于三峡水电站的年发电量。

养成在家随手关灯的好习惯，每户每年可节电约 4.9 度，相应减排二氧化碳 4.7 kg。如果全国 3.9 亿户家庭都能做到，那么每年可节电约 19.6 亿度，减排二氧化碳 188 万吨。

（三）智能家电与碳达峰

智能家电就是将微处理器、传感器技术、网络通信技术引入家电设备后形成的家电产品，具有自动感知住宅空间状态和家电自身状态、家电服务状态，能够自动控制及接收住宅用户在住宅内或远程的控制指令；同时，智能家电作为智能家居的组成部分，能够与住宅内其他家电和家居、设施互联组成系统，实现智能家居功能。

提起智能家电，许多人首先想到的应该是便利、智能、安全。但除了这些特点之外，它还具备一个远大于传统家居产品的优势——节能减排。

中国工程院研究报告指出："建筑减排，电气化是关键。未来供暖、制冷、照明、烹饪、家电都要转向电气化，将催生更多节能减排的智能家居，甚至可以电力自发自用。”

智能家电的出现，将让建筑节能成为现实，目前的智能家居，大多使用灯光控制系统和温控系统进行温度和亮度的控制，实现对温度和亮度进行智能化调节，在需要时自动开启，停止工作之后自动关闭，可大大减少不必要的能源消耗。

不同于用户自发的环保意识，智能家电本身就被设定了这样的程序，通过对接气候网站的实时数据，可在室外空气状况良好的情况下，自动打开窗户进行室内自然通风。在夏天气候炎热的条件下，门窗和窗帘会自动关上，避免屋内过热，对新风系统的制冷增加额外的能源消耗。

家庭当中最大的能源消耗来源于几个方面：制冷、制热、设备待机、照明。传统的家庭灯具往往都是满负荷运转，只要开灯，就会按照电压所对应的功率运转。通过智能传感器实时监测室内的亮度，智能照明设备即可配合自然光照调整灯具的功率，起到节能的效果。有研究指明与传统的照明控制方式相比较，智能家居可以节约电能 20%～30%。

智能设备在监测到业主离家时，会向智能网关报告数据，网关将自动关闭电灯和一切无须待机的设备，当业主再度回家时，又可自动重启设备通电，既方便了业主使用，又节能省电。随着建筑减排方案的提出，智能家电逐步电气化，将成为一个大趋势，而基于自发电的创新智能设备，也将为碳达峰与碳中和做出巨大的贡献。

尽管目前智能家居系统的销售量并不高，但不可否认，其未来将成为公众参与碳达峰行动中的重要环节。

三、低碳住宅设计案例

根据中国人民大学的分析，未来的城市碳排放占总碳排放量的 80%以上，城市是实现绿色低碳发展的核心场所。社区作为城市的“细胞单元”，是人们工作、生活、居住的主要场所，是践行低碳理念的重要空间载体。低碳住宅建设是推动绿色城市更新的重要支撑，也是探索新型低碳城镇化的必由之路。

（一）国外低碳住宅

1. 英国・贝丁顿社区

伦敦贝丁顿零碳社区位于伦敦西南的萨顿镇，占地 1.65 公顷，包括 82 套公寓和 2 500 m^2 的办公和商住面积。社区内通过巧妙设计并使用可循环利用的建筑材料、太阳能装置、雨水收集设施等措施，成为英国第一个，也是世界上第一个零二氧化碳排放社区（图 10.4）。

首先在选址上，贝丁顿选址于一片废弃土地上，在建设之初，选用可持续的建筑材料，保证为“自然的、回收利用的、在生态村半径 35 英里内可以找到”的材料：房子的钢架结构来自废弃的火车站，木头和玻璃从附近的工地回收，沙土、砖等其他材料均在最近距离的地方购买。选用木质窗框而不是未增塑聚氯乙烯。

其次是能源来源方面，这是贝丁顿社区设计的重点，贝丁顿需要的所有能量都来自再生能源而不是矿物燃料。其热电联产设施、太阳能和风能装置为社区提供更清洁高效的能源，热电联产设施不使用英国高压输电线网的电力，而是用社区内树木修剪下来的枝叶，并能在发电的同时供热。热能方面，以因地制宜、融于自然的低碳理念，将降低建筑能耗和充分利用太阳能和生物能结合，形成一种“零采暖”的住宅模式。所有住宅坐北朝南，可最大限度铺设太阳能光伏板，使其充分吸收日光，在相对面积内最大限度地储存热量和产生电能。

最后是资源循环方面，雨水经过自动净化过滤器的过滤，进入储水池，居民用潜水泵把雨水从储水池抽出来，可直接清洗卫生间、灌溉树木以及打造花园水景。而冲洗过马桶的水，则经过

图 10.4　英国・贝丁顿社区

“生活机器”，即生活污水处理设施，利用芦苇湿地对生活污水进行过滤后再利用。通过收集雨水冲洗厕所、生活污水就地净化、中水循环利用、使用节水电器和马桶，提高了水资源的利用效率。

2. 丹麦・太阳风社区

丹麦的太阳风社区是由居民自发组织起来建设的公共住宅社区，该社区最大的特点就是公共住宅的设计和可再生能源的利用（图 10.5）。社区的名称“太阳风”就映衬了社区以太阳、风作为主要能源形式的特点，强调尽量使用可再生能源和新能源，降低能耗和节约能源，采用主动式太阳能体系。社区内约有 600m² 的太阳板，这些太阳板主要设置在公共用屋和住宅上。

图 10.5　丹麦・太阳风社区

太阳能满足了该社区 30%的能量需求。居民还在离社区 2km 左右的山坡上设置了 22m 高的风塔以获取风能，风能占该社区能量总消耗的 10%左右。在公共用屋的地下室还设置了一个固体废弃物（主要是木料）焚化炉，在室外温度低于零下 5℃时集中为居民供热。

社区内建设菜园加强了区内的物质循环，增加自然景观的生产性，减少对外界资源的依赖，减少运输能耗。这种模式在能源使用过程中还强调节能降耗，最大限度减少温室气体的排放和保持社区的优美环境。

3. 瑞典・哈马碧社区

哈马碧社区位于瑞典首都斯德哥尔摩城区东南部，在这里，城市功能、交通、建筑和绿地、水循环、能源和垃圾处理被纳入一个有机的系统里。

首先是能源利用方面，生物能及其转化的电力是这座社区能源的主要来源。社区附近的热电厂的部分原料就是利用小区居民排放的有机废物，其中社区 50%的动力来源于处理废水和垃圾的转换，同时社区还利用太阳能和风能，高效的清洁能源系统确保了哈马碧的低碳排放量。

哈马碧社区的循环系统也是可圈可点，社区之下建立了一套废水收集管道，每隔几个单元就会设置水净化中央系统，在处理废水的过程中，部分能量转化为电能，为家用小功率电器提供动力，而经过净化处理的干净的水则为人们提供新的生活用水。垃圾处理也是同样的设计，不同的是，垃圾能产生更多的可燃性生物气体，可以用来发电。因为有这样的处理系统，哈马碧的垃圾回收率在 70%以上，其中家用垃圾的转化率更是高达 95%。在冬季漫长的斯德哥尔摩，供暖所产生的能源消耗必不可少。除了从废水和垃圾的处理中获得电力来供暖外，哈马碧社区还直接利用水来供暖。水（包括废水）在城市间流转时，能够冷却或提高温度，这直接被城市的恒温系统控制利用起来。

另外，哈马碧社区的交通基础设施也很发达。在哈马碧，蓝色的有轨列车在社区间穿梭，这些列车的动力也来源于垃圾处理或废水处理所产生的电力。据当地交通部门统计，在哈马碧，居民选择公共交通的比例是 79%，而私人汽车的占有率不足 40%。

4. 德国 · 沃邦小区

沃邦社区是全欧洲“被动式能源建筑”密度最高的地区。弗赖堡市政府在沃邦社区初期规划时就制定了相关的低碳建筑能源标准，目前已经有接近 150 栋达到“极低耗能”标准的要求。沃邦社区有超过 65%的住户用电来自区域供电系统，并大量推广太阳能及社区能源循环系统，太阳光电板铺设面积已达 11 000 m^2，同时运作时可生产电力 7 300 kw。这让沃邦社区更加节省电力，并且减少了二氧化碳的排放量。同时使用混合能源提供动力，使用 80%木屑及 20%天然气的高效热电联产再生能源装置提供沃邦区的供暖系统，通过好的隔热及有效的暖气供应大约可减少 60%的二氧化碳排放；在沃邦太阳能住宅区的民宅建筑中，通过使用光伏技术，这些建筑所产出的能量甚至比起消耗的能量还要多。光伏发电系统与城市电网连接并网运行，居民在自发自用之外，还能并网赚钱。

社区内限制私人汽车的使用，大部分住户放弃购买私人汽车，私家车统一存放在区内的两个公用车库。建设连接市中心的有轨电车，改造自行车道，使更多的居民放弃使用汽车而改乘公交车或使用自行车。沃邦区实行私车减量的规划理念，如今已见成效，2021 年这里每千人仅拥有 174 辆小汽车。

另外，采取各种物质刺激手段控制垃圾量，包括对使用环保“尿不湿”提供补贴，对集体合用垃圾回收桶的住户降低他们的垃圾处理费用，对居民自做垃圾堆肥进行补助，等等。建立了具有很高环保标准的垃圾处理站，垃圾焚烧过程产生的余热，可保证 25 000 户人家的供暖。此外，城市 1%的用电，也来自利用垃圾发酵产生的能量。

（二）国内低碳住宅

1. 扬州南河下低碳住宅

扬州 5.09 km² 的老城范围内有 30 多处闲置的工厂和学校，大多数建于 20 世纪六七十年代，质量不高，另外在建筑风格上也与老城区传统风貌不相协调。在保护、延续古城格局风貌和文脉的前提下，扬州政府将地方传统建筑风格与低碳措施有机融合，采用经济适用的低碳技术对传统建筑风格的居民住宅进行更新（图 10.6）。

首先，是雨水收集和节水系统，该系统可以将建筑的房屋雨水进行收集。在近地面处，社区设置有雨水收集器，内部伴有净化装置。除了上述措施，社区内选用下凹式绿地，这种绿地的固碳能力比普通的高 20%，同时所需浇灌水量也显著小于普通绿地。

图 10.6　扬州南河下低碳住宅

其次，是地源热泵空调系统，该系统利用地下岩石、土壤、地下水作为低温热源，把传统空调器的冷凝管或蒸发器直接埋入地下，使其与大地进行热交换，或是用水进行热交换，用来制冷或制热。该系统比空气源热泵节省能源40%以上，比电采热节省能源70%。

再次，是太阳能集热系统，该社区建筑物楼顶均装有太阳能板，保障入住者用上热水，洗上热水澡。部分居民的楼顶装有大面积的光伏电池板，这些光伏电池板形成光伏发电系统，提供的电能足够室内外照明使用。

最后，是室内照明系统，该系统可以将阳光采集传导到需要光线的地方。通过导光管，可以将太阳光聚集到采光区，捕捉到的阳光被送至输出区，输出区设置有日光调节器和精准的光学漫射设施，可以将阳光传到需要光线的地下室等处。

2. 深圳市新桥世居低碳社区

新桥世居位于深圳国际低碳城高桥村北侧的客家围村，属清代时期建筑，距今已有两百多年历史，曾被评为“深圳十大客家古村落”之一。新桥世居是低碳城整体规划实施的一部分，打造的近零碳与可持续发展示范社区成为国际低碳城核心区的亮点工程。

（1）可再生能源利用与节能方面。整个社区项目里的能源使用均采用可再生能源，社区的多个场景应用分布式光伏发电技术，真正做到了光伏建筑一体化。另外，还有光伏交直流电网、光伏车棚、光伏储能、光伏智慧公共设施等。

（2）绿色建筑方面。利用可再生能源，更换高效设备（步进式节能型开水器、高效油烟净化系统），优化能源系统运行，实时监控电气设备的运行状态和采集能耗数据环境数据进行分析（物联网监控系统、能源计量系统、环境监测系统），以最少的能源消耗提供舒适室内环境，其建筑能耗水平应较相关国家标准和行业标准低60%～75%。

（3）废物资源化方面。生活垃圾和厨余垃圾均采用集中回收外运由政府集中处理。为减少厨余垃圾外运、贮存过程的二次污染，实现无害化处理厨余垃圾，降低碳排放，对该垃圾处理站进行改造，对厨余垃圾采用“就地”处理。

所利用技术有自动上料称重远传、冲洗降脂固液分离、油水分离污水处理、生活垃圾自动分拣、物理杀菌无臭排放、余热回收节能脱水、物联网智能控制、售后回收加工利用等。

（4）碳汇方面。在保留及利用原有植被的基础上，优先选用本土植物进行植物碳汇，兼顾固碳能力的同时又控制了养护成本；选用拆后混凝土块、枕木等再生材料进行改造，减少资源浪费；在建筑材料方面，选择蚝壳墙、夯土墙、低碳水泥等零碳材料，降低施工碳排放。

（5）社区运营方面。开发碳账户及云碳智慧中心作为零碳社区运营的智慧工具。以低碳社区建设管理工作的数字化、网格化、空间可视化为基础手段，综合运用云计算、物联网、GIS 等技术，实现辖区内温室气体排放空间可视化和以居民为单位的碳足迹排放清单编制工作的信息化；制定居民低碳生活公约，引导居民共同参与社区低碳治理。

3. 中山市小榄镇北区社区

中山市小榄镇北区社区是广东省低碳示范社区，自 2015 年 4 月启动建设以来，编制了温室气体排放清单，广泛开展低碳行动与公众参与活动。社区从低碳驿站、再生能源应用、低碳生活创新以及培育社区低碳文化等方面做出了示范。

（1）低碳驿站示范。搭建低碳家居产品推广及应用、旧物分类与交换、低碳有机农作物种植与分享及居民低碳素养培育平台，把低碳行为融入居民的日常活动中。

（2）再生能源及清洁能源应用示范。太阳能屋顶光伏示范，开发“光伏互联网+绿色金融模式”，搭建市场监管平台，以绿色金融模式促进家庭光伏屋顶规模。鼓励新能源汽车的使用，以光伏所发电支持小区电动汽车充电，每个申请的居民发放充电卡，享受免费充电。另外设有碳足迹信息屏显示屏，定期发布低碳小知识以及低碳活动。引导居民进行有机种植绿色屋顶，鼓励居民家庭在屋顶种植绿色蔬菜等具有固碳能力的绿色植物。结合种植课程进行宣传，引导居民在家中开展旧物/可回收垃圾分类示范，在种植区配置餐厨堆肥桶，社区开设环保酵素课程，居民学习使用果皮、菜叶等餐厨制造环保酵素，使土地得到有机改善。

4. 武汉市百步亭社区

百步亭社区是全国文明社区示范区、全国和谐社区建设示范社区，被评为全国文化先进社区，曾荣获“中国人居环境范例奖”（表 10−2）。

表 10−2　武汉市百步亭社区

社区规划	节能举措	绿色交通
按照国家节能优先的方针，将建设低碳社区纳入整体建设战略目 标，确立了物美价廉绿色住宅、完善功能保障、降低能源消耗、长 效社区管理机制四项内容	地源热泵式中央空调系统，人工湿地循环过滤与水生植物修复生态污水处理技术，楼道、电梯、地下车库照明全部采用 LED 灯，景观采用太阳能草坪灯，太阳能灭蚊器，居民家庭玻璃使用隔热太阳膜等	建立多层次公共交通系统，公交优先，限制小汽车使用，并推广 节能生态汽车慢行交通系统，建立了安全、完整的自行车道和人 行道

第三节　低碳服装

一、低碳服装简述

现如今，低碳消费观念已经逐渐被广大消费者所接受，而在穿着上，我们同样要提倡低碳服装。

狭义的低碳服装指的是以棉麻丝天然纤维为材料制成的服装；而广义的低碳服装则是一个宽泛的服装环保概念，泛指可以让我们每个人在消耗全部服装过程中产生的碳排放总量更低的方法，其中包括选用总碳排放量低的服装、选用可循环利用材料制成的服装，以及增加服装利用率减小服装消耗总量的方法等。

低碳服装可以让人们在穿着服装的过程中产生更低的碳排放总量，低碳服装不仅有利于居民低碳生活，而且还利于培养居民低碳消费意识。常见的环保面料包括有机棉、彩色棉、竹纤维、大豆蛋白纤维、麻纤维、莫代尔、有机羊毛、原木天丝等。随着低碳经济的发展，这些面料越来越频繁地出现在市场和人们的面前，互联网经济使得购买这些面料变得非常容易。另外，低碳服装不仅从款式和花色设计上体现环保意识，而且从面料到纽扣、拉链等附件也都采用无污染的天然原料；从原料生产到加工也完全从保护生态环境的角度出发，避免使用化学印染原料和树脂等破坏环境的物质。“环保风”和现代人返璞归真的内心需求相结合，使低碳服装正逐渐成为时装领域的新潮流。

二、衣物碳足迹追踪

（一）简述

“碳足迹”的概念源自“生态足迹”，主要以二氧化碳排放当量（CO_2 equivalent，简写成 CO_2-eq）表示人类的生产和消费活动过程中排放的温室气体总排放量。相较于单一的二氧化碳排放，碳足迹是以生命周期评价方法评估研究对象在其生命周期中直接或间接产生的温室气体排放。对于同一对象而言，碳足迹的核算难度和范围要大于碳排放，其核算结果包含着碳排放的信息。而衣物的碳足迹则是包含从设计、裁剪、缝纫、尺寸定型及包装到消费回收整个过程中各阶段的碳排放信息。联合国数据显示，纺织服装行业的总碳排放量超过所有国际航班和海运的排放量总和。目前全球每年与纺织品生产相关的温室气体排放总量约 12 亿吨，占据全球碳排放量的 4%，是仅次于石油产业的第二大污染产业。而预计到 2030 年，全球服装和鞋类的数量增加 80%，届时相关的温室气体排放量每年或达 27 亿吨。

根据世界自然基金会发布的数据，一件 250g 的纯棉 T 恤，碳足迹约 7kg。其中棉花种植过程中排放的二氧化碳约为 1kg；从棉花到成衣的制作环节会排放 1.5kg；从棉田到工厂再到零售终端的运输过程排放的总量约为 0.5kg；T 恤被买回家后经过多次洗涤、烘干、熨烫（以 25 次计）将会排放 4kg 左右的二氧化碳，一件 250g 纯棉 T 恤总计碳排放量约 7kg，这个重量几乎相当于其自身重量的 28 倍。

（二）衣物碳标签

碳标签是为了缓解气候变化，减少温室气体排放，推广低碳排放技术，把商品在生产过程中所排放的温室气体排放量在产品标签上用量化的指数标示出来，以标签的形式告知消费者产品的碳信息。

目前国内已有支持查看衣物碳标签的平台，例如南京片区的碳擎——企业数字化碳管理平台。以纺织品从纱线到成衣的产品全生命周期为核算边界，系统收集纺织品原料成分、能源消耗量、生产过程废弃物处理方式、原料及成品的运输方式和距离等碳足迹相关数据。在此基础上，平台将收集到的数据汇总至国家权威的温室气体核算标准库，自动核算出纺织品全生命周期的碳排放量。

考虑到出口纺织品所涉及的供应链、生产、运输、运营 4 个主要环节都需要消耗大量的能源，平台还与当地政府合作指导督促相关纺织服装企业在产品生产的全生命周期内，通过低碳能源面料供应商选择、减少使用降解性差的生产材料、“绿电”用于生产及运输等一系列具体举措，实现节能减排。通过“碳中和”综合评估认证的纺织品，可按照一物一码的方式，在每件商品的标签上标注“碳中和”中文标识，并加贴独立二维码，终端用户通过扫码可查看产品全生命周期各个环节中的碳排放数据以及实现产品碳中和的途径，服装尺码、颜色不同，对应的“碳”数据也会有所不同的。同时，所有的二维码相关数据均通过区块链技术进行存证，保证数据公开透明、永久有效且不可篡改，并可随时查看溯源。

碳标签在鼓励公民参与碳达峰行动，实现低碳消费和量化减排目标两个方面，发挥至关重要的作用。

三、服装与碳达峰

麻省理工学院发表的一份报告称，大多数快时尚零售商将其生产外包给资源和劳动力便宜的发展中国家，而且他们仍然依赖煤电来获取电力，这意味着每年大规模生产的 1 500 亿件服装需要大量的煤炭发电量。

根据美国环境保护署（EPA）的统计，84%不需要的衣服会进入垃圾填埋场或焚化炉。无论是天然纤维、棉、亚麻还是丝绸，甚至是植物纤维（人造丝、天丝、莫代尔）等半合成的纤维，当他们被当作垃圾填埋时，自我降解过程中会产生温室气体甲烷。若被放于焚烧炉，会产生二噁英等有毒气体。聚酯类衣物制造产生的二氧化碳量是等量棉纤维的两倍多。另外在漂白、染色、印刷、洗涤等过程中，化学品都可能从纺织品中浸出，被当成生活垃圾进入填埋场，浸入地下水中，最终沿着食物链上升到人类。

居民低碳服装行动将直接减少纺织业的碳排放，不仅如此，在减少水污染、降低土地污染等方面也有重要意义。

四、低碳服装行动

国务院印发的《2030 年前碳达峰行动方案》，指出纺织行业是国民经济与社会发展的支柱产业、解决民生与美化生活的基础产业、国际合作与融合发展的优势产业，实现低碳发展势在必行又任重道远。

（1）减少服装购买。减少碳排放的第一步就是少买衣服。在保证生活需求的前提下，如果每人每年少买一件不必要的衣服，就可节能约 2.5kg 标准煤，相应减排二氧化碳 6.4kg。如果全国每年有 1 亿人能做到这一点，就可以节能约 25 万吨标准煤，减排二氧化碳 64 万吨。

（2）选购服装时，最好选择白色、浅色、无印花、小图案的衣服，选用这类颜色较浅、图案较简单的衣物，原因有两种，一是可以减少因衣物防治而造成的水污染，另外则是可以减少二氧化碳的排放。如果制衣业的原料大量使用化纤织物，碳排放量就会很高，如果使用丝绸、棉布、麻布为主要面料，碳排放量就会降下来。服装在生产过程中难免使用各种化学制剂，如果其应该用天然、环保制剂，就会减少碳排放量。这类衣服较少使用各种化学添加剂进行处理，不仅更环保，对人体也更健康。同时，选购衣服时要避免抗皱、免烫、防水、防污等附加功能，通常这些都是用化学药剂实现的。

（3）选择环保面料。购买环保款式，选择百搭又经典的款式、浅色无印花的服装，避免抗皱、防水、防污的服装。如李宁和帝人合作的 ECOCIRCLE 面料制作的服装，3 000 件服装通过 ECOCIRCLE 系统回收利用过程中降低的二氧化碳排放量，相当于 228 棵杉木一年吸收的二氧化碳总量。大麻纤维、竹纤维、亚麻的材质比棉都要环保。

（4）旧衣翻新。大量调查结果表明，随着生活水平的提高，我们的旧衣服正在迅速增加，而背后的浪费与碳排放也在迅速增加。在废旧衣物处理的方式中，最好的一种就是旧衣翻新，这既可以避免衣物被闲置或者被作为垃圾焚烧，又可以增加衣物利用率，减少新衣添置，从而减少碳排放。此外，旧衣通过一定的处理，比如剪裁、缝纫等，变成生活中所需的其他物品，包括抹布、墩布、口袋等，或通过捐赠，可以避免旧衣物被当作垃圾扔掉，对环境造成污染，另外可以将衣服捐助或转赠给其他有需要的人。

第四节　低碳食品

一、低碳食品简述

越来越多的报告证实饮食和碳排放的关系密不可分。总部位于挪威奥斯陆的非营利性组织 EAT 最近发布的一份报告称，不健康的饮食模式不仅增加了人类的疾病负担，与此相关的生产活动也正在挑战地球的承载极限，比如造成气候变化、环境污染、生物多样性丧失等问题。

该报告首次以二十国集团（G20）为研究对象，认为G20中的部分成员国民众红肉、乳制品消耗激增的饮食模式，非常不利于地球的可持续发展。联合国经社理事会此前预计，2050年世界人口将达到97亿。报告称，当前国际社会面临的最大挑战是，到2050年如何在确保环境可持续发展的前提下，担负起为近100亿人提供健康饮食。

该报告称，要满足当前全球77亿人生存所需的食品，就会在生产、消费过程中产生约125亿吨的二氧化碳排放，约占每年温室气体排放总量的24%。其中有56亿吨主要来自畜牧的生产和腐烂食品的废弃处理，69亿吨主要来自稻米生产、农耕、肥料使用、土地转换和森林砍伐等行为。

二、食品行业碳足迹

（一）简述

联合国粮食及农业组织（FAO）明确给出了食品碳足迹的定义——粮食产品在食品价值链中从生产阶段提供投入物到终端市场消费为止，包括食物的生长、收获、加工、包装、运输、销售、食用和处置的过程，也涉及传统以及可持续食品系统的所有行业，直接或间接产生的温室气体总排放量净值，以二氧化碳当量吨表示。

食品是人类生存和发展的最基本物质。食品碳标签是指将食品生命周期内，包括食品原料生产、食品加工、包装、运输、销售、食用、废物处置等阶段的温室气体排放量在产品包装上用图示和量化的数字来表示。

在国际市场，食品碳标签已成为新的门槛。中国大量食品生产企业必须进行碳足迹认验证，承担减排责任，否则将拿不到跨国公司的订单。通过开展食品碳标签研究，建立中国特色的食品碳标签评价体系，实现国际食品碳标签认证与互认，可有效应对国际食品贸易壁垒。

利用食品碳标签评估方法和技术，能够有效改善食品生产过程中的资源浪费和物质损失问题，同时改变发展模式、推动产业结构调整和产业升级，实现食品产业与社会、环境的协调发展。还可以帮助公众培养低碳意识，帮助降低产品或服务的碳排放，从而达到减少温室气体的排放、缓解气候变化的目的。

（二）食品的碳足迹

根据联合国粮农组织的计算，生产1kg的牛肉，需要10kg的谷物；生产1kg的猪肉，需要4～5.5kg的谷物；生产1kg鸡、鸭肉，需要2.1～3kg谷物。同时，生产1kg牛肉相当于排放36.4kg二氧化碳，生产过程中使用的化学肥料相当于释放340g的二氧化硫和59g的磷酸盐，耗费1.69亿焦耳（相当于470度电）的能量，足以点亮1个100W的灯泡20天。食物作为离我们人类生活最近的必需品，我们公众要积极成为碳中和行动的积极参与者，主动科学地调整膳食结构，改变消费习惯，减少食物浪费，降低碳排放。

三、居民低碳食品行动

消费者应主动践行低碳生活方式，减少浪费，关注食物碳足迹，个人的消费需求和选择偏好对产品市场具有很重要的作用，消费者通过碳标签能直观地对比产品的气候变暖贡献度，从而在营养健康的基础上选择低碳或零碳产品，提高产品在市场中的竞争力。

1. 避免一次性塑料包装

众所周知，使用一次性塑料用品会对环境产生负面影响，不仅仅是由于塑料袋本身对环境产生了污染，生产制造一次性塑料袋过程中消耗的能源和化石原料也会带来碳排放。虽然食品包装非常重要，然而过度包装会造成浪费。在不影响保护产品功能的同时，减少过度包装对环境的影响。居民在选用食品包装或自己包装时需要根据可持续发展的原则，要求任何包装都必须依照可再利用、可再循环和可回收的原则，其次倡导避免过度包装。鼓励自带购物袋、打包盒，并减少保鲜膜的使用。

2. 避免食物浪费

在购买食材的时候往往会遇到一些形状不规则、品相不好的蔬菜瓜果。这些食材食用风味没有任何问题，但却被大量地丢弃和浪费。食品废弃物会在整个食品体系链上造成碳排放。爱丁堡大学的一项研究表明，在英国每年有超过5 000万吨的品相不佳的蔬菜瓜果被丢弃，其产生的碳排放相当于40万辆小轿车产生的碳排放。同时，在外就餐的时候，避免铺张浪费，打包剩菜剩饭也能有效地减少食品碳足迹。

从前端食物浪费，到后端的厨余垃圾处理，都会产生资源消耗、环境污染和温室气体排放。食物浪费不仅关乎粮食安全和资源浪费，也为应对气候变化带来巨大压力。世界范围内，每年有三分之一的食物被浪费，全球温室气体排放量的8%～10%与之相关，如何减少食物浪费并妥善处理厨余垃圾是全世界共同面对的挑战。

3. 选择少工序食品

食品加工是食品体系链的主要环节。低碳食品加工技术的重点是水资源和能源的优化管理利用和技术革新。食品加工是一个高水耗过程，企业要采取措施有效地减少用水量，污水的产生和废水的污染程度。能源在食品加工中同样占据着重要的地位，食品工业总能耗的近50%是用于将原材料加工成食品的过程。居民可以通过选择加工工序少的食品食用，而不是选择复杂烦琐工艺的食品。

第十一章　碳达峰与碳中和的行动方案

在我国明确“2030碳达峰，2060碳中和”目标之后，各级政府企业单位快速制订碳达峰与碳中和行动方案，本章就政府和企业行动方案应采取的措施、流程和举措等内容进行详细阐述。

第一节　碳达峰与碳中和的政府行动方案

政府是实施碳治理、实现“碳达峰、碳中和”目标（以下简称“双碳”目标）的统筹协调者。作为公共资源的调配者和生态正义的代言人，政府在碳治理过程中始终居于领导组织、监督协调的核心主导者地位。具体而言，中央政府作为“双碳”目标实现体系中最重要的决策和制度设计主体，站在生态文明建设的高度进行谋划和布局，确立清晰的总体目标、详细的专项规划和实施方案，在顶层设计层面及时启动、推进必要的碳治理制度创新，从宏观政策、发展规划、财税体系、技术创新等方面引导各方主体的行为。地方政府则应在中央政府“双碳”宏观政策的指导和引领下，综合考虑当地的经济社会发展水平、发展定位、产业结构和布局、能源资源禀赋等碳排放驱动因素，并实时关注其变化趋势，在稳增长、调结构的前提下，因地制宜、实事求是地制订本地区碳排放达峰的具体行动方案，科学审慎地选择本地区“双碳”目标的落实措施和低碳发展路径。因此，本节内容结合国家低碳发展需求，从不同方面阐述地方政府针对碳达峰与碳中和应采取的行动方案。

一、宏观政策方面

（一）树立低碳发展理念

“双碳”目标的实现将引发经济社会诸多领域的重大变革。在这场意义深远的变革中，政府作为推进“双碳”目标实现的“掌舵领航”者，关键是要积极主动适应碳达峰与碳中和对经济社会发展的全方位、立体式影响，落实国家发展需求，树立低碳发展理念。具体可从以下几个方面进行：

第一，地方政府需要将“绿色、低碳、循环”发展理念真正纳入经济社会发展决策和生态文明建设的全过程，落实在发展规划、宏观调控、企业引导、市场监管等各个领域。将节能减排和降碳作为重要的约束条件和驱动力，重新审视本地区现有产业体系和能源结构。提早谋划、超前布局，以务实、科学的态度直面碳减排任务，主动摒弃高能耗、高排放的高碳发展模式，科学构建绿色低碳发展经济体系。

第二，实现“双碳”目标不仅是单纯的生态环境问题，更是关系经济社会发展的全局性问题，故地方政府应树立协同治理理念，大力推动企业、社区与公众等多方主体积极参与协作,将低碳发展理念真正贯彻到本地区各类制度建设、政策设计和战略规划中，有效减少因各自为战、单打独斗带来的高成本、低效率、多风险等问题，从而最大限度实现碳治理的协同发展。

第三，地方政府立足眼前，满足现阶段经济社会发展对能源安全、产业链和供应链安全的现实需求，争取以最低成本控制碳排放，从而配合达到能源消费的二氧化碳排放峰值。与此同时，立足长远目标，从减少碳排放源和增加碳汇两个方面双向发力，及早开启指向“碳中和”愿景的方案论证，推动加快形成节约资源、保护环境的空间格局、产业结构、生产方式和生活方式，使经济社会发展建立在有效控制温室气体排放的基础之上。

（二）构建政策制度体系

聚焦“双碳”目标，政府相关职能部门必须精准识别碳达峰与碳中和面临的现实挑战，统筹考虑并兼顾控制碳排放总量与经济社会发展共赢的现实诉求，加快构建体现绿色低碳发展理念的企业碳排放信息披露机制、部门协调机制、监督考核机制和资金保障机制，以夯实碳治理的制度基础，保障“双碳”目标的有序实现。

（1）推动建立企业碳排放信息披露机制。地方政府相关职能部门应根据本地区生态环境状况及行业属性，构建适合自己地区不同行业、不同性质企业的碳排放信息披露机制，并通过加强此机制中的过程控制与跟踪管理，进一步提升企业碳排放信息披露的可靠性。同时，将其与企业融资、补贴等政策享受资格相衔接，更好发挥其引导激励与约束惩罚作用，以此强化企业的碳排放信息披露意识和主动性，推动碳排放信息的有效公开和流通。还可以通过此机制中相关投诉受理反馈平台的搭建，充分发挥来自公众和媒体的“碳达峰”社会监督功能。

例如：河南省针对能源结构调整，加强电力市场监管，完善信息披露制度，推进交易机构独立规范化运行。

2021 年 10 月 19 日，上海市人民政府网站发布《上海加快打造国际绿色金融枢纽服务碳达峰碳中和目标的实施意见》，自 2021 年 11 月 1 日施行。该文件提出支持符合绿色发展理念的企业在境内外资本市场上市或挂牌融资，支持科技含量高的绿色产业企业在科创板上市融资，支持企业利用资本市场开展再融资和并购重组。鼓励上市公司加强绿色信息披露，支持上海证券交易所研究推进上市公司碳排放信息披露。

（2）建立健全不同层面的碳治理跨部门协调联动机制。通过信息资源的互联互通，推动能源、资源、环境、工信、建筑、交通、农林、海洋等地方政府相关职能部门的紧密联系与高效合作，从而最大限度发挥政策合力与监管合力，以更大力度实现节能减碳与气候治理、经济发展的协同增效。

（3）进一步完善碳排放的核算、统计、监测与考核监督等约束机制。具体而言：地方政府要以碳数据管理为基础，建立健全碳排放基础数据的计量、核算、监测与评估机制。依托大数据、云计算等技术手段，建设集碳排放在线监测核查、减碳指标预测预警、重点碳排放源监控管理等功能于一体的碳排放管控云平台，以实时跟踪“碳排放总量”“碳排放强度”“能源消耗总量”等核心指标，同步反映碳排放状况，强化对碳排放重点领域、行业和企业的能耗与碳排放统计监测监管；将“双碳”目标的阶段性任务和年度任务完成情况纳入地方政府绩效考核指标体系，并将其与文明机关、公共机构节能示范单位的创建等结合起来，以督促地方政府相关部门基于自身职责权能，从低碳政策制定、执行、监管等方面强化履职，强力推动节能降碳工作。

例如：2021 年 8 月 24 日，江苏首个地市级能源大数据（碳监测）中心在连云港正式启用，并同时上线运行全省首个碳排放管理系统——“碳测”平台，实现对连云港市 1 009 家规模以上企业碳排放的科学评估和碳足迹的追踪，提供面向政府的全域碳排放监测和分析，以及面向企业的碳排放动态精准评估，有效助推地区产业绿色低碳发展。

（4）建立碳治理的资金保障机制。地方政府应瞄准“碳达峰、碳中和”目标，遵循“政府引导、市场运作、社会参与”的基本原则，构建多元化资金筹措机制。加大财政支持力度，设立碳达峰、碳中和专项资金或低碳产业投资引导基金；还可以采用政策保险、融资担保，设立政策性企业还款应急续贷资金池，将碳排放权作为银行融资抵押标的等风险缓释举措，降低金融机构和社会资本的风险承担比例，吸引其积极投入低碳产业发展，以增强企业低碳转型发展的直接融资可得性。

例如：福建省推出碳排放权绿色信托计划，兴业信托作为国内最早探索绿色金融的商业银行、国内首家赤道银行——兴业银行的集团成员，通过受让福建三钢闽光股份有限公司 100 万碳排放权收益权的方式，向其提供 1 000 万元的绿色融资，帮助企业加快推进节能降碳技术改造。

（三）强化低碳生态文明建设

把碳达峰、碳中和工作切实融入生态文明建设，谋划实施工业低碳环保工程、山水林田湖草生态保护修复和退耕还林还湿等生态环境系统工程，完善林业保护与碳普惠机制，完善自然和人工碳汇的监测设施和评价手段，动态跟踪固碳量的变化，构建各地市因地制宜的固碳增汇模式。提高减污降碳关键核心技术，充分利用材料、能源、信息、生态领域的科研成果对电力、交通、建筑、化工等产业进行绿色再造。推进全省林业碳汇项目有序开发。加强农田生态保育，推进农业清洁生产、耕地质量保护与提升，增加农业碳汇。

此外，加强省市县能源统计、二氧化碳排放统计核算能力建设，建立健全高耗能行业和建筑、交通运输等领域能耗统计监测体系，推进碳源、碳汇变化监测与评估，提升二氧化碳信息化实测水平。加强自然资源调查和生态环境监测能力建设，建立全省生态系统碳汇监测核算体系，开展生态系统碳汇摸底调查和碳储量评估，定期开展生态保护修复碳汇成效监测评估。

注重对于高碳汇区域空间的保护，特别是在国土空间规划以及国土空间详细规划等编制中，建立碳汇影响评估制度，提出碳汇损失补偿机制，为实现陆地生态系统的碳汇功能提供保障。通过大规模地开展国土绿化行动、自然保护地体系建设、全域土地综合整治、山水林田湖草沙综合修复治理等生态修复工程，扩大植被覆盖面积，提高生态系统质量，增加森林生态系统碳储量，稳定提升森林、草原、湿地、耕地等主要碳汇空间的减排增汇能力。

例如：黑龙江省在“2021—2023 年度推动碳达峰、碳中和的工作滚动实施方案”中提出，要提升生态系统碳汇能力。具体措施表现为：配合开展小兴安岭—三江平原山水林田湖草生态保护修复工程。深入开展“绿盾 2021”自然保护地强化监督专项行动，严格保护各类重要生态系统。支持地方开展生态文明建设示范创建活动，积极参选第五批国家生态文明建设示范市县和“绿水青山就是金山银山”实践创新基地。

二、明确发展规划

（一）编制碳治理行动方案

科学分析本地区碳排放的历史变化与发展趋势，全面摸清、精准识别主要的碳排放源和碳减排潜力，结合“双碳”目标的战略定位和价值导向，综合考虑本地区经济社会发展态势，在保证各项经济指标在合理区间运行的前提下，可以由发改、工信、能源、资源、生态环境、住建、交通、农林等多部门共同研究制订本地区“双碳”目标的具体规划与行动方案。同时，主动与中央政府确定的碳强度下降约束性指标对接，从碳排放总量指标和碳强度指标两个方面考虑，抓紧制订地方层面的分解落实与监督考核方案，科学确定区域碳排放达峰的时间、峰值、路径等。

例如：在各省级政府指定的碳行动方案中，江苏省关于《2021 年推动碳达峰、碳中和工作计划》的通知中，提到“分解国家下达我省的碳排放目标任务，持续降低碳排放强度，严格控制碳排放增量，将碳排放强度目标任务纳入高质量发展考核和污染防治攻坚战成效考核，确保 2021 年全省碳排放强度下降 4.2%”。

宁夏回族自治区制订二氧化碳排放达峰行动方案中，针对后续发展目标提到“单位 GDP 能耗下降 15%，单位 GDP 二氧化碳排放下降 16%，单位 GDP 水耗下降 15%，非化石能源消费占比提高到 15%”。

吉林省政府就碳达峰与碳中和前景规划提到“2025 年，全省非化石能源消费比重提高到 12.5%，煤炭消费比重下降到 62%”。

（二）编制中长期专项发展规划与年度规划

地方政府要及时编制相关的中长期专项发展规划与年度规划，依托碳生产率、碳减排率、碳再利用率和资源化率等核心约束性指标，充分考虑碳排放的容量与单耗，将“双碳”目标任务融入能源、产业、环境保护、基础设施建设等重点领域规划中，统筹谋划推动重点领域、重点行业、重点部门、重大工程项目全面绿色低碳转型的政策制定与路径选择，协商并分配各行业、各部门碳排放总量的控制目标，有侧重、分时序地实施差异化推进策略。围绕全球气候变化应对工作，聚焦“减污降碳”总要求，促进绿色、低碳、高质量发展，制订碳达峰与碳中和行动工作计划，明确各责任部门工作及其完成期限。

例如：江苏省开展碳排放与环评管理的统筹融合试点工作。将碳评纳入环评，严控新上高能耗、高污染项目，组织制订《江苏省建设项目碳排放评价技术指南（试行）》，在电力、钢铁、水泥等重点行业项目环评审批过程中，开展多部门联审试点，推动碳达峰、碳中和要求与环境影响评价的有机衔接，明确该项责任负责部门为环评处、省评估中心。同时在此项通知报告中针对每项工作都表明了责任部门和完成期限。

此外，地方政府应根据“双碳”目标，科学确定本地区阶段性碳减排目标及任务，在碳排放总量设定的基础上，逐年递减碳配额。同时，督促各行业、各部门加快制订明确的碳减排计划，进一步分解减排目标和重点任务，明确各级政府及相关主管部门的任务与权责，建立部门分工和层层落实的工作机制，从而确保以最优路径如期实现“双碳”目标。

例如：以国家战略导向为准则，成渝构建《成渝地区双城经济圈碳达峰与碳中和联合行动方案》，确保长江上游生态屏障保护作用，以国家战略需求导向明确指导方案的总体要求，并确定各部署单位的低碳行动任务。本行动方案提出的目标是：到 2025 年，成渝地区二氧化碳排放量增速放缓，非化石能源消费比重进一步提高，单位地区生产总值能耗和二氧化碳排放强度持续降低，重点行业能源资源利用效率显著提升，协同推进碳达峰与碳中和工作取得实质性进展，并共同打造成渝地区双城经济圈协同碳达峰与碳中和示范区。今后，川渝两地将重点从能源结构、绿色产业、交通运输、区域空间布局、财税金融等十个方面协同合作，共同推进成渝地区形成绿色低碳发展的新模式、新典范。

此外，辽宁省颁布《关于印发辽宁省加快建立健全绿色低碳循环发展经济体系任务措施的通知》，开展碳排放达峰行动，结合绿色低碳循环发展要求，健全绿色低碳循环发展的生产体系、流通体系、消费体系，加快基础设施的绿色升级，构建市场导向的绿色技术创新体系。

吉林省在贯彻实施新发展理念做好碳达峰与碳中和工作，以国家发展总体目标，明确工作原则，制定低碳发展目标，从推进社会经济发展全面绿色低碳转型、加快调整能源结构、提升城乡建设绿色低碳发展质量、加快绿色低碳科技研发、持续巩固提升碳汇能力、提高对外合作绿色低碳发展水平、完善政策保障机制等方面制订碳达峰行动方案。

三、强化市场作用

充分利用全国碳市场机制，进一步控制和减少温室气体排放，积极推动绿色低碳发展。稳步推进全国碳排放权交易市场平台建设。加强碳排放数据质量管理，持续做好电力等纳入碳市场的八大重点行业温室气体排放数据监测、核算报告、核查审核工作，继续做好全国碳市场第一个履约周期后续工作。

2011 年 10 月，我国启动了碳排放权交易试点工作，国家发改委下发了《关于开展碳排放权交易试点工作的通知》，批准北京、天津、上海、重庆 4 个直辖市，湖北省（武汉）、广东省（广州）以及深圳经济特区开展碳排放权交易的试点工作（表 11−1）。自 2021 年 7 月 16 日正式启动上线交易以来，截至 2021 年 12 月 31 日，全国碳市场累计运行 114 个交易日，碳排放配额累计成交量 1.79 亿吨，累计成交额 76.61 亿元。按履约量计算，履约完成率为 99.5%。12 月 31 日全年碳市场收盘价 54.22 元/吨，较 7 月 16 日首日开盘价上涨 13%，市场运行健康有序，交易价格稳中有升（图 11.1）。

表 11－1　全国各地碳排放权交易场所及设立依据

地区	交易市场	设立依据
北京	北京环境交易所	《北京市碳排放权交易管理办法（试行）》
天津	天津排放权交易所	《天津市碳排放权交易管理暂行办法》
上海	上海环境能源交易所	《上海市碳排放管理试行方法》
深圳	深圳排放权交易所	《深圳经济特区碳排放管理若干规定》 《深圳市碳排放交易管理暂行办法》
广州	广州碳排放权交易所	《广东省碳排放管理试行办法》
湖北	湖北碳排放权交易中心	《湖北省碳排放权管理交易暂行方法》
重庆	重庆碳排放权交易中心	《重庆市碳排放交易管理办法》

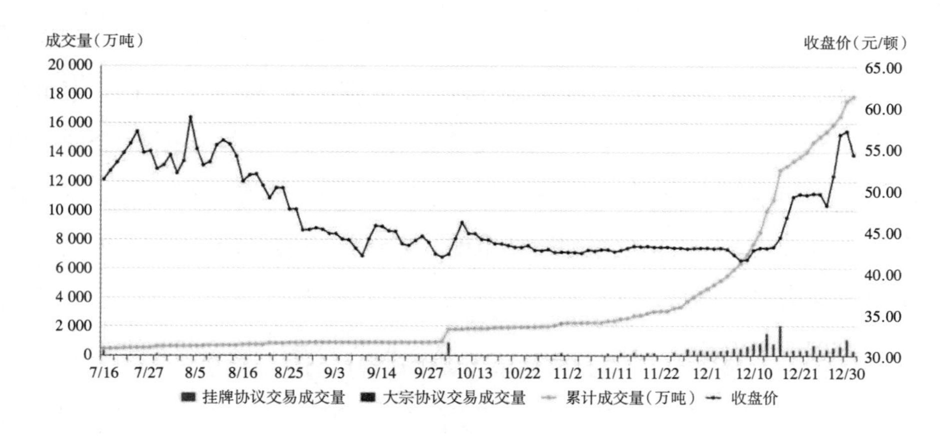

图 11.1　全国碳市场成交量及成交价格情况（2021 年 7 月 16 日—12 月 31 日）

结合不同地区来看，各区域碳市场的交易情况差异较大。据碳中和综合服务商中碳创投统计，2021 年，区域碳市场中交易最活跃的是广东碳市场，成交 2 713 万吨，成交额 10.37 亿元；重庆位列第二名，成交 1 128 万吨，成交额 2.94 亿元；湖北、深圳与天津碳市场也较为活跃，分别成交了 964 万吨、711 万吨与 662 万吨，福建与上海碳市场成交量相对较低，分别为 222 万吨和 206 万吨（表 11－2）。

表 11-2　2021 年区域碳交易市场情况

地区	成交量（万吨）	成交量涨跌	成交均价（元/吨）	均价涨跌
广东	2750	−16%	38	48%
湖北	713	−60%	32	21%
天津	586	−22%	31	22%
北京	593	11%	62	23%
上海	152	−61%	40	8%
重庆	745	288%	24	80%
深圳	602	346%	11	41%
福建	217	119%	22	33%
总计	6358	−10%	34	24%

因此，建立和发展碳排放权交易市场是实现碳达峰与碳中和目标必不可少的举措，能够有效助推地区经济的高质量转型发展。地区政府应推动企业积极参与全国的碳排放权交易，实现钢铁、化工、有色、水泥、造纸等重点“高碳”行业全覆盖，扩大市场覆盖行业范围，充分发挥碳排放权市场对控制温室气体排放的作用（表 11−3）。

表 11−3　各地区域纳入碳市场管控的行业情况

地区	纳入碳市场管控的行业
北京	企业、事业、国家机关及其他单位为重点排放单位［纳入行业没有明确限制，年度二氧化碳排放量在 5 000 吨以上（含）均纳入］
上海	工业（钢铁、石化、化工、有色、电力、建材、纺织、造纸、橡胶、化纤），交通（航空、港口、水运），建筑（商业、宾馆、商务办公、机场）
广东	水泥、钢铁、石化、造纸、民航、数据中心、纺织、陶瓷
深圳	印染、电镀、皮革、线路板和其他严重污染环境的行业；国家规定进行总量控制的污染源

续表

地区	纳入碳市场管控的行业
湖北	钢铁、石化、水泥、化工、热力生产和供应、玻璃及其他建材、有色金属和其他金属制品、设备制造、汽车制造、陶瓷制造、医药、造纸等
天津	电力热力、钢铁、化工、油气开采、化工、建材、造纸、航空
重庆	电解铝、铁合金、电石、烧碱、水泥、钢铁
福建	钢铁、化工、石化、有色、民航、建材、造纸、陶瓷

同时，完善碳排放权交易配套机制。要围绕完成全国碳排放权交易市场的第一个履约周期，完善碳资产管理体系、交易机制、注册登记系统和交易系统等基础性设施，促使各类企业积极加入统一的市场体系中；最后，丰富交易形式。通过碳配额总量约束、碳交易初始价格定价等措施，以碳排放权为交易品，充分利用碳市场价格为指导，追求利益和效率的最大化，发挥碳基金等金融产品的作用，通过税收和其他制度相结合，促进企业的碳交易，使碳市场交易形式多元化。

例如：为助力企业绿色低碳转型，加快推动碳达峰、碳中和工作，全国首个省级碳市场综合服务平台——福建省碳市场综合服务平台正式上线运行。上线当天，多家企业即通过平台开展交易，1 小时内成交 21.6 万吨碳配额。据介绍，该平台共设置了企业端、公众端、服务端和管理端 4 个板块。与平台同步上线的还有《福建省大型活动和公务会议碳中和实施方案（试行）》，该方案鼓励企事业单位、社会团体组织等各类单位和个人自愿参与，开展大型活动和公务会议碳中和。

四、加强技术创新和人才培养

（一）强化创新引领技术，推进绿色低碳技术推广

推动产业绿色发展，全面推动传统产业绿色转型，大力发展绿色低碳产业，提高可再生能源利用规模。积极开展甲烷等非二氧化碳温室气体控制研究项目，持续推进温室气体清单编制工作。着力构建政府、科研机构和企业低碳

技术创新研发机制，积极引导重点行业深入实施清洁生产改造，大力发展循环经济，努力培育生态环保产业新增长点。

此外，抢占碳达峰与碳中和的技术竞争高地，培育绿色发展新动能，推动地区产业转型升级。加速推动新能源、智能电网，储能、储热、储冷，以及电动车与氢能产业快速发展，传统能源生产和消费方式将发生革命性变化，非化石能源将加速替代化石能源。调整能源结构，发展新能源，推动风电、光电、核电等清洁能源的发展，通过技术创新降低新能源技术成本，推动新能源汽车、光伏产业的发展。

推广二氧化碳捕集、利用与封存（CCUS）技术的应用。政府要根据国家技术标准完善省级的标准体系建设，出台二氧化碳捕集、利用与封存的相关政策，鼓励和激励高校、研究机构和企业参与关键核心技术的研发和技术示范，推动二氧化碳捕集、利用与封存产业的发展。同时，通过开展自然资源调查，完成地区二氧化碳地质封存潜力评价，编制区域二氧化碳地质封存适宜性评价图。

（二）将碳中和理念与实践融入人才培养体系

支持高校联合地方建设一批碳中和领域省部共建协同创新中心和现代产业学院，构建碳中和技术发展产学研全链条创新网络，支撑建设一批绿色低碳示范企业、示范园区。建议加大在新工科建设中的支持力度，培养各领域各行业高层次碳中和创新人才，将碳中和理念与实践融入人才培养体系。

强化全民节能低碳环保和资源能源环境国情教育。促进绿色消费，倡导绿色低碳生产生活方式，例如“美丽中国我是行动者，绿色低碳我是实践者”等系列活动。大力开展节约型机关、绿色学校、绿色社区、绿色商场等创建活动。将碳达峰、碳中和作为干部教育培训体系重要内容，全面提升各级领导干部推进绿色低碳发展的素质能力。

加大宣传引导力度，充分利用生物多样性日、六五环境日和全国低碳日等纪念日，多渠道、多层次、全方位开展碳达峰与碳中和主题宣传，营造良好社会舆论氛围。把生态文明教育纳入国民教育体系，强化社会动员，积极开展碳达峰与碳中和知识进校园、进企业、进机关、进社区、进农村科普教育活动，大力增强各类人群的节约意识、环保意识、生态意识，加快推动生产生活方式绿色转型，努力建设形成人与自然和谐共生的现代化。

例如：北京工业大学围绕“碳中和”目标的政策和技术已在能源与气候政策研究、材料生命周期评价、温室气体和环境污染物控制、绿色建筑技术、低碳环保材料等方面开展了卓有成效的科技攻关，于2021年3月在京率先成立“北京工业大学碳中和城市科技创新研究院”。此后，于2021年9月24日，北京工业大学与北京经济技术开发区签署全面战略合作协议，聚焦“双碳”，共建区域碳中和产业研究院，全面开展校地合作，加强科教融合和产教融合，促进“双碳”科技创新和产业发展。

2021年5月3日，陕西省科学技术厅批准西北大学成立陕西省碳中和技术重点实验室。该实验室依托西北大学榆林碳中和学院建立，围绕国家碳中和愿景下规模化快速碳减排技术进行攻关，开展以化石能源的零碳、负碳技术研发为主的多种能源技术耦合研究，重点开展全流程二氧化碳捕集、利用与封存（CCUS）技术，同时融合清洁能源替换的可再生能源技术等，并且制定碳达峰、碳中和技术发展规划和激励政策，部署可再生能源，特别是对难减排的大工业部署大规模CCUS示范和商业化项目。

2021年1月7日下午，自然资源部碳中和与国土空间优化重点实验室南京工程学院研究中心正式揭牌。碳中和与国土空间优化重点实验室是中华人民共和国自然资源部批准，由南京大学、中国国土勘测规划院等单位承担建设的一个高水平跨学科科研平台和智库平台，直接面向国家“碳达峰、碳中和”目标，对我国能源结构、产业结构和经济结构转型升级，实现高质量发展，建设人与自然和谐共生的社会主义现代化强国具有重要战略意义。重点实验室南京工程学院研究中心的设立是学校积极开展对外合作的一项重要成果，有助于推动我校环境、能源、建筑、管理等学科积极响应国家“双碳”目标，加强学科交叉融合，提升学校相关科研和成果应用水平。

附录

目前，全国已经颁布 16 项省级碳中和行动方案、5 项市级行动方案，具体如表 11−4 所列。

表 11−4　中国各省（区、市）已颁布碳达峰与碳中和的行动方案

省(区、市)	方案
上海市	公共机构绿色低碳循环发展行动方案
上海市	碳排放达峰行动方案
上海市	科技支撑引领碳达峰碳中和行动方案
重庆市	二氧化碳排放达峰行动方案
黑龙江	科技支撑引领碳达峰碳中和行动方案
辽宁省	碳排放达峰行动方案
吉林省	2030 年前碳达峰行动方案
河南省	碳排放达峰行动方案
湖南省	2030 年前碳达峰行动方案
山东省	碳达峰碳中和科技创新行动方案
江苏省	2030 年前二氧化碳排放达峰方案
福建省	加快建立健全绿色低碳循环发展经济体系实施方案
海南省	碳排放达峰行动方案
云南省	人民政府关于印发云南省加快建立健全绿色低碳循环发展经济体系行动计划的通知
青海省	打造国家清洁能源产业高地行动方案
宁夏回族自治区	二氧化碳排放达峰行动方案
深圳市	碳普惠体系建设工作方案
南京市	碳达峰碳中和科技创新专项的实施细则

续表

省（区、市）	方案
宁波市	碳达峰碳中和科技创新行动方案
遂宁市	实现碳达峰碳中和目标推动绿色低碳优势产业高质量发展的决定
绵阳市	实现碳达峰碳中和目标为引领加快发展绿色低碳产业的决定
武汉市	二氧化碳排放达峰评估工作方案

第二节　碳达峰与碳中和的企业行动方案

现阶段，虽然企业积极响应国家号召开启碳中和之路，但在“内外夹击”的压力下，很多企业困难不小。从外部环境来看，政策力度的不足、国际统一碳定价的缺失、市场对低碳产品的态度“不温不火”、低碳技术的不成熟都阻滞了企业的低碳发展。反观企业内部，同样面临重重困难，实施碳中和计划需要高昂的成本，但是其回报价值在短期内较难兑现或量化，这些都“打击”了企业推动碳中和的积极性。

此外，在真正实施的过程也是困难重重，比如企业在盘查碳排放基线时，对于产业链众多、上下游利益关系者的碳排放无法准确测算；在人才队伍建设方面，通常以企业高层极力倡导发展碳中和，却难以调动中层管理者及以下级别员工的积极性。在面临众多问题的当下，BCG 基于联合国机构发布、全面指导企业实现碳中和的重磅报告《企业碳中和路径图（英文版）》（*Corporate Net Zero Pathway*）。为推动企业低碳模式发展，提出制定碳中和路线图的三大环节（碳基线盘查、减排目标设定、减排举措设计）和重要举措（图 11.2）。

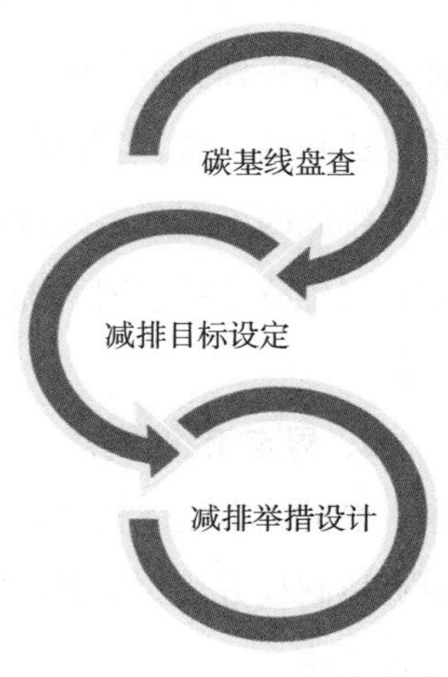

图 11.2　碳中和路线图

一、开展企业碳排放基线盘查

开展碳排放基线（以下简称碳基线）盘查是实现碳中和转型的第一步，有助于企业确定基准年的碳排放量。碳基线盘查过程较为复杂、涉及的标准多，建议企业循序渐进，分五步来完成碳基线盘查：明确方法论、界定组织边界、明确覆盖温室气体种类、梳理相关活动及估算碳排放量（图 11.3）。

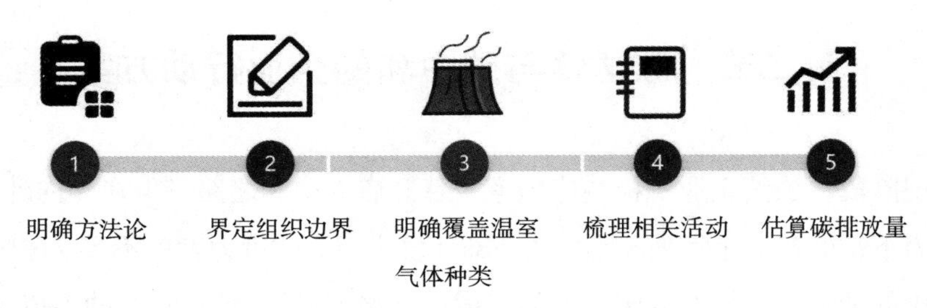

图 11.3 碳基线盘查步骤

资料来源：温室气体核算体系，BCG 分析

（一）碳基线盘查步骤

1. 明确方法论

在不同非政府组织、机构和政府发布的温室气体核算和披露标准多达数十种，但是各种温室气体核算标准的基本方法论较为一致，目前大致分为两种：系数法和测量法。应用较为广泛的是系数法，主要是指通过计算活动数据和相应的排放因子来确定碳排放量，包括温室气体核算体系和 ISO 14000；测量法是利用排放连续监测系统（CEMS）对活动层面相关温室气体的浓度进行连续测量。

2. 界定组织边界

根据温室气体核算体系推荐的三种设定组织边界的方法（股权比例方法、财务控制权方法、运营控制方法），企业选择盘查包括的子公司，并贯穿盘查过程始终。

3. 明确覆盖温室气体种类

根据温室气体核算体系（GHG Protocol）建议，企业可参考《京都议定书》排查包括二氧化碳在内的6种温室气体（甲烷、氧化亚氮、六氟化硫、氟化碳和氢氟碳化物）。

4. 梳理相关活动

企业需要确定应纳入碳基线盘查的活动种类。世界资源研究所（WRI）和世界可持续发展工商理事会（WBCSD）共同发布的《温室气体盘查议定书》（GHG Protocol）将企业的温室气体排放分为范围1～3。范围1定义为“报告企业拥有或控制的运营产生的排放”；范围2定义为“报告企业消耗的购买或收购的电力、蒸汽、供热或供冷而产生的排放”；范围3定义为“报告企业供应链上发生的所有间接排放（范围2中未包括的），包括上游和下游的排放”。

5. 估算碳排放量

估算碳排放量时，大多数非能源生产企业或者重点排放企业主要使用系数法，核算标准遵循温室气体核算体系。采用系数法核算排放水平可遵循三步：先从业务角度出发，收集相关活动数据；接着选择最合适的碳排放因子；最后计算出排放水平（图11.4）。

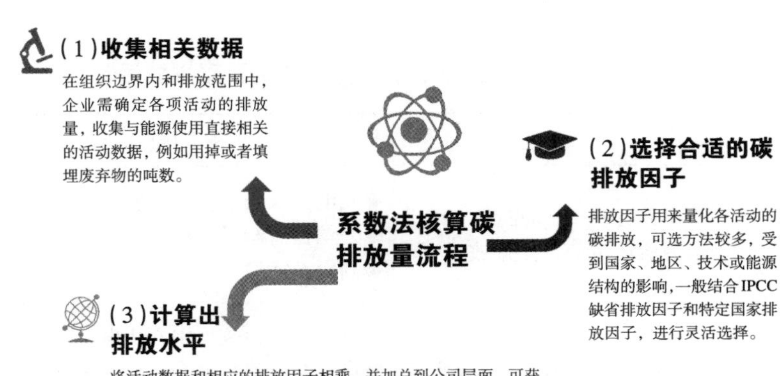

图11.4　采用系数法核算碳排放流程图

（二）腾讯公司基线年温室气体盘查案例分析

2021 年年初，腾讯宣布启动碳中和计划。在一年的时间里，企业细致摸底排查自身的温室气体排放情况，并完成绘制了《腾讯碳中和目标及行动路线报告》。腾讯公司遵循“减排和绿色电力优先、抵消为辅”的原则，主要从节能提效、可再生能源、碳抵消三个方面，推进实现腾讯自身运营及供应链碳中和，大力提升数据中心的能效水平，积极参与绿色转型和相关市场建设，不断探索碳汇领域的技术革新。

在实现自身运营和供应链碳中和的同时，腾讯更加注重发挥“连接器”的作用，包括引领消费者绿色生活方式、数字化助力产业低碳转型和推动可持续社会价值创新，将低碳发展融入公司“扎根消费互联网、拥抱产业互联网、推动可持续社会价值创新”的战略，助力经济社会低碳转型。

腾讯将 2021 年作为其碳中和行动的基线年，依据世界资源研究所（WRI）和世界可持续发展工商理事会（WBCSD）共同发布的《温室气体盘查议定书》（GHG Protocol）定义的范围和计算方法，根据运营控制方法，展开了系统的碳排查，覆盖了腾讯的范围 1、范围 2、范围 3，各范围界定及主要排放活动如表 11−5 所列。

表 11−5　腾讯企业各个范围界定及主要碳排放活动

范围	定义	主要排放活动
范围 1	腾讯拥有或控制的温室气体排放源所产生的直接排放量	●发电机及发电设备燃料 ●公司自有车辆燃油 ●制冷剂逃逸
范围 2	腾讯购买的电力或其他能源所产生的温室气体间接排放量	●自有及合建数据中心用电 ●自有及合建数据中心外部采购供暖 ●自有及租用楼宇用电 ●自有及租用楼宇外部采购供暖

续表

范围	定义	主要排放活动
范围 3	腾讯供应链中所产生的所有其他间接排放量	●租赁的数据中心用电 ●上游原材料，办公用品的生产 ●服务器、建筑材料上游生产 ●燃料的运输，输电损耗商务旅行 ●运营废物，垃圾处理员工通勤 ●原材料和商品的运输

该企业估算 2021 年腾讯总共碳排放为 511.1 万吨 CO_2-eq（图 11.5）。

范围1：由腾讯拥有或控制的温室气体排放源所产生的直接排放量为 1.9 万吨 CO_2-eq，约占 0.4%，主要包括自有车辆运行、柴油发电、制冷剂逃逸等。

范围2：由腾讯购买的电力或其他能源所产生的温室气体间接排放量为 234.9 万吨 CO_2-eq，约占 45.9%，主要为自有及合建数据中心及办公用电。

范围3：腾讯供应链中所产生的所有其他间接排放量 274.3 万吨 CO_2-eq，约占 53.7%，主要为资本货物（如基建耗材、数据中心设备），租赁资产（如租赁的数据中心用电）及员工差旅等。

此外，腾讯自身运营产生的排放包括直接排放（范围 1）和间接排放（范围 2），其中由于外购电力导致的间接排放在腾讯运营排放中占有绝对比重。

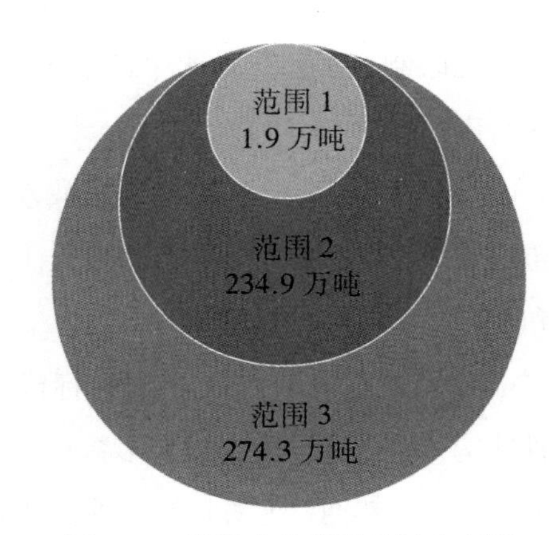

图 11.5　腾讯企业碳排放量分布图

数据来源：腾讯碳中和目标及行动路线报告

在直接排放（范围 1）中，固定排放是主要的排放源，包括柴油、天然气和制冷剂的排放，分别占比 78.7%和 20.9%，均用于自有楼宇和数据中心的运行过程，另外的 0.4%来源于自有车辆燃油的移动碳排放。

在间接排放（范围2）中，导致了运营过程的主要排放，占比超过运营排放总量的99%，主要来源于外购电力，少部分来源于其他外购能源，如外购供暖，用于自有及合建数据中心、自有及租用楼宇的运营。

在其他（范围3）中，供应链上的温室气体排放主要来源于资本货品（如数据中心设备、基建耗材），租用资产（如租赁数据中心用电）所使用的能源以及员工差旅，此外还包括其他采购产品、员工差旅通勤、物流等领域。

二、设定减排目标

设定减排目标是碳中和路线图的另一重要步骤，建议企业在做出最终决策前，首先明确减排目标的投入决心、目标类型、目标范围和目标时间线，确保减排目标切实可行。在已有的国际标准中，其中联合国全球契约组织（UNGlobal Compact）、碳披露项目（CDP）、世界资源研究所和世界自然基金会（WWF）联合发起的科学碳目标倡议（SBTi），已迅速成为最受认可的基于最新气候科学的减排目标设定框架。

设置合理的减排目标对于企业推进碳中和进程至关重要。《巴黎协定》目标把全球平均气温升幅控制在工业化前水平以上低于2°C 之内，并努力将气温升幅限制在工业化前水平以上1.5°C之内。因此，企业需要从4个维度考量实行碳减排目标。

（1）确定决心。根据当前排放水平、投资意愿及所处行业对企业的普遍期望或要求，确定碳减排目标的投入决心。具体可依据全球升温情景中（如1.5℃和2℃），应遵循的情景目标。

（2）设定类型目标。绝对目标或强度目标都可将企业碳减排目标与升温情景挂钩。绝对目标适用于大多数行业，为减少全球温室气体排放提供了更为直接的途径。然而，绝对目标对业务规模高速增长的企业而言颇具挑战，同时又无法客观反映正处于业务规模衰退期的企业的减排效果。因此，许多企业倾向于采用强度目标（每单位经济产出的排放量，如单位产量、员工人数或产值），或同时设定绝对目标和强度目标。具有明确活动和物理强度数据的行业（例如发电、钢铁、化工、铝、水泥、纸浆和造纸、公路、铁路和航空运输及商业楼宇）最适合采用强度目标。

（3）明确目标范围。企业需要明确碳减排目标的覆盖范围（范围1、范围2、范围3），以及需纳入的地区和业务部门。

（4）设置目标时间表。为保证目标切实可行，企业需要设立短、中、长期目标。

三、设计减排举措

设计减排举措是企业规划净零排放路线图的关键一环。基础设施相关行业占全球排放总量的七成左右，在碳中和进程中对人类社会的方方面面产生举足轻重的影响，应得到充分重视。以聚焦能源使用范围较广的四大基础设施行业（交通运输、工业制造、建筑、数字信息产业），对标业内最佳实践，提出具体切实的碳减排举措建议，阐明碳减排行动亮点及经验启示，为广大企业提供借鉴和参考。

（一）交通运输业

交通运输业作为现代社会的高排放行业，其碳减排在推动人类转向更为可持续的生活方式上将发挥十分积极的作用。其重排活动主要以车辆运输、运营设施以及包装为主的三个方面，聚焦于这三个重排放活动，致力于推动运输流程碳减排，开发更可持续的仓储和服务设施，并推广采用更加绿色的包装材料。首先，降低运输流程碳排放，可以采用清洁能源车辆，例如推广全电动、混合电动、液压混合动力、压缩天然气（CNG）等在内的各类环保车辆，以及提升交通工具能效、优化交通工具规模和运输路线；此外，交通运输企业还需关注航空陆运枢纽、本地站点、货运服务中心和零售网点等厂房设施的能源供应，采取部署或购买清洁电力以及提升厂房设施的运营能效两大举措，探索相关减排机遇；同时，包装生产同样是整个价值链的高排放环节，企业可以考虑进一步减少包装材料使用量，并努力选择环保可回收的包装生产原料，实现进一步减排。

（二）工业制造业

工业制造业作为污染程度最高的行业，是全球温室气体排放的主要来源。其中，产品制造、原料供应（选择、运输和储存）以及所售成品的加工和使用是工业制造中排放最多的三类活动，企业需要重点关注产品制造和原料供应环节的碳减排，并着力打造绿色产品。首先，为了显著减少产品制造环节的排放量，制造企业可充分利用可再生能源替代燃料燃烧，并积极提升能效，提高废料回收利用；其次，降低原料供应环节碳排放，选择具备可持续发展优势的供应商和物流伙伴进行合作可有效降低该环节的碳排影响；最后，企业倡导绿色产品的生产，协助下游减少在这两个环节的碳排放。

（三）建筑业

建筑业的主要产品是建筑物，作为最大的温室气体排放源之一，在全球温室气体排放总量中占到17.5%。建筑企业可从建筑物的全生命周期出发，创造更加可持续的工作和生活空间，减轻温室气体排放的影响。建筑企业需要关注三大高排放活动：所售卖产品（楼房和基础设施）的使用、原料供应和工地施工，开展相应减排工作，这其中包括打造绿色楼房和基础设施、选择绿色建材供应商、降低施工现场碳排放等。

（四）数字信息产业

数字信息产业，尤其是以互联网与科技公司，随着互联网和移动流量用量的激增，网络、信息通信和消费类电子设备制造流程，以及数据中心所产生的能耗预计到2030年将增加2～3倍。

互联网公司最大的碳排放来自数据中心——以百度为例，数据中心产生的碳排放约占其所报告总排放量的80%。来自世界各地数据中心的海量数据传输至互联网公司的服务器，产生的总耗电量占全球电力消耗的 1%左右。

科技公司——如 Alphabet（谷歌母公司）、微软和苹果公司产生的碳排放更多来自所售卖产品和设备相关的碳足迹。与所售卖产品相关的碳排放定义较为宽泛，涵盖从原材料、生产、进出货运输、零售到终端客户使用和处置产品的方方面面。其中，原材料、生产和终端客户使用是公司最大、最易测量的碳排放源。

因此，数字信息产业常见的减排举措主要聚焦上述排放源——数据中心的电力消耗、产品生命周期的碳足迹，以及供应链所带来的相关气候影响。除了这些领域以外，该行业的诸多公司正积极削减差旅、员工通勤和办公楼用电产生的碳排放，以期在短期内快速取得减排成效。

第三节　企事业单位碳中和的实施流程

依据我国“力争 2030 年前实现碳达峰、2060 年前实现碳中和”的战略决策。当前应对碳中和领域的挑战，在绿色转型中实现共同发展，成为国内企事业面临的重要共同任务。同时，推进实现碳中和目标的实现，编制 2030 年前碳达峰、2060 年前碳中和方案是各企事业事业单位节能减碳工作的重点。该

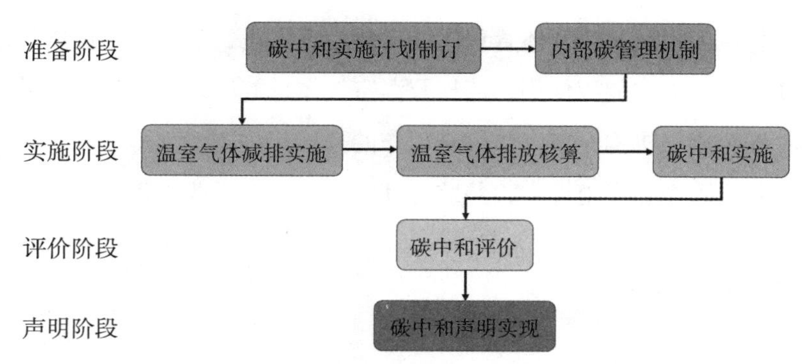

图 11.6　企事业碳中和实施流程图

资料来源：北京市地方标准《企事业单位碳中和实施指南》DB11/T 1861—2021。

部分内容结合北京市于2021年6月21日正式发布的《企事业单位碳中和实施指南》，系统梳理了企事业单位碳中和的基本原则、实施流程、准备阶段、实施阶段、评价阶段和声明阶段等内容（图11.6），为各地区企事业制订碳中和实施方案提供一定的指导和参考作用。

一、准备阶段

准备阶段主要是企事业单位针对自身内部情况，对外制订碳中和实施计划，并形成文件对外发布。对内结合相关法律法规、政策、标准以及自身规模、能力、需求等状况，在单位内部建立温室气体排放管理制度。

（1）企事业制订碳中和实施计划的内容应包含以下四项：

①碳中和承诺的陈述；

②实现碳中和的时间表；

③计划降低温室气体排放使用的减排策略，包括具体内容与选用理由、减排基准及逐年减排目标；

④计划实现碳中和并保持碳中和的温室气体抵消策略，包括具体内容与选用理由。

（2）企事业制定内部管理机制应包括以下内容：

①企事业单位内部成立温室气体管理机构（部门或小组）；

②聘请或指定温室气体管理机构运营管理人员，负责本单位碳管理工作；

③建立本单位能源使用、消耗及温室气体排放管理制度和信息系统；

④配合相关机构温室气体核查工作的开展；

⑤制订碳中和实施计划，并监督其实施、保持及改进等。

二、实施阶段

（一）温室气体减排实施

企业单位结合自身实际情况，首先应采取合适的温室气体减排策略，并确保实现计划中确定的减排目标。温室气体减排策略可以从节能措施及采用可再生能源替代率和含碳原料替代的减排策略两个方面着手。

（1）企事业单位采取节能措施的减排策略，包括：

①节能措施的技术方案和数量；

②实施的时间与范围；

③所需的资金及来源；

④实现减少的温室气体排放量。

（2）企事业单位提高可再生能源替代率和含碳原料替代的减排策略，可包括：

①可再生能源和替代原料的类别及数量；

②替代的时间与范围；

③所需的资金及来源；

④实现减少的温室气体排放量。

（二）温室气体排放核算

企事业根据国家或本地区生态环境主管部门发布的温室气体排放核算和报告相关指南要求，确定温室气体排放量的核算边界与核算方法，应优先选取本地排放因子，并编写温室气体排放报告（表 11-6）。

表 11-6 重点识别企事业单位温室气体排放类型、核算边界以及核算标准与技术规范

排放类型	核算边界	核算标准与技术规范
化石燃料燃烧排放	固定源排放：企事业单位在本市行政辖区内燃烧化石燃料的固定设施，如锅炉、直燃机、发电机、起重机等燃烧燃料过程中产生的二氧化碳排放	DB11/T 1781、DB11/T 1782 DB11/T 1783、DB11/T 1784 DB11/T 1785、DB11/T 1786 DB11/T 1787

续表

排放类型	核算边界	核算标准与技术规范
	移动源排放：企事业单位在本市行政辖区内燃烧化石燃料的移动设施，如使用化石燃料的乘用车等燃烧燃料过程中产生的二氧化碳排放	DB11/T 1786
工业生产过程排放	企事业单位在本市行政辖区内生产水泥和化石产品在工业生产过程中造成的温室气体排放，如催化剂烧焦过程、制氢工艺过程、碳酸盐煅烧水泥制造等产生的二氧化碳排放	DB11/T 1782 DB11/T 1783
	企事业单位在制造电子设备、机械设备产生的工业生产过程温室气体排放，如半导体生产中刻蚀和 CVD 腔清洗工艺、电气设备和制冷设备生产过程氧化碳气体保护焊等产生的温室气体和二氧化碳排放等	国家发展改革委办公厅《关于印发第三批 10 个行业企事业温室气体核算方法与报告指南（试行）的通知》中电子设备行业企事业的温室气体排放核算方法与报告指南和机械设备行业企事业的温室气体排放核算方法与报告指南
电力、热力排放	企事业单位所净购入的电力、热力电消耗所对应的温室气体排放	DB11/T 1781、DB11/T 1782 DB11/T 1783、DB11/T 1784 DB11/T 1785、DB11/T 1786 DB11/T 1787
种植养殖过程排放	企事业单位在从事种植养殖活动的稻田甲烷排放、农用地氧化亚氮排放、动物肠道发酵甲烷排放和动物粪便管理甲烷和氧化亚氮排放	参照《省级温室气体清单编制指南（试行）》发改办气候〔2011〕1041 号

（三）碳中和实施

当企事业单位核算本年度温室气体排放量≤用以抵消的碳配额、碳信用或（和）碳汇数量时，即实现年度碳中和；反之，则未实现，企事业就寻求获取碳配额或碳信用来进行抵消。实现碳抵消的方式主要有两种，其中一种如下：采用本地碳排放权交易市场的碳配额的抵消方式，不足部分可用碳信用的抵消方式，按照优先顺序使用以下类型项目的碳信用：

（1）购买国家温室气体自愿减排项目产生的“核证自愿减排量（CCER）”，优先选择林业碳汇类项目及本地区温室气体自愿减排项目。

（2）购买政府批准、备案或者认可的碳普惠项目减排量，优先选择本地低碳出行抵消产品。

（3）购买政府核证节能项目的碳减排量。

三、碳中和评价

碳中和评价主要指企事业单位委托第三方机构开展碳中和评价工作，确认该碳中和实施过程按国家规定标准执行，且在一定时间段内实现碳中和。

四、碳中和声明实现

该阶段主要指企事业向外界阐明完成情况并发表相关声明，主要包括：企事业单位基本信息；企事业单位温室气体核算边界和排放量：碳中和覆盖的时间段（年份）；温室气体的减排策略、阶段性减排目标或碳中和实现情况；温室气体的抵消方式及抵消量；评价方式、第三方评价机构基本信息（如有）及评价结论。

第四节　企事业单位碳达峰与碳中和评价认证过程

企事业单位完成自身的碳达峰、碳中和的评价和认证过程，需要遵循一定的流程。首先是对自身温室气体排放报告进行核查，其次是对自身节能减排的过程进行诊断和评估，最后是对自身碳达峰、碳中和的路径和方案进行评价，并最终通过碳中和的认证。

一、企事业单位温室气体核查过程技术标准

碳排放核查是根据核算、核查的相关技术规范，对重点排放单位报告的温室气体排放量及其相关信息、数据质量控制计划进行全面核实、查证的过程，碳排放核查结果是配额分配与清缴的重要依据。

国际上较为常见的是 ISO 14064－1：2018，即组织层级上对温室气体排放和清除的量化和报告的规范及指南，于 2018 年 12 月 19 日重磅发布。

2021 年 3 月 26 日，生态环境部办公厅为进一步规范全国碳排放权交易市场企业温室气体排放报告核查活动，根据《碳排放权交易管理办法（试行）》，编制了《企业温室气体排放报告核查指南（试行）》。

《企业温室气体排放报告核查指南（试行）》中详细介绍了企业温室气体排放的核查过程，对于已经完成自身温室气体排放量披露的企业，应遵循什么样的方法和原则进行核查。

（一）适用范围

《企业温室气体排放报告核查指南（试行）》规定了重点排放单位温室气体排放报告的核查原则和依据、核查程序和要点、核查复核以及信息公开等内容。

《企业温室气体排放报告核查指南（试行）》适用于省级生态环境主管部门组织对重点排放单位报告的温室气体排放量及相关数据的核查。

对重点排放单位以外的其他企业或经济组织的温室气体排放报告核查，碳排放权交易试点的温室气体排放报告核查，基于科研等其他目的的温室气体排放报告核查工作可参考本指南执行。

（二）术语和定义

重点排放单位：全国碳排放权交易市场覆盖行业内年度温室气体排放量达

到 2.6 万吨 CO2-eq 及以上的企业或者其他经济组织。

温室气体排放报告：重点排放单位根据生态环境部制定的温室气体排放核算方法与报告指南及相关技术规范编制的载明重点排放单位温室气体排放量、排放设施、排放源、核算边界、核算方法、活动数据、排放因子等信息，并附有原始记录和台账等内容的报告。

数据质量控制计划：重点排放单位为确保数据质量，对温室气体排放量和相关信息的核算与报告作出的具体安排与规划，包括重点排放单位和排放设施基本信息、核算边界、核算方法、活动数据、排放因子及其他相关信息的确定和获取方式，以及内部质量控制和质量保证相关规定等。

核查：根据行业温室气体排放核算方法与报告指南以及相关技术规范，对重点排放单位报告的温室气体排放量和相关信息进行全面核实、查证的过程。

不符合项：核查发现的重点排放单位温室气体排放量、相关信息、数据质量控制计划、支撑材料等不符合温室气体核算方法与报告指南以及相关技术规范的情况。

（三）核查原则和依据

重点排放单位温室气体排放报告的核查应遵循客观独立、诚实守信、公平公正、专业严谨的原则，依据以下文件规定开展：

—《碳排放权交易管理办法（试行）》；

— 生态环境部发布的工作通知；

— 生态环境部制定的温室气体排放核算方法与报告指南；

— 相关标准和技术规范。

（四）核查程序和要点

核查程序包括核查安排、建立核查技术工作组、文件评审、建立现场核查组、现场核查、出具《核查结论》、告知核查结果、保存核查记录等八个步骤，核查工作流程图如图 11.7 所示。核查要点包括核查“重点排放单位基本情况”

"核算边界""核算方法""核算数据""质量保证和文件存档""数据质量控制计划及执行"等。

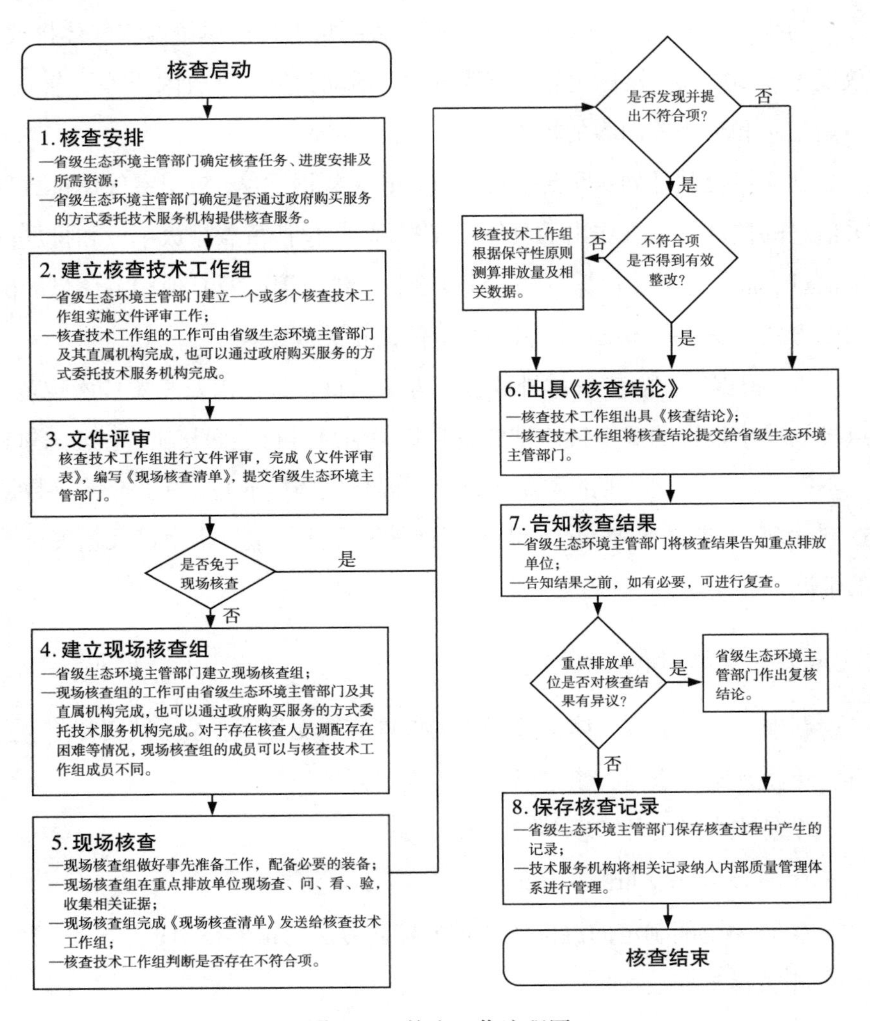

图 11.7　核查工作流程图

（五）核查复核

重点排放单位对于核查结果如有异议，可提出复核，由第四方机构再次核查，最终形成核查结果。

（六）信息公开

核查工作结束后，主管部门将所有重点排放单位的《核查结论》在官方网站向社会公开；对于技术服务机构，也会按《技术服务机构信息公开表》的格式进行评价，并在官方网站向社会公开。

二、企事业单位节能标准

能源利用过程的排放是最主要的温室气体来源。加快实现能源生产和消费的高效化、低碳化，进一步大幅提高能源利用效率和非化石能源比重，是实现碳达峰碳中和目标的重中之重。企事业单位在进行碳达峰、碳中和评价前应先做节能减排，做到应减尽减。

强制性节能标准主要包括高耗能单位产品能源消耗限额标准（以下简称能耗限额标准，现有 111 项）和终端用能产品能效标准（以下简称能效标准，现有 73 项）两个系列。能耗限额标准针对火力发电、煤炭、石化、钢铁、有色、建材等行业重点产品提出节能指标和能耗限额等级，是淘汰落后产能、固定资产投资项目节能审查制度、节能目标责任制度、节能监察、差别电价和惩罚性电价、节能考核评价制度等的标准依据。能效标准针对家用耗能器具、商用设备、工业设备、照明、电子信息产品等终端用能产品提出的能效指标和能效等级，是能效标识、节能产品所得税优惠、节能产品政府采购、能效“领跑者”、节能认证、节能审查、落后机电产品淘汰等的标准依据。

为进一步方便市场主体使用，加快标准修订进度，“十四五”期间，全国能标委将积极支撑碳达峰碳中和工作的落实，按照强制性标准精简整合工作要求，加快整合强制性节能标准，并以国际领先水平为标杆，同步提升能效指标。预计能耗限额标准数量将由 111 项减少到 57 项，能效标准的数量将由 73 项减少到 62 项，并由原来的“条款强制”改为“全文强制”，同时能效一级指标全面领跑国际。

作为碳达峰、碳中和工作重点对象的各类用能单位，也需要建立标准化、系统性的能源管理框架，完善能源管理制度和团队，建立覆盖全部能源利用过程的策划、实施、评估和改进工作体系，持续提升能源绩效，达到提高能效、减少能耗、优化能源结构的目的。

中国于2020年修订的《能源管理体系要求及使用指南（GB/T 23331）》，制定了水泥、钢铁、公共机构、焦化、煤炭、平板玻璃、数据中心、船舶、电解铝、火力发电、陶瓷、化工等12个行业能源管理体系实施指南系列国家标准，对促进相关行业用能单位建立、实施、保持和改进能源管理体系，加强组织节能管理和能效提升发挥重要作用，支撑重点用能单位节能管理、万家企业节能低碳行动等政策制度。

全国能标委组织制定了《能源管理绩效评价导则》《节能量测量和验证技术通则》（GB/T 28750）《用能单位节能量计算方法》（GB/T 13234）等多项国家标准，为用能单位准确评估能源绩效提升提供了精准的标尺。其中，《节能量测量和验证技术通则》国家标准已转化为ISO 17741国际标准，并被英国、法国等23个国家转化为本国标准。

三、企事业单位碳达峰与碳中和认定评价过程

企事业单位完成碳达峰实施方案时，应对其方案路径进行评价，2021年10月24日，在国务院发布的《2030年前碳达峰行动方案》提到："实施以碳强度控制为主、碳排放总量控制为辅的制度，对能源消费和碳排放指标实行协同管理、协同分解、协同考核，逐步建立系统完善的碳达峰碳中和综合评价考核制度。"2022年7月，国资委印发《中央企业碳达峰行动方案编制指南》，对中央企业制定实施碳达峰行动方案作出部署，本指南适用于指导中央企业集团编制碳达峰行动方案，主要用于明确方案编制的工作定位、编制原则、任务部署思路、评估论证程序等。

关于碳中和的评价方法，目前碳中和PAS 2060标准是一个常见的碳中和

标准，同时这也是全球第一个提出碳中和认证的国际标准，由英国标准协会于2010年发布，可适用于各种类型的组织及主题，是一个所涉甚广的标准框架。该标准提出了达成碳中和的三种可选择方式：基本要求方式、考虑历史已实现碳减排的方式、第一年全抵消方式。同时，该标准对实现碳中和的抵消信用额进行了明确规定，抵消所采用的方法学和类型均应符合以下原则：

（1）发生于选定标的的减排之外；

（2）应满足额外性、永久性、泄漏性和不重复计算性等准则；

（3）抵消量应经由独立第三方进行认证；

（4）碳抵消额度应在实现减排后方可发行；

（5）碳抵消额度在达成宣告的12个月内撤销；

（6）碳抵消项目的支持文件需对大众公开；

（7）碳抵消项目的信用额应注册于一个独立可信的平台。

四、企事业单位碳达峰、碳中和认定评价认证案例

2023年1月，西安国联质量检测技术股份有限公司为陕西横渠智库企业管理咨询有限公司完成了碳中和认证。

西安国联质量检测技术股份有限公司是由国家认监委批准的第三方认证机构，依托良好的品牌效力和市场优势，可为企业提供“检测＋认证”的双服务支持，在双碳领域，作为经国家认监委备案批准的温室气体核查机构、CCAA温室气体核查员注册推荐机构，有能力为各类组织在双碳领域提供碳达峰碳中和认证一站式服务。在绿色发展领域，国联质检作为具有资质的工业节能与绿色发展评价机构，可在绿色园区、绿色供应链、绿色工厂、绿色产品申报中进行评价服务。在节能增效领域，国联质检作为具有资质的工业节能评价机构，可在节能评价、节水评价、节能诊断、能源审计等方面进行评价服务。

陕西横渠智库企业管理咨询有限公司以各级政府客户为主，提供政策、规划、战略等服务的智库机构，智库专家在其从事的领域拥有至少10年以上的

经验，对行业有非常深入而且广泛的了解。横渠智库代表性成绩如：宝鸡市陈仓区科技工业园区“一区三园”产业规划、中国·石泉第三届鎏金铜蚕文化国际研讨会暨“鎏金铜蚕·丝路之源”招商经贸旅游系列活动规划等。

西安国联质量检测技术股份有限公司对陕西横渠智库企业管理咨询有限公司的办公区，核算和报告在运营上受企业控制的所有生产设施产生的温室气体排放，根据ISO 14064－1：2018进行了核查，确认了企业在节能减排和新能源的使用，在实施碳中和时，根据PAS 2060标准进行评价。经评价，申请方在以上边界和范围、报告期内的温室气体排放量为3.474 1吨 CO2-eq，通过购买并由联合国认证的“中国郑州快速公交”碳信用4吨进行碳中和，并提供了碳信用购买凭证。西安国联质量检测技术股份有限公司据此为陕西横渠智库企业管理咨询有限公司颁发了碳中和证书。

相关术语和定义

碳抵消（Carbon Offset）：排放单位用核算边界以外所产生的温室气体排放的减少量以及碳汇，以碳信用、碳配额或（和）新建林业项目等产生碳汇量的形式用来补偿或抵消边界内的温室气体排放的过程。

碳汇（Carbon Sink）：通过植树造林、森林管理、植被恢复等措施，利用植物光合作用吸收大气中的二氧化碳，并将其固定在植被和土壤中，从而减少温室气体在大气中浓度的过程、活动和机制。

碳配额（Carbon Allowance）：在碳排放权交易市场下，参与碳排放权交易的单位和个人依法取得，可用于交易和碳市场重点排放单位温室气体排放量抵扣的指标。1个单位碳配额相当于1吨CO2-eq。

碳信用（Carbon Credit）：温室气体减排项目按照有关技术标准和认定程序确认减排量化效果后，由政府部门签发或其授权机构签发的碳减排指标。1个额度碳信用相当于1吨CO2-eq。

第十二章　碳达峰与碳中和的企业案例

本章主要介绍中国第一产业、第二产业及第三产业相关企业的碳达峰与碳中和的实施情况。

第一节　第一产业相关企业碳达峰与碳中和案例

本节主要介绍伊利乳业绿色发展助力碳达峰与碳中和，中利集团基于光伏农业助力碳达峰碳中和，以及先正达集团中国通过“润田项目”助力农业可持续发展三个典型第一产业相关企业针对碳达峰与碳中和的具体案例。

一、伊利乳业绿色发展助力碳达峰与碳中和

（一）企业介绍

内蒙古伊利实业集团股份有限公司（以下简称伊利集团或伊利）成立于1993年，伊利集团位居全球乳业五强，连续8年获得亚洲乳业第一，也是中国规模最大、产品品类最全的乳制品企业。截至2022年，伊利在亚洲、欧洲、美洲以及大洋洲等乳业发达地区已构建了一张覆盖全球资源体系、全球创新体

系、全球市场体系的骨干大网。

（二）伊利参与国家农业农村碳达峰与碳中和科技创新联盟

得益于在碳达峰、碳中和方面的突出贡献，伊利成为国家农业农村碳达峰与碳中和科技创新联盟中唯一一家乳品企业。乳业是涉及第一、二、三产业链的产业。作为中国乳业龙头，伊利股份希望依托国家农业农村碳达峰与碳中和科技创新联盟，积极拓展科技创新，为国家实现“碳达峰、碳中和”目标贡献力量。

（三）伊利积极开展节能减碳促进绿色发展

国家“双碳”目标的提出，许多企业纷纷将“双碳”作为发展的主题和方向。伊利股份始终身体力行，行走在节能减碳行列的前排。伊利于 2007 年首届夏季达沃斯论坛上提出了“绿色领导力”的理念，主张追求“绿色生产、绿色消费、绿色发展”三位一体，2009 年又将之升级为“绿色产业链”战略，在提升自身可持续发展能力的同时，更致力于带动全产业链、全行业的共同绿色发展。从 2010 年起，伊利连续 12 年开展温室气体排放量盘查，同时通过使用 FSC 绿色包装，伊利平均每年降低包装纸使用量约 2 800 吨，截至 2017 年，伊利金典累计使用 24 亿包 FSC 包材。此外，伊利在治理污染方面也有着成熟的机制，并自建污水处理厂，处理能力近 15 万吨，年降解有机污染物约 5.5 万吨。在“绿色产业链战略”的推动中，伊利还优先选用注重环境保护的供应商，带动全产业链绿色可持续发展。

多年以来，伊利持续聚焦产业链共赢、质量与创新、社会公益和营养与健康四大行动领域，将联合国可持续发展目标 2030 与企业发展战略有机结合。伊利通过“全球健康生态圈”推动绿色可持续发展理念的落地。在企业碳排放方面，2018 年单吨产品碳排放量降低为 239.89 kg。2018 年，伊利在环保方面的总投入达到 2.8 亿元，比 2017 年增加 1 亿多元，2018 年的一般废弃物排放量仅为 2017 年的 33%、为 2016 年的 29%。

（四）伊利连续多年开展自主碳盘查

在绿色环保领域，伊利不断加大节能减排力度，强化绿色管理，做好污染防控的“减法”，设立了“环境可持续发展三级目标体系”，源头抓起，综合施治，严格控制能源消耗和污染物排放，连续10年编制《碳盘查报告》（图 12.1）。2010 年开始，伊利作为业内首家组建碳盘查团队的企业，连续 12 年开展公司组织层面的碳盘查，2017 年完成了牧场业务的碳盘查，并在 2020 年获得 43 家供应商关于能源利用与碳排放信息的披露。据统计，2019 年伊利能源消耗减少 19 699.04 吨标煤，温室气体排放量同比下降 10.8%。同时，伊利全面实施绿色包装，把绿色发展理念贯穿于包装设计等各个生产环节。伊利金典有机奶 2018 年共使用 FSC 包材 32.28 亿包，相当于 10 万亩可持续森林的经营；2019 年伊利旗下金典系列牛奶共使用 FSC 包材 39.76 亿包，相当于可持续森林经营 15 万亩；2020 年伊利使用的环保包材就达 238 亿包，相当于保护了超过 90 万亩的森林。与此同时，伊利积极践行“绿色产业链”战略，带动合作伙伴共走可持续发展之路。

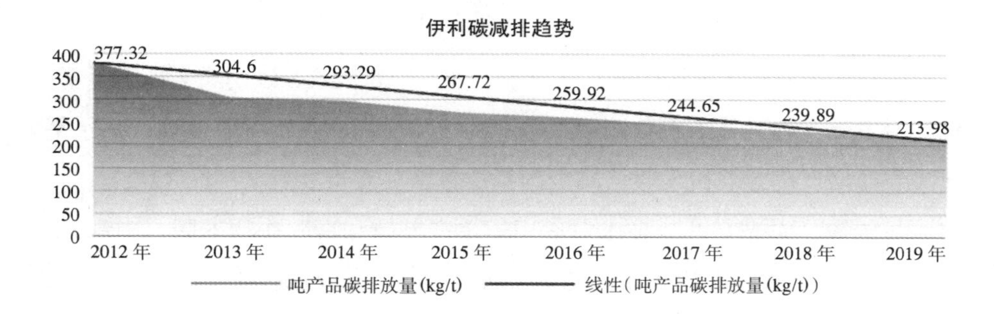

图 12.1　伊利碳盘查报告截图

为积极响应“中国 2060 年前实现碳中和”的国家目标，伊利率行业之先承诺实现碳中和，并于 2021 年启动了产品全生命周期碳足迹计算工作。伊利股份连续 10 多年对旗下所有企业温室气体排放量进行系统核算。同时伊利股份还大力建设绿色工厂，通过引进余热回收、热泵等一系列绿色技术提高工厂的能源利用效率。截至 2021 年，伊利累计减排 651 万吨 CO2-eq，相当于节约了 107 亿度电，伊利的 19 家工厂被工信部认定为国家级“绿色工厂”，32 家分公司被纳入属地环境保护“正面清单”，数量位居全行业第一，为其他乳企节能减碳起到了示范引领的作用。

二、中利集团光伏农业助力碳达峰与碳中和

（一）企业介绍

腾晖光伏技术有限公司成立于 2010 年，是中利集团全资下属子公司。通过 10 多年的创新发展，腾晖成为全球前十大光伏制造商、国内领先的光伏电站开发商之一、中国光伏制造商一级领跑者企业。截至 2022 年，腾晖制造年产能已扩展到 16GW 光伏单晶高效电池和 20GW 光伏高效组件。腾晖下设腾晖新能源电力技术有限公司，具有光伏电站设计、EPC 承建、运维管理等各类资质证书，具备新能源电力整体解决方案的创新技术。

（二）中利集团推出“智能光伏+科技农业”创新模式

中利集团首创了“智能光伏+科技农业”创新模式，该模式实现了全新一代的“农光互补”技术在荒滩地改造上的成功应用，在提升农业现代化水平、促进农业增产增效农民增收，减少碳排放方面具有重要意义（图 12.2）。

与传统“农光互补”技术仅适用于水产养殖和喜阴作物不同，中利万农“智能光伏+科技农业”创新项目将光伏支架抬高到 4 米以上、支架桩距扩大到 10 米，采用单板特定角度安装工艺，既能满足农业生产机械化作业需要，又能保证每棵农作物获得 75%以上太阳光射照，适用于水稻、小麦、玉米、棉花等大田作物。该项目与华为技术有限公司共同研发的“智能光伏”云中心自动监控系统结合，可对农业生产环境进行自动分析，利用光伏支架设置喷淋系统，实现自动喷淋、喷灌、施肥；同时采用光伏电源的太阳能杀虫灯等绿色防控设施，实现智慧农业和无公害农业。

图 12.2　“智能光伏+科技农业”创新模式

中利万农“智能光伏+科技农业”的创新模式不与农业争地，光伏发电和农业收入叠加，土地产出率大幅提高，是现代工业技术、新能源技术、信息技术和栽培养殖技术等多种技术集成组装的新型农业经营模式，不仅丰富和优化了农业资源利用结构、技术应用结构、产业结构和效益结构，可实现一地多用、一水多产、一光多享，为现代农业发展提供了一种技术和资源结合的新途径，还实现了农业增产、国家增税，减少碳排放，促进乡村振兴和可再生能源的可持续发展。

三、先正达集团中国“润田项目”助力农业可持续发展

（一）企业介绍

先正达集团中国是领先的农业科技全球化企业，是先正达集团旗下四大业务单元之一。先正达集团中国的业务领域包括植保、种子、作物营养、MAP与数字农业。先正达集团中国立足中国、参与全球运营，致力于将全球领先的科技、创新理念、人才资源与中国本土实力、市场洞察、优秀团队有机结合，引领现代农业服务和数字化创新。

（二）先正达集团中国参与国家农业农村碳达峰与碳中和科技创新联盟

2022年1月15日，国家农业农村碳达峰与碳中和科技创新联盟在北京正式成立。该联盟是“国家农业科技创新联盟”框架下的专业联盟，由国家和地方农业科研机构及涉农高校、技术推广单位和科技创新企业共同参与，以攻克制约我国农业农村减排固碳的重大关键与产业技术瓶颈问题为导向，不断推动农业农村碳达峰与碳中和项目合作、产业技术创新和成果转化，开展农业农村减排固碳的科研协同创新、技术示范和成果共享。

作为全球领先的农业科技全球化企业，先正达集团中国被推选为副理事长单位。2020年6月，先正达集团启动了绿色增长计划2.0，承诺到2030年将运营层面的排放减低50%。2021年，先正达集团中国与农业农村部农业生态与资源保护总站、联合国开发计划署共同推进的“润田”项目，以秸秆科学还田、保护性耕作等一系列技术解决方案实现固碳减排、稳粮增收的效果，形成一系列因地制宜、科学高效、经济合理的模式，为推动我国农业生产节能减排、保障粮食安全做出积极贡献。

（三）“润田项目”助力中国农业可持续发展

气候变化是全球关注的环境热点，气候智慧型农业是碳中和情景下农业可持续发展的新方式。秸秆可持续还田不仅是农业绿色发展的重要措施之一，也是未来支撑农业适应和减缓气候变化，在稳粮增收的基础上实现农业固碳减排的关键技术。秸秆直接还田是秸秆综合利用中最重要的方式之一，对增加土壤有机质、提高耕地质量、固碳减排、保护环境和农业可持续发展具有重大意义。

2020年12月，由联合国开发计划署、农业农村部农业生态与资源保护总站、先正达集团共同合作推动的“气候智慧型农业——华北平原和东北地区秸秆还田与土壤健康促进（润田）项目”正式启动。以提高土壤健康、减少水资源消耗，推动农业绿色发展为目标，在我国东北、华北平原推广应用秸秆科学还田和保护性耕作种植技术。

"润田项目"计划为期三年，将在东北和华北平原粮食主产区建立核心示范区。在气候智慧型农业框架下，筛选并优化秸秆还田技术，集成土壤耕作技术、养分管理技术、病虫草害防治技术与秸秆促腐技术，形成秸秆科学还田模式（图 12.3）。同时，将依托项目实施，加强技术指导与推广服务，探索促进秸秆科学还田的社会化服务体系，提高区域秸秆还田作业质量与技术实施效果，促进农田土壤健康，强化固碳减排功能，为缓解气候变化和发展气候智慧型农业做出贡献。

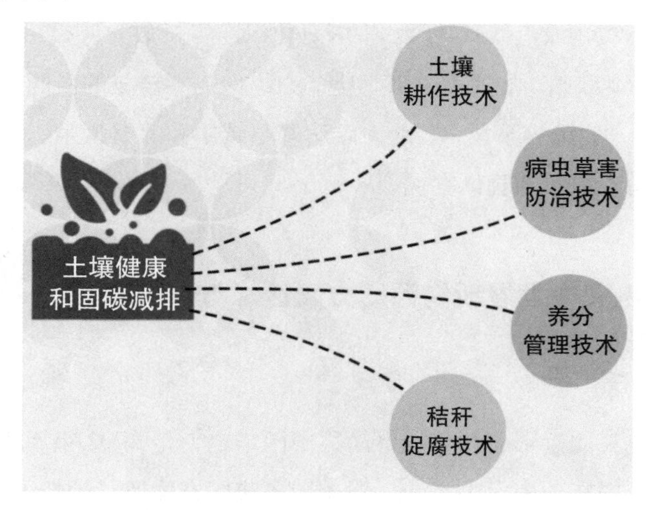

图 12.3　四大关键技术解决秸秆还田

"润田项目"是基于秸秆还田保护性耕作种植技术的一种优化升级方案：在气候智慧型农业框架下，筛选并优化秸秆还田与少免耕技术，通过采用改进的免耕播种机，一次作业完成施肥、播种等环节，提高秸秆覆盖还田下的冬小麦播种质量，增加农田土壤固碳潜力；通过优化的养分管理技术、绿色植保技术，达到减少化肥农药投入、降低农田 N_2O 排放的效果；优化的保护性耕作技术既能保证作物产量，又能降低土壤水分蒸发损失，提高作物水分生产率，促进土壤健康和农田生态系统良性循环。

第二节　第二产业相关企业碳达峰与碳中和案例

本节主要介绍华电大力发展新能源助力碳达峰碳中和、国家能源集团推进绿色低碳发展、国家电网推动能源清洁低碳安全高效利用、中国宝武以科技创新推动钢铁行业绿色低碳发展、华润水泥采取多方式助力行业绿色低碳发展、中国石油大力实施绿色低碳转型、中国石化以净零排放为终极目标、中建集团绿色制造助力“双碳”加速度、比亚迪全方位构建零排放的新能源整体解决方案、铁鑫科技“地源热泵技术”助力碳达峰与碳中和等典型第二产业相关企业针对碳达峰与碳中和的具体案例。

一、华电大力发展新能源助力碳达峰与碳中和

（一）企业介绍

中国华电集团有限公司（以下简称中国华电）是2002年年底国家电力体制改革组建的国有独资发电企业，属于国务院国资委监管的特大型中央企业，主营业务为：电力生产、热力生产和供应；与电力相关的煤炭等一次能源开发以及相关专业技术服务。

中国华电作为中央骨干能源企业，坚决按照国家“双碳”工作规划部署，增强系统观念，坚持稳中求进、逐步实现，坚持降碳、减污、扩绿、增长协同推进，着力构建清洁低碳、安全高效能源体系，扎实推进落实碳达峰行动方案。

中国华电已编制印发公司“十四五”发展规划，发布碳达峰行动方案和“十三五”碳排放白皮书，成立碳资产运营公司，105家发电企业完成全国碳排放权交易履约，完成全国首笔CCER抵消碳配额清缴，全国碳市场第一个履约周期碳排放权履约完成率达100%，以实际行动彰显中国华电积极响应“双碳”目标的央企责任担当。

（二）中国华电碳达峰行动方案

中国华电在新能源上持续发力，并公布了碳达峰行动方案。在中国华电公布的碳达峰行动方案的“八大专项行动”中，可再生能源发展位列首位，排在后面的七大行动分别是火电转型升级、煤矿绿色转型、低碳技术攻关、数字化智能化、绿色金融支持、深化国际合作和管理能力提升。

按照其碳达峰行动方案，中国华电力争到2025年实现碳达峰，新增新能源装机7 500万千瓦，非化石能源装机占比达到50%以上，非煤装机（清洁能源）占比接近60%，全口径碳排放强度较“十三五”末下降17%；力争到2030年，非化石能源装机占比达到65%，全口径碳排放强度较“十三五”末下降37%。

中国华电提出这一目标，得益于其过去在清洁能源方面的重视和投入。其非化石能源装机占比由“十二五”末的28.6%提高到了2020年年底的31.2%，清洁能源装机占比由“十二五”末的37%提高到了2020年年底的43%。

（三）中国华电大力发展新能源

从2020年开始，中国华电在新能源上开始迅速发力，当年新增了692万千瓦装机，是2019年的5倍，累计装机达到2 436万千瓦。2020年中国华电开始发力，规划了一个超大型风光项目，在金上川藏段计划建设近1 000万千瓦水电、2 000万千瓦的风光项目。2020年12月30日，作为中国华电第一个海上风电项目，福建福清海坛海峡海上风电项目首批两台风机并网发电，实现了中国华电海上风电从“无”到“有”的突破。

1. 华电滕州光伏发电项目

2022年3月4日，中国华电滕州滨湖350MW光伏发电项目正式进入施工阶段。该项目是中国华电山东公司全力打造的具有引领性、推广性、先进性的示范光伏项目，规划装机容量350MW，总投资20亿元，利用采煤塌陷地、坑塘水面等，按照“宜农则农，宜渔则渔”的原则，采取“板上发电，板下种植或养殖”复合用地方式，建设技术领先的光伏发电系统和特色农（渔）业，能够有效优化土地利用结构，提升沉陷区治理水平，带动周边农渔业发展，促进能源绿色低碳转型，助力农业增效，农民增收。项目投产后，预计年发电量 5.3 亿千瓦时，利税 4 000 余万元，节约标准煤耗 15 万吨，减排二氧化硫 0.7 万吨、二氧化碳 42 万吨、氮氧化合物 1 400 吨。

2. 新疆首个“风光火储”多能互补清洁能源百万千瓦基地开工

2022 年 3 月 17 日，新疆首个“风光火储”多能互补清洁能源百万千瓦基地项目——中国华电北疆乌鲁木齐 100 万千瓦风光基地项目开工。据悉，项目总装机 100 万千瓦，投产后每年可新增“绿电”25 亿千瓦时以上，年节约标煤超过 83 万吨，减少二氧化碳排放超过 210 万吨。

作为国家第一批大型风电光伏基地项目，该项目充分利用戈壁、荒漠开展风电光伏治沙、防风、固草，旨在通过推动新能源与生态融合发展、友好发展，实现沙漠、戈壁、荒漠地区的系统保护和修复，极大改善当地生态环境和人居环境。项目开工建设将提升自治区电网清洁能源比例，对自治区完成能耗“双控”目标、推动工业转型升级、加快推进“三基地一通道”建设、实现“碳达峰、碳中和”具有重要意义。

3. 中国华电浙江公司聚力“双碳”目标，打造绿色发展“示范窗口”

中国华电浙江公司按照“风光扩量、燃机抢点、抽蓄推动”总体部署，以地面集中式光伏、海上风电为重点，全力拓展风光电资源，加快多能联供商业推广，确保“十四五”实现减碳目标。立足公司 100%清洁能源装机的优势，积极研究碳金融相关政策，大力开发 CCER 项目，积极参与碳市场，盘活碳资产，布局新的利润增长点。

中国华电浙江公司探索业态创新，跟踪关注潮汐能、海洋能及氢能等新兴业态项目，努力打造高质量转型发展新引擎。鼓励区域各单位充分利用场地资源，积极参与低碳领域核心技术的攻关，加大 CCUS、储能、氢能、CO_2在线监测等低碳技术的储备，强化技术支撑。稳步实施国企改革行动和科技创新项目，强化改革创新的动力支撑。

二、国家能源集团积极推进绿色低碳发展

（一）企业介绍

国家能源投资集团有限责任公司（以下简称国家能源集团）于2017年11月28日正式挂牌成立，是经党中央、国务院批准，由中国国电集团公司和神华集团有限责任公司联合重组而成的中央骨干能源企业，是国有资本投资公司改革、创建世界一流示范企业的试点企业，拥有煤炭、电力、运输、化工等全产业链业务，产业分布在全国31个省区市以及美国、加拿大等10多个国家和地区，是全球规模最大的煤炭生产公司、火力发电公司、风力发电公司和煤制油煤化工公司。2021年在世界500强排名第101位。

作为我国最大的煤基能源企业，国家能源集团早在2020年年底就已着手制订2025年碳排放碳达峰行动方案。“十四五”时期，国家能源集团将继续加大可再生能源开发力度，预计可再生能源新增装机达到（7000～8000）万千瓦。其次，大力推进“生态林”建设，计划新增造林10万亩以上，矿区生态与碳汇减排协同发展。积极探索化石能源低碳减量可行先进技术，稳步推进全产业链效率提升、节能减排、用能电气化替代，加快终端用能零碳排放。

国家能源集团贯彻落实碳达峰、碳中和要求，着力推进化石能源清洁化、清洁能源规模化，强化煤电一体化协同优势，实现煤炭清洁高效开发利用，在能源保供工作中做出重要贡献，同时全速推进新能源发展，彰显能源革命排头兵的示范引领作用，助力我国加快构建清洁低碳、安全高效的现代能源体系。

（二）国家能源集团推进煤炭清洁高效生产利用

近年来，国家能源集团积极推进煤炭产业绿色清洁高效生产和利用，加大矿井水资源保护、地表生态修复、固废资源利用，千万吨级煤矿占全国50%；积极推进煤炭绿色开采，建成国家级绿色矿山36座、省级17座。积极开展黄

河流域 70 家企业生态修复监测评估，主要污染物综合达标排放率同比提高 0.25 个百分点。

2021 年 6 月 25 日，15 万吨/年 CCS 示范项目在国家能源集团锦界电厂一次通过 168 小时试运行，这是目前国内规模最大的燃煤电厂燃烧后二氧化碳捕集与驱油封存全流程示范项目，试运期间连续生产出纯度 99.5%的工业级合格液态二氧化碳产品，成功实现了燃煤电厂烟气中二氧化碳大规模捕集。

（三）国家能源集团做好绿色转型排头兵

2021 年，新能源开工 1 968 万千瓦，新增装机 1 089 万千瓦，风电运营规模达到 5 000 万千瓦，保持世界第一。光伏装机 860 万千瓦，同比增长 4.1 倍。江苏东台海上风电、猴子岩水电站等项目荣获国家优质工程金奖。据统计，“十三五”期间，国家能源集团清洁可再生能源装机占比增长 4.1 个百分点，发电量占比增长 4.8 个百分点。

2021 年 11 月 20 日，国内中外合资海上风电项目——国家能源集团国华投资江苏东台海上风电项目成功实现全容量并网发电，开创了国内中外合资海上风电建设的先河，该项目是国家能源集团 2021 年首个全容量并网的海上风电项目。

为了推进清洁能源规模化发展，国家能源集团坚持集中分布式并重，大力推进光伏发电项目开发，有序推进重点水电工程和千万千瓦级综合能源基地建设，积极发展大型海上风电项目；推进采煤沉陷区、复垦区治理与光伏发电耦合，以及“新能源+生态治理”项目，建成“国家能源集团生态林”20 万亩。

2021 年以来，国家能源集团成立了绿色低碳发展投资基金，新能源开工和在建规模均创历史最高水平，首个中外合资海上风电项目投产，玛尔挡“水光储蓄”千万千瓦级能源基地核心工程开工建设，张家口风光制氢储氢用氢示范项目助力北京绿色冬奥，彰显能源革命排头兵的示范引领作用。

三、国家电网推动能源清洁低碳安全高效利用

（一）企业介绍

国家电网有限公司成立于2002年12月29日，是中央直接管理的国有独资公司，注册资本8 295亿元，以投资建设运营电网为核心业务，是关系国家能源安全和国民经济命脉的特大型国有重点骨干企业。

公司经营区域覆盖我国26个省（自治区、直辖市），供电范围占国土面积的88%，供电人口超过11亿。20多年来，国家电网持续保持全球特大型电网最长安全纪录，建成20多项特高压输电工程，成为世界上输电能力最强、新能源并网规模最大的电网，公司专利拥有量持续排名央企第一。该公司位列2021年《财富》世界500强第二位。

（二）国家电网碳达峰、碳中和行动方案

近年来，国家电网认真贯彻“四个革命、一个合作”能源安全新战略，把推进能源转型作为根本任务，全面推动电网向能源互联网升级，有力支撑了绿色低碳发展。截至2020年年底，该公司经营区清洁能源发电装机7.1亿千瓦、占比42%，其中新能源发电装机4.5亿千瓦、占比26%，比2015年提高14个百分点，是世界上新能源等清洁能源发电装机接入规模最大、发展速度最快的电网公司。

电网连接能源生产和消费，在能源清洁低碳转型中发挥着引领作用。国家电网结合“十四五”规划，对实施“碳达峰、碳中和”进行了深入研究。“碳达峰”是基础前提，要尽早实现能源消费尤其是化石能源消费达峰；“碳中和”是最终目标，要加快清洁能源替代化石能源，通过碳捕集、利用和封存技术，实现碳排放和碳吸收的平衡。实现“双碳”目标，关键在于推动能源清洁低碳安全高效利用，在能源供给侧构建多元化清洁能源供应体系，在能源消费侧全面推进电气化和节能提效。

2021 年 3 月 1 日，国家电网发布“碳达峰、碳中和”行动方案。该方案提出，国家电网将以“碳达峰”为基础前提、“碳中和”为最终目标，加快推进能源供给多元化清洁化低碳化、能源消费高效化减量化电气化。

1. 推动能源清洁低碳高效利用

面对新能源快速发展的机遇与挑战，国家电网将通过供给侧结构调整和需求侧响应“双侧”发力，推动能源清洁低碳高效利用。

（1）国家电网将继续加快构建智能电网，推动电网向能源互联网升级，同时通过加大跨区输送清洁能源力度、保障清洁能源及时同步并网等措施着力打造清洁能源优化配置平台。

（2）加强“大云物移智链”等技术在能源电力领域的融合创新和应用，加快信息采集、感知、处理、应用等环节建设，推进各能源品种的数据共享和价值挖掘。到 2025 年，初步建成国际领先的能源互联网。

（3）为了推进各级电网协调发展，国家电网支持新能源优先就地就近并网消纳。在送端，完善西北、东北主网架结构，加快构建川渝特高压交流主网架，支撑跨区直流安全高效运行。在受端，扩展和完善华北、华东特高压交流主网架，加快建设华中特高压骨干网架，构建水火风光资源优化配置平台，提高清洁能源接纳能力。

（4）“十四五”期间，国家电网规划建成 7 回特高压直流，新增输电能力 5 600 万千瓦。到 2025 年，公司经营区跨省跨区输电能力达到 3 亿千瓦，输送清洁能源占比达到 50%。

（5）开辟风电、太阳能发电等新能源配套电网工程建设“绿色通道”，确保电网电源同步投产。加快水电、核电并网和送出工程建设，支持四川等地区水电开发，超前研究西藏水电开发外送方案。到 2030 年，该公司经营区风电、太阳能发电总装机容量将达到 10 亿千瓦以上，水电装机达到 2.8 亿千瓦，核电装机达到 8 000 万千瓦。

2. 深化电力市场建设

与此同时，国家电网将发挥市场作用扩展消纳空间。加快构建促进新能源消纳的市场机制，深化省级电力现货市场建设，采用灵活价格机制促进清洁能源参与现货交易。完善以中长期交易为主、现货交易为补充的省间交易体系，积极开展风光水火打捆外送交易、发电权交易、新能源优先替代等多种交易方式，扩大新能源跨区跨省交易规模。

3. 积极参与碳市场建设

提升公司碳资产管理能力。国家电网积极参与全国碳市场建设，充分挖掘碳减排（CCER）资产，建立健全公司碳排放管理体系，发挥公司产科研用一体化优势，培育碳市场新兴业务，构建绿色低碳品牌，形成共赢发展的专业支撑体系。

四、中国宝武以科技创新推动钢铁行业绿色低碳发展

（一）企业介绍

中国宝武钢铁集团有限公司（简称中国宝武）由原宝钢集团有限公司和武汉钢铁（集团）公司联合重组而成，于 2016 年 12 月揭牌成立。2019 年以来，中国宝武成功联合重组马钢集团、太钢集团，实际控制重庆钢铁，受托管理中钢集团、重钢集团、昆钢公司。中国宝武注册资本 527.9 亿元，资产规模 10 141 亿元，是国有资本投资公司试点企业，被国务院国有资产监督管理委员会纳入中央企业创建世界一流示范企业。中国宝武将绿色作为企业的生命底色和战略基色，大力推进绿色低碳发展，大力推进绿色钢铁精品制造，大力推进智慧制造支撑绿色发展。2021 年 1 月，中国宝武在钢铁行业率先发布碳减排宣言：2023 年力争实现碳达峰，2050 年力争实现碳中和。

（二）中国宝武碳达峰、碳中和行动方案

2021 年 1 月 20 日，中国宝武钢铁集团发布碳达峰、碳中和目标：力争 2023 年实现碳达峰，2035 年实现减碳 30%，2050 年实现碳中和。中国宝武在 2021 年发布低碳冶金路线图。

1. 推动钢铁行业绿色低碳转型发展

中国宝武将正确处理发展与减排、整体与局部、短期和中长期之间的关系。聚焦于富氢碳循环高炉流程和氢基竖炉流程这两条主要技术方向而持续发力，并以此为基础来打造中国宝武的零碳工厂，为社会提供更多的低碳和零碳钢材，推动钢铁行业绿色低碳转型发展，实现绿色低碳引领。

中国宝武将以科技创新打通钢铁行业低碳发展路径，创立全球低碳冶金创新联盟，打造面向全球的低碳冶金创新技术交流平台；建立开放式研发创新模式，开展钢铁工业前瞻性、颠覆性、突破性创新技术研究；建设面向全球的低碳冶金创新试验基地，促进钢铁上下游产业链的技术合作，助推钢铁工业可持续发展。

同时，中国宝武将把降碳作为源头治理的“牛鼻子”，优化能源结构，加大节能环保技术投入，不断提高天然气等清洁能源比例，加大太阳能、风能、生物质能等可再生能源利用，布局氢能产业，推进能源结构清洁低碳化；不断提高炉窑热效率、深挖余能回收潜力，提升能源转换和利用效率，大幅降低能源消耗强度，严控能源消耗总量，为社会提供更绿色更优质钢铁及相关新型材料。

2. 低碳冶金技术路线图

中国宝武结合基地分布广、资源多样化、应用场景丰富的特点，确立了“冶金原理+科学管理”的行动策略，促进极致能效，布局和突破重大工艺技术。

中国宝武公布了低碳冶金技术路线图，即碳中和行动方案。中国宝武碳中和冶金技术的发展将按 6 条路线来部署和实施：

（1）钢铁流程极限能效减碳。研究全流程理论极限和技术极限能耗模型，通过最佳可适商业技术（BACT）应用以及智慧制造、界面能效提升、余热余能深度资源化等领域的集成创新，逼近极限能效。

（2）重构高炉工艺技术减碳。高炉工艺是钢铁生产的主工艺流程，通过技术创新将高炉煤气二氧化碳分离提质、加热返回高炉使用，实现高炉碳利用率极致化，结合富氢冶炼，构建富氢碳循环高炉技术体系，争取实现较传统高炉吨铁碳排放强度下降30%左右的目标。

（3）氢冶金技术减碳，重点研究绿色制氢工艺技术、氢气直接还原铁矿石工艺技术以及集成应用绿氢直接还原电炉短流程冶炼技术，实现吨钢碳排放强度相比于高炉转炉流程大幅度降碳。

（4）短流程近终型制造技术减碳。有别于传统的生产方式，构建短流程近终型制造技术平台，开展电炉+近终型制造工艺技术路径研究，实现钢铁加工工艺流程极低减碳。

（5）循环经济减碳。研发钢铁循环材料、含铁含碳固废、多源生物质等资源在钢铁生产过程中的使用技术，减少化石能源消耗，持续降低吨钢碳排放强度。

（6）二氧化碳资源化利用技术减碳。通过对钢铁流程二氧化碳低成本、大规模地捕集和资源化利用，探索钢铁流程深度减碳技术。

（三）湛江钢铁致力打造绿氢全流程零碳工厂

2022年2月15日，宝钢湛江钢铁零碳示范工厂百万吨级氢基竖炉开工建设（图12.4）。该项目是国内首套百万吨级氢基竖炉，也是首套集成氢气和焦炉煤气进行工业化生产的直接还原生产线，标志着湛江钢铁向打造世界最高效

图12.4　项目效果图

率的绿色碳钢制造基地、实现绿色低碳可持续发展迈出了坚实一步。

湛江钢铁百万吨级氢基竖炉项目总投资 18.9 亿元，由中钢国际设计，主要设施包括竖炉本体、竖炉装料卸料系统、产品冷却系统、气体回路系统、原料输入和成品输出系统，以及配套的球团供应系统、能源公辅系统和信息化系统。

项目预计 2023 年年底建成，投产后对比传统铁前全流程高炉炼铁工艺同等规模铁水产量，每年可减少二氧化碳排放 50 万吨以上，是湛江钢铁助力实现国家“双碳”目标和践行绿色低碳发展的具体行动，也是后续国内自主集成并研发全氢冶炼技术的创新平台。

氢能是最具发展潜力的清洁能源之一。在宝武碳中和冶金路线图中，将氢基竖炉为核心的氢冶金工艺确定为碳中和冶金技术的重要路径之一，即通过风能、光伏等可再生能源发电制取“绿氢”，生产过程中基本不产生温室气体，从源头上杜绝碳排放，是有望实现近零碳排放的钢铁冶炼过程，进而助推宝武实现碳中和目标。

未来湛江钢铁在氢基竖炉的基础上，将利用南海地区光伏、风能配套上“光电氢”“风电氢”绿色能源，形成与钢铁冶金工艺相匹配的全循环、封闭的流程，产线碳排放较长流程降低 90%以上，并通过碳捕集、森林碳汇等实现绿氢全流程零碳工厂。

（四）太钢企业积极推动矿产品碳足迹数据管理

2021 年以来，太钢矿业积极响应宝武、太钢“双碳”工作部署，率先策划实施碳达峰与碳中和行动，与上海易碳数字科技有限公司携手合作，历时 9 个月制订完成碳中和行动方案。该项目基于数字技术打造，主要包括碳数据管控系统、全生命周期碳足迹计算系统、绿色低碳路线图 3 个部分。太钢矿业碳数据管理平台具备全面保障企业碳排放数字化精确计算能力、“一总部多基地”碳排放常态化监管能力以及碳数据精细化归集管理能力，同时采用国际认证的生命周期评价底层核心计算办法，建立了行业碳平衡和全生命周期计算模型，具有超前性和创新性，行业引领带动作用突显。

2022 年，太钢矿业将以制订和落实碳中和行动方案为新起点，锚定绿色低碳发展目标，加快实现自动化碳数据采集，加紧富氧燃烧、绿电、电动车等绿色低碳技术研究应用，以科技创新和奋发作为加速矿山绿色低碳可持续发展，为宝武碳达峰与碳中和贡献力量。

五、华润水泥助力行业绿色低碳发展

（一）企业介绍

华润水泥控股有限公司成立于 2003 年，是央企华润集团旗下香港上市公司。依托独特的资源布局优势及水泥和商品混凝土纵向一体化的生产模式，以“润丰水泥”为全国统一品牌，公司发展成为华南地区颇具规模及竞争力的水泥、熟料和混凝土生产商，业务覆盖广东、广西、福建、海南、云南、贵州、山西、内蒙古及香港等地区。截至 2021 年 6 月底，通过控股及参股企业，熟料、水泥及混凝土年产能分别达到 7 480 万吨、1.07 亿吨及 4 020 万立方米。华润水泥积极履行央企社会责任，高度重视安全生产及员工职业健康，长期践行节能减排、协同处置和循环经济等对社会、生态环境有益的事业。下属各生产基地氮氧化物、颗粒物及二氧化硫排放均优于国家特别排放限值，并拥有 10 个水泥窑协同处置项目，处置领域涉及城乡生活垃圾、市政污泥及工业危险废物三类。积极履行企业社会责任，节能减排，推广水泥窑协同处置，助力行业绿色低碳发展。

（二）华润水泥采取多种方式降低碳排放

在“十四五”期间，华润水泥将主动通过降低能耗、试点新技术及新工艺、开发低碳产品等方式降低碳排放。同时，华润水泥正积极跟进并落实国家碳排放政策，积极参加行业组织的碳排放相关会议和全国碳市场建设测试活动，为未来全国碳市场统一做准备。

1. 试点新技术及新工艺

华润水泥正在开展替代熟料（如煅烧黏土）及替代燃料（如生物质燃料、工业废弃物等）等新技术及新工艺的应用研究。2020 年，公司使用电石渣作为石灰石替代材料，实现碳减排。此外，公司还计划开展二氧化碳捕集等技术的研究和利用工作，为未来进一步推广奠定基础。

2. 开发低碳产品

在低碳产品方面，华润水泥正在开展低碳胶凝材料的开发及应用，同时在福建及海南积极推广核电水泥、道路水泥及高贝利特水泥，降低二氧化碳排放。与普通水泥熟料相比，核电水泥、道路水泥、高贝利特水泥的吨熟料二氧化碳排放量分别减少约 1.5%、1.6%、2.2%。

截至 2020 年年底，华润水泥位于广东罗定，广西武宣、田阳、南宁、贵港、平南、合浦，云南鹤庆生产基地的多项水泥及熟料产品已通过低碳产品认证。

六、中国石油大力实施绿色低碳转型

（一）企业介绍

中国石油天然气集团有限公司（简称中国石油，英文缩写：CNPC）是国有重要骨干企业和全球主要的油气生产商和供应商之一，是集国内外油气勘探开发和新能源、炼化销售和新材料、支持和服务、资本和金融等业务于一体的综合性国际能源公司，在国内油气勘探开发中居主导地位，在全球 35 个国家和地区开展油气投资业务。2021 年，中国石油在《财富》杂志全球 500 强排名中位居第四。

（二）中国石油制定绿色低碳转型路径

面对疫情叠加国际油价断崖式下跌等挑战，中国石油大力实施绿色低碳转型，生产经营保持平稳运行。2020 年，中国石油可销售天然气产量 39 938 亿立方英尺，同比增长 9.9%。这是中国石油天然气产量近年来最大幅度的增长，推动天然气占比持续提高，油气结构进一步优化，绿色低碳转型取得重要进展。

针对市场关注的绿色低碳转型问题，中国石油已确定了“清洁替代、战略接替、绿色转型”三步走总体部署，正在深化细化低成本实现碳达峰与碳中和的时间表和实现路径。中国石油将抓住能源行业低碳转型发展机遇，积极布局清洁生产和绿色低碳的商业模式，力争 2025 年左右实现碳达峰，2050 年左右实现净零排放，为全球“双碳”目标的实现做贡献。

中国石油正在制定绿色低碳发展的路径：

（1）充分利用天然气绿色低碳的属性，充分发挥公司天然气的资源优势，推动天然气产量的进一步增长。希望到 2025 年中国石油的天然气占比提高到 55%左右。

（2）充分发挥天然气在未来能源体系中的关键支撑作用，利用好中国石油现有矿权范围内的“风光”和地热等丰富资源，大力实施风光电融合发展和氢能产业的产业化利用，持续加大地热资源的规模开发和综合利用，推动中国石油向油气热电氢综合性能源公司转型。

（3）积极推进绿色企业行动计划，大力实施节能减排和清洁替代，努力减少碳排放。

（三）中石油大港油田积极打造绿色低碳油田

近几年来，大港油田公司各能耗指标持续向好，2020 年与 2015 年相比，能耗总量降低 13.32%、新鲜水消耗降低 41.23%、碳排放量降低 14.52%；主要生产单耗持续下降。

大港油田超前布局新能源，利用和整合现有资源，注重加强与专业机构、公司开展业务合作，因地制宜开展屋顶及闲置土地光伏发电、井场围挡等生产设施附属物发电、地热资源利用等项目，持续降低运行成本和碳排放。

1. 光伏发电项目

在近几年与国家电力投资集团天津分公司合作中，大港油田先后实施港狮小区屋顶光伏发电、防水隔热屋顶分布式光伏发电等项目。其中港狮发电项目装机容量 5.54 兆瓦，年发电量达 720 万千瓦时，年减排二氧化碳 6 367 吨。而在港西一号井丛场，大港油田建成井场围挡两用光伏发电站。截至 2021 年 6 月，发电站已连续运行 22 个月，最高日发电 668 千瓦时，年发电量 13.56 万千瓦时，已累计发电 14.8 万千瓦时。仅光伏发电领域，大港油区范围内总装机容量已达 15 兆瓦，累计提供清洁绿电 2 011.97 万千瓦时，实现了碳减排和经济效益的双赢。

2. 绿色安全发展理念

近年来，大港油田把绿色安全发展理念贯穿于油气勘探开发各领域和全过程，深入研究谋划落实安全环保工作思路、目标任务和措施，高质量绿色安全发展根基得以不断夯实。2019 年 5 月以来，井下作业公司紧跟油田绿色矿山创建和修井保产需求，采取燃油修井设备“油改电”改造、配置电动修井设备等措施，逐步淘汰“服役”时间长、油耗高的燃油动力修井设备，目前在用电动修井设备已达 15 台，初具规模。截至 2021 年 6 月，该公司应用电动修井设备完井 1 001 口，节省燃油 252.5 吨，节约费用 102.3 万元。

3. 新技术助力绿色发展

为探寻油气田企业绿色发展新途径，大港油田还不断引入新技术，并理顺管理机制，智能绿色发展驶入快车道。在原油生产中，通过原创含水在线分析等技术，实现远程管理监控和在线数据采集，有效降低了人力和管理成本。同时，积极推行网电低碳钻井、泥浆循环利用、废液零排、油井智能节能举升、集输密闭储运等。几年间，城市油田全生命周期的清洁生产逐步实现，碳排放减少 20.2%，泥浆排放减少 25.3%，绿色高效建产技术不断升级。2020 年，大港油田新钻井泥浆不落地处理率达 100%，修井作业全部实现油水不落地。

4. 深入开展节能工作

为确保“十三五”节能目标的实现，大港油田深入开展系统节能潜力分析，对公司机采、集输、注水、电力等系统持续进行节能优化改造。同时，积极推广油田地面工艺深度优化简化、举升工艺优化、注水系统高低压系统分离、加热炉提效改造、零散天然气回收利用等节能技术。“十三五”期间，大港油田累计投入节能专项投资超过 1 亿元，实施节能项目 7 项，实现年节电 5 869.9 万千瓦时、节天然气 318.3 万立方米、节原煤 5 500 吨，综合节约标准煤 2.78 万吨，创造效益 5 771 万元。

七、中国石化坚持科技创新致力净零排放目标

（一）企业介绍

中国石油化工股份有限公司（以下简称中国石化）是一家上中下游一体化、石油石化主业突出、拥有比较完备销售网络、境内外上市的股份制企业。中国石化是中国最大的一体化能源化工公司之一，主要从事石油与天然气勘探开发、管道运输、销售；石油炼制、石油化工、煤化工、化纤及其他化工生产与产品销售、储运；石油、天然气、石油产品、石油化工及其他化工产品和其他商品、技术的进出口、代理进出口业务；技术、信息的研究、开发、应用。中国石化是中国大型油气生产商；炼油能力排名中国第一位；在中国拥有完善的成品油销售网络，是中国最大的成品油供应商；乙烯生产能力排名中国第一位，构建了比较完善的化工产品营销网络。

（二）中国石化碳达峰与碳中和行动

2020 年 11 月 23 日，中国石化与国家发改委能源研究所、国家应对气候变化战略研究和国际合作中心、清华大学低碳能源实验室等 3 家单位分别签订战略合作意向书，启动碳达峰、碳中和战略路径课题研究，制定中国石化碳达峰和碳中和战略、目标、路线图及保障措施。

（三）中国石化大力发展新能源业务

2018 年，中国石化宣布启动“绿色企业行动计划”，预计到 2023 年建成清洁、高效、低碳及循环的绿色企业。中国石化将会加大清洁能源供应，加大

地热开发和推进新能源的开发。

1. 业务布局方面

早在2012年中国石化就已经进军光伏领域，建成数个光伏电站项目，并结合自身业务，拓展了光伏发电与加氢、加油、充电、非油等结合的应用场景，成立了相关新能源开发中心。除去光伏领域，中国石化还对风电、氢能等新能源进行了布局。

2020年5月，中国石化已联手广州市黄埔区、广州开发区，打造氢能汽车应用发展基础设施先行区域，重点规划在该区新建20座以上集加氢、加油、充电、非油、光伏发电等“五位一体”的综合能源销售站。

2020年10月，中国石化启动首个风电项目。其所属新星公司将参与开发位于陕西大荔的分散式风电项目，总装机容量20MW。

为实现碳达峰目标和碳中和愿景，中国石化制订了油、气、氢、电、风等能源发展计划，全面参与充电、换电基础设施网络建设，加速发展氢能源。中国石化目前在北京、广东、上海等地建成9 000千克/天的高纯氢供应能力，正在布局可再生能源制绿氢；已建成42公里“巴陵—长岭”氢气管道，平稳运营6年；已建成10座油氢混合加氢站，有9座已正式实现氢能加注，还有1座将很快实现。

2. 氢能供应方面

中国石化将在现有的炼化、煤化工制氢基础上，进一步扩大氢气生产利用规模，大力发展可再生电力制氢，并积极利用边际核电、可再生能源弃电、电网谷电等制氢，持续优化氢气来源结构。在氢能加注设施领域，未来几年，将以京津冀、长三角、珠三角为重点，以码头港口、物流枢纽、高速公路氢走廊为依托，大规模布局建设加氢站，满足氢燃料公交车、物流车、出租车的氢气需求，助力形成氢电互补的新能源汽车发展格局。

（四）荆州采油厂应用智能装置实现节能减排

江汉油田荆州采油厂加大智能装置和先进技术应用力度，截至2022年4

月，引进的 5 台井口采油智能装置已节电 17.35 万千瓦时，减少能源消耗 21.3 吨标煤；同时，持续推进高耗能落后设备淘汰更换、加强危险废物合规处置，有效实现节能减排。

该厂管辖油区主要分布在长江两岸，油区周边农田沟渠星罗棋布，环保责任重大。该厂引进 5 台井口采油智能装置，根据地下情况调整抽油机运转情况，减少无效运转，降低用电功率。积极推广“泥浆不落地”工艺技术，对泥浆实行循环利用，对产出水进行处理达标后回注。

该厂持续推进高耗能落后机电设备淘汰、更换项目，完成 32 台高耗能设备整改。积极开展 VOCs（挥发性有机物）污染源摸底排查工作，建立密封点和泄漏点排查清单。严格落实危险废物管理规范和联单台账制度，危险废物合规处置率达 100%。对套管加装护套，实现双层防护，先后投入数百万元，更换管线近 2 万米。

（五）江苏油田致力布局新能源“风光”向“绿”行

中国石化上游板块陆上风力发电项目在江苏油田小纪油区建成，装机容量 2.5 兆瓦，投入运行后，预计年发电量 630 万千瓦时，能为 140 台抽油机提供清洁用电。

江苏油田致力于风能、光能、地热等清洁能源的开发与利用，传统能源消耗呈现逐年下降趋势，2021 年单位油气能耗和电耗比上年分别下降 3%，新能源利用比上年上升 65.53%。2022 年以来，江苏油田加快新能源开发利用步伐，170 个光伏电站建设项目拉开序幕，风电项目加快推进，复杂小断块油田 CCUS-EOR（二氧化碳捕集、利用与封存提高采收率）项目联 38 示范区提高采收率示范区建成。

江苏油田已建设了 98 座光伏电站，总计装机容量 6.32 兆瓦，年发电 876 万千瓦时，年减排二氧化碳 5 344 吨。若江苏油田按照计划完成风场电站建设，年发电量将为 15 990 万千瓦时，可节约标准煤 19 652 吨，减排二氧化碳 92 902 吨、二氧化硫 472 吨、氮氧化物 138 吨。

八、中建集团绿色制造助力“双碳”加速度

（一）企业介绍

中国建筑集团有限公司（简称中建集团），正式组建于1982年，是我国专业化发展最久、市场化经营最早、一体化程度最高、全球规模最大的投资建设集团之一。中国建筑的经营业绩遍布国内及海外100多个国家和地区，业务布局涵盖投资开发（地产开发、建造融资、持有运营），工程建设（房屋建筑、基础设施建设），勘察设计，新业务（绿色建造、节能环保、电子商务）等板块。在我国，中国建筑投资建设了90%以上300米以上摩天大楼、四分之三重点机场、四分之三卫星发射基地、三分之一城市综合管廊、二分之一核电站，每25个中国人中就有一人使用中国建筑建造的房子。

（二）中建五洲绿色制造助力“双碳”加速度

2022年政府工作报告中指出，要有序推进碳达峰、碳中和工作，落实碳达峰行动方案。要推进大型风光电基地及其配套调节性电源规划建设，提升电网对可再生能源发电的消纳能力。

在江苏南京，一座“绿色工厂”正驱动“自主创新+精工细造”的双翼，凭借过硬的风电塔筒制造技术在风力发电、光伏发电等新能源领域持续发力，以实际行动助力“双碳”加速度，这就是中建安装旗下中建五洲工程装备有限公司。

1. 塔筒业务打造低碳“风”范

作为国内最早从事风电塔筒制造的专业厂家，中建五洲自2005年至今，已累计加工5 000套风电塔筒，总装机容量约6 GW，项目遍布国内三北地区、江浙沪以及广东、海南、云南、湖北、河南等区域。

为解决风电业务发展中暴露出的工厂和现场匹配协调困难问题，中建五洲全力打造“塔架制作+现场安装”一体化服务。“塔架制作”分布在全国8处制造加工基地，按统一标准专业化制作，高效完成多个项目履约。2017年，中

建五洲完成泰国 GNP 风电场钢制柔性风机塔筒，自此打开了更广阔的海外市场，更多大型陆上塔筒遍布泰国、越南、巴基斯坦、希腊等地。目前，中建五洲累计出口泰国塔筒份额已达泰国风塔市场总份额的 30%。

比起陆上风电，海上风电具有资源储备丰富、发电稳定、电网接入便利等优势。2018 年，中建五洲制造团队攻克防腐、精度控制等难题，助力制造上海临港海上风电项目。随着国内首个竞争性配置海上风电项目——上海奉贤海上风电及越南海上风电、浙江嘉兴 1 号海上风电过渡段、上海电气如东 H6 海上风电等一个个海上风电项目的成功建设，中建五洲实现从陆地向海上转型的重大突破。

2. “踏风”背后的技术自信

攻坚关键核心技术，创新驱动绿色发展。面对接踵而来的直径更大、单机更重、高度更高、精度更精等要求，中建五洲笃信科技创新“助推器”和“催化剂”作用，聚力攻关技术壁垒。拥有与风电塔筒制造的相关科技进步奖项 6 项、工法 4 项、专利 3 项，牵头编制了“装备制造关键技术丛书”。

中建五洲预制厂应用 140 米免灌浆干式螺栓链接技术有效解决了混塔预制精度要求高、运输受限等难题，成功完成国内首个分片预制装配式混塔制作项目。

3. 绿色可持续助力赛道不断延伸

围绕国家“双碳”目标，中建五洲致力于在风电塔筒行业内推行绿色制造，提升风电成套设备制造的绿色化水平，基于国家级风电关键构件绿色设计平台，打造具有引领示范作用的绿色工厂，建立完善的绿色产品供应链，制定风电塔筒绿色制造标准，引领风电行业绿色制造发展。

九、比亚迪全方位构建零排放的新能源解决方案

（一）企业介绍

比亚迪是一家致力于“用技术创新，满足人们对美好生活的向往”的高新

技术企业。比亚迪成立于1995年2月，经过20多年的高速发展，已在全球设立30多个工业园，实现全球六大洲的战略布局。比亚迪业务布局涵盖电子、汽车、新能源和轨道交通等领域。

比亚迪争当可持续发展先锋，倡导绿色低碳生产生活方式，组织社会公益及环保活动，在绿色采购、绿色生产、绿色运营等方面强化碳减排行动，同时通过绿色技术、产品和解决方案，实现企业节能减排，加快我国交通运输行业和制造业绿色低碳转型发展。

（二）积极承担责任，争做行业标杆

比亚迪将绿色发展理念贯彻到企业生产经营中，通过能源审计、内部审核、节能技术改造、员工培训等措施，不断提高能源管理体系有效性，实现降低能耗、提高能源利用效率。比亚迪通过构建绿色能源管理体系、推进可再生能源代替传统能源、开展技术和管理节能等方式，持续减少能源消耗和二氧化碳排放。

比亚迪以解决社会问题为导向，以技术创新为驱动，开发光伏、储能、电动汽车、电动叉车、云轨、云巴及LED等绿色技术产品，打通能源从获取、存储到应用各个环节，为城市提供一揽子绿色整体解决方案。

未来，比亚迪将持续加大技术创新力度和资源投入，强化上中下游产业链节能减排，构建“绿色供应商、绿色原材料”的绿色采购体系，研究探索新能源汽车及动力电池等核心零部件碳足迹，倡导绿色出行，助力交通运输行业节能减排，力争成为新能源汽车领域碳减排的标杆企业。

（三）坚持技术创新，助力零碳目标

第一，通过推进公交车、出租车、网约车等全面电动化，助力实现公共交通的低碳化。第二，通过推进城市卡车及专用车全面电动化，助力实现工程和物流的低碳化。2015年，比亚迪提出“7+4”全市场战略，在公交车、出租车及私家车基础上，增加城市商品物流、城市建筑物流、环卫、道路客车，推

进“七大”常规领域汽车电动化，同时在机场、仓储、港口及矿山等“四大”特殊领域推出电动专用车。第三，通过加速私家车领域新能源汽车对燃油车的替代，最终进入汽车全面电动化时代。比亚迪推出了高安全刀片电池、高性能碳化硅芯片、高效率 DMi 超级混动系统，加速私家车电动化进程，满足公众对绿色出行的美好需求。

此外，为治理城市交通拥堵，比亚迪提出城市轨道交通大中小运量协同发展，提高小运量轨道与地铁的匹配比例，助力实现路网运行的低碳化。比亚迪不断探索绿色出行方式，将电动车产业链延伸到轨道交通领域，推出中运量云轨和小运量云巴，代表电动车和轨道交通行业跨界创新成果，持续助力城市节能减排。

为了让城市发展可持续，除了用二次能源驱动交通体系，比亚迪还开发出光伏、储能等清洁能源技术，促进全球能源结构转型。比亚迪开发出“光储一体化”模式，突破传统光伏发电瓶颈，将太阳能转化为电能并存储应用，让清洁能源满足更多样化的市场需求。高安全的储能系统与太阳能光伏发电系统相结合，帮助用户将白天太阳能所发的清洁电力储存下来，供晚上使用。

十、铁鑫科技“地源热泵技术”助力碳达峰与碳中和

（一）企业介绍

江苏铁鑫能源科技有限公司（以下简称铁鑫科技）是原中铁十局十公司旗下的高新技术企业，2013 年 9 月成立。作为新能源开发利用和低能耗建筑及健康舒适系统行业的践行者，铁鑫科技致力于为各类园区、工业、房地产及各类型建筑提供新能源冷热能源站建设以及节能舒适系统整体解决方案。铁鑫科技拥有现代化的大型生产基地及专业实验室，独立完成过多个大型低能耗建筑健康舒适系统的设计施工和产品供应。

（二）“地源热泵系统”助力碳达峰与碳中和

地源热泵（Ground Source Heat Pump），是以地源能（土壤、地下水、地表水、低温地热水和尾水）作为热泵夏季制冷的冷却源、冬季采暖供热的低温热源，同时是实现采暖、制冷和生活用热水的一种系统（图 12.5）。地源热泵通过输入少量的高品位能源（电能），即可实现能量从低温向高温热源的转移。在冬季，把土壤中的热量“取”出来，提高温度后供给室内用于采暖；在夏季，把室内的热量“取”出来释放到土壤中去，从而实现室内凉爽舒适。

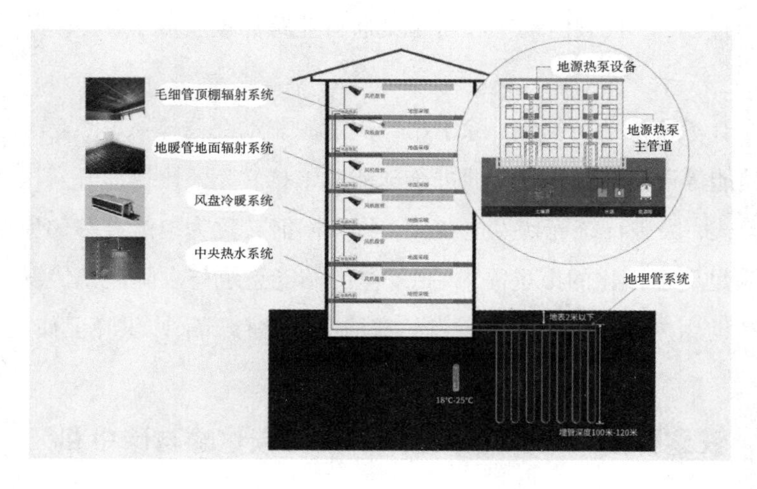

图 12.5　地源热泵系统

地源热泵系统冬季运行时，COP 约为 4.0，即投入 1kW 电能，可得到 4kW 以上的热能，夏季运行时，COP 约为 5.0，投入 1kW 电能，可得到 5kW 以上的冷量，能源利用效率为电采暖方式的 3～4 倍；并且热交换器不需要除霜，减少了结霜和除霜的用电能耗。比常规空气源空调节能 30%～50%。供热时没有燃烧过程，避免了排烟污染，供冷时省了冷却塔，避免了噪声及霉菌污染。

1. 三联供地源热泵

三联供地源热泵是在普通的地源热泵基础上发展起来的一项新技术，采用全热回收技术，实现制冷、采暖、生活热水一机三用（图 12.6）。

三联供地源热泵同普通地源热泵最主要的区别就是在热水能否在任何情况下都能稳定地提供，以铁鑫科技三联供为例，空调主机和末端联动，使用能方便，更节能。室内空调处于不运行状态，热泵主机自动处于待机状态，没有任何耗电。

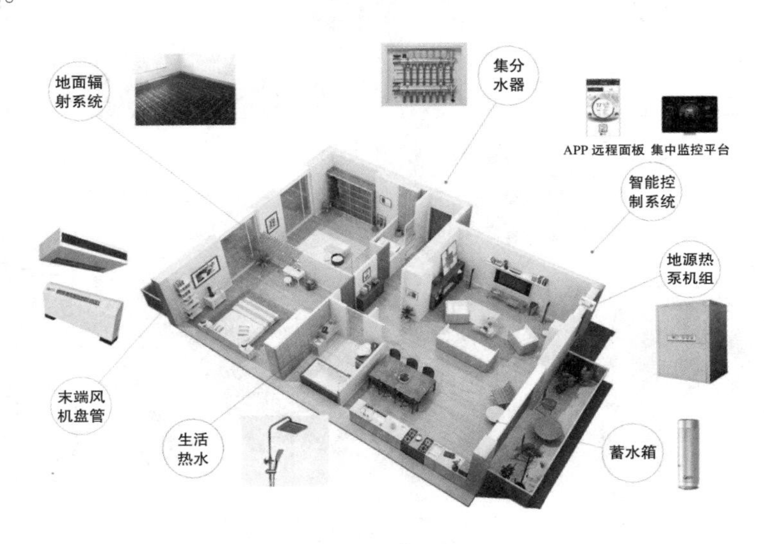

图 12.6　三联供地源热泵

相对于传统空调，三联地源热泵有它独特的优势，三联地源热泵可实现制冷和采暖，代替采暖锅炉加空调两套系统，比普通空调和采暖系统要节能 40% 以上，且对环境不会造成污染，而且还可以 24 小时提供热水。

2. 低能耗被动房五恒系统建筑

2018 年 12 月，铁鑫科技在山东省淄博市完成了一个低能耗被动房五恒系统建筑项目（图 12.7）。该项目荣获 2019 年度山东省第一批绿色建筑标识（三星级），被中国房地产业协会评为第十届“广厦奖”。

该项目由地源热泵为室内末端提供冷热源，末端采用毛细管辐射系统配置双冷源新风除湿机。该项目以被动式建筑技术为核心，配备五恒空调系统，以节能为基础、以舒适健康为目标，智能控制室内的温度、湿度和空气洁净度，能够使室内 24 小时保持恒温、恒湿、恒氧、恒洁、恒静的效果。

该项目采暖季每平方米每天平均耗电量为0.15千瓦时，制冷季每平方米每天平均耗电量为0.12千瓦时。与常规制冷采暖的能耗相比，平均节能量达到57%，大大降低了能耗。

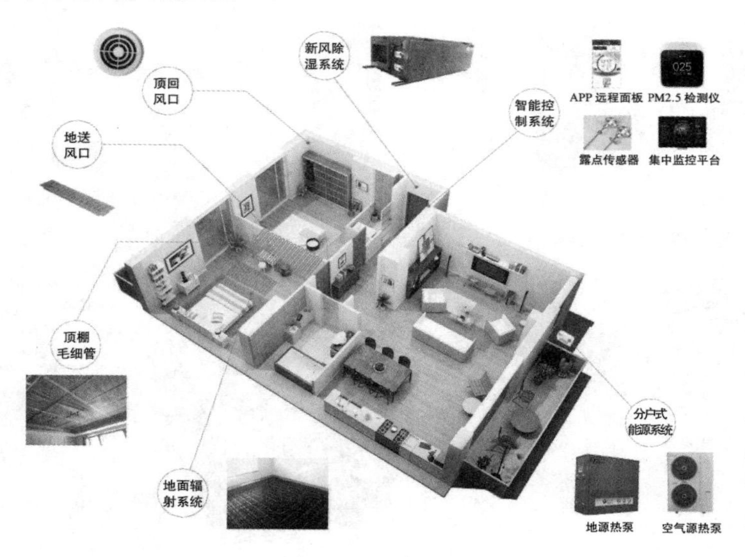

图12.7　五恒系统

该项目的节能效果明显，与常规的供暖制冷方式（城市热力+冷水机组）相比，年节能量为57%；与电锅炉+冷水机组相比，年节能量最高达到146%。污染物减排按每燃烧1吨CO_2-eq排放二氧化碳约2.6吨、二氧化硫约24千克、氮氧化物约7千克计算。该项目系统与常规的供暖制冷方式（城市热力+冷水机组）相比，每年可节约0.07万吨CO_2-eq，相当于每年减少二氧化碳约0.17万吨、二氧化硫约16吨、氮氧化物约4.68吨。

第三节　第三产业相关企业碳达峰与碳中和案例

本节主要介绍京东“青流计划”引领行业可持续发展、中国银行积极贯彻绿色发展战略、中国移动“三能六绿”新模式助力碳达峰与碳中和、华为持续推动零碳智能社会的建设等典型第三产业相关企业针对碳达峰与碳中和的具体案例。

一、京东“青流计划”引领行业可持续发展

（一）企业介绍

京东集团2007年开始自建物流，2017年4月正式成立京东物流集团，2021年5月，京东物流于香港联交所主板上市。京东物流是中国领先的技术驱动的供应链解决方案及物流服务商，以“技术驱动，引领全球高效流通和可持续发展”为使命，致力于成为全球最值得信赖的供应链基础设施服务商。

2017年，京东物流联合9家品牌共同发起绿色供应链行动——青流计划，通过京东物流与供应链上下游合作，探索在包装、仓储、运输等多个环节实现低碳环保、节能降耗。2018年京东集团宣布全面升级“青流计划”，从聚焦绿色物流领域，升级为整个京东集团可持续发展战略，从关注生态环境扩展到人类可持续发展相关的“环境（Planet）”“人文社会（People）”和“经济（Profits）”全方位内容，倡议生态链上下游合作伙伴一起联动，以共创美好生活空间、共倡包容人文环境、共促经济科学发展为三大目标，共同建立全球商业社会可持续发展共生生态。京东物流2030年减碳目标为：与2019年相比，到2030年碳排放总量减少50%；同时引入使用更多清洁能源，推广和使用更多可再生能源和环保材料，践行绿色环保措施。

（二）京东“青流计划”助力碳达峰与碳中和

多年来，京东充分发挥新型实体企业在构建绿色低碳商业模式上的独特优势，积极务实地打造“绿色基础设施+减碳技术创新”双核动力，在“仓储、运算、包装、运输”等环节释放出巨大的减碳效能；与此同时，京东携手产业链上下游合作伙伴，打破减碳创新举措的“孤岛”，实现整个供应链体系内的协同增效。

1. 绿色仓储

京东物流在一年内推进“亚洲一号”成为碳中和示范园区。西安灞桥“亚洲一号”智能产业园是西北地区规模最大的智能物流中心之一，建筑面积近30万平方米，园区内采用了大量立体堆垛存储技术、自动化分拣系统等设备，使得日均处理订单量超过50万件，覆盖在厂房屋顶的光伏发电设备和储能设备已经为园区提供源源不断的绿色能源。

京东物流作为国内建设分布式光伏能源体系的企业,上海亚洲一号实现了仓储屋顶分布式光伏发电系统应用。2017年，京东物流在上海亚洲一号智能物流园区布局屋顶分布式光伏发电系统，并在2018年正式并网发电，2020年发电量为253.8万千瓦时，相当于减少二氧化碳排放量约2 000吨，节约标准煤约800吨。截至2021年年底，全国京东物流智能物流园光伏电站装机总量达到100兆瓦以上。预计到2030年，将联合合作伙伴建设光伏发电面积达2亿平方米。

2. 绿色包装

京东作为国内首个全面推行绿色包装的物流企业，在包装设计和使用上始终以绿色可持续发展为宗旨，不断推进绿色包装项目落地，引领行业可持续发展。

在京东的智能化仓库里，通过磁悬浮打包机、气泡膜打包机、枕式打包机、对折膜打包机等18种智能设备组成的全链路智能包装系统，实现了针对气泡膜、对折膜、纸箱等各种包装材料的统筹规划和合理使用，可以极大地降低包装材料的消耗。京东的研发人员也将这套系统形象地命名为“精卫”，意在减碳措施需要点滴成渊、锲而不舍。在推动包装“瘦身”的同时，京东也在尽可能减少纸质包装箱的使用量。京东陆续在全国30多个城市常态化投入使用“青流箱”。这种循环快递箱由可复用材料制成，无须胶带封包，破损后还可以回收再生，正常情况下可以循环使用50次以上。青流箱无须胶带封包,在循环使用的同时可做到不产生任何一次性包装垃圾,并配合自行研发的循环包装管理系统，借助唯一码和RFID管理技术，实现循环包装全流程监控。而对于保温需求的生鲜商品,则全面使用可逆向回收循环使用的保温周转箱代替一次性泡沫箱,一个普通的保温周转箱在一年半的使用寿命期内可以循环使用130次。

3. 绿色运输

京东物流用了4年多的时间在全国7个大区、50多个城市投放了近12 000辆新能源车，在全国建设及引入充电终端数量1 600多个，每年能够减少约12万吨的二氧化碳排放。如今，从干线物流货车到终端的快递车，规模化的新能源车队覆盖了京东多种业务场景，其中在北京等重点城市，京东已经将自营城配车辆全部更换为新能源车辆。将燃油车替换为电动新能源车并不是终点，京东还在积极探索更多元的新能源车模式，以进一步降低二氧化碳的排放。

4. 绿色回收

京东物流启动纸箱回收活动；品牌商企业商品入京东物流仓库后，拆箱余下后的纸箱可二次打包使用；联合可口可乐、宝洁等公司利用各自领域内的全球优势资源，探索循环经济新模式；将纸箱循环可持续利用从生活方式上升至生活艺术。截至2021年6月，常温青流箱、循环生鲜保温箱等累计循环使用约2亿次。通过联动品牌商直发包装及纸箱循环利用，节省约100亿个快递纸箱，超过30万商家、亿万消费者参与其中。

二、中国银行积极贯彻绿色发展战略

（一）企业介绍

中国银行（Bank of China），于1912年2月5日正式成立，是中央管理的大型国有银行。机构遍及中国内地及境外62个国家和地区，旗下有中银国际、中银投资、中银基金、中银保险、中银航空租赁、中银消费金融、中银金融商务、中银香港等控股金融机构。

（二）中国银行全面践行绿色发展

中国银行大力发展绿色金融，以实际行动助力实现“双碳”目标。2021年，中国银行积极贯彻绿色发展战略，以境内商业银行为主体，充分发挥集团全球化、综合化经营优势，推动股、债、贷、投、保、租等绿色金融业务健康快速发展，并将绿色发展理念融入风险管理和自身运营。

1. 完善顶层设计

中国银行董事会定期审议绿色金融相关议题，在集团层面设立董事长任组长的绿色金融及行业规划发展领导小组，在执委会下设行长任主席的绿色金融委员会，总行设立专业的绿色金融团队。各层级、各部门相互协作，协同推进绿色金融工作。

在完善的治理架构下，中国银行通过建设政策体系和培训体系，为绿色发展保驾护航。2021年，中国银行制订了《“十四五”绿色金融规划》，并配套制订《服务“碳达峰、碳中和”目标的行动计划》，提出2021—2025年全集团绿色金融的量化战略目标、重点工作和配套措施，逐步搭建“1+1+N”绿色金融政策体系。同时，中国银行进一步完善绿色金融培训体系，推出涵盖8大模块、26门课程的绿色金融在线课程体系，且编写完成《中国银行绿色金融知识读本》。

2. 绿色金融业务丰富

2021年，中国银行持续加大境内绿色信贷投放力度，年末绿色信贷余额突破1.4万亿元，增速达57%。在业务快速发展的背后，是中国银行加强业务创新、为企业和社会绿色低碳发展提供新动能的责任担当。截至2021年年末，中国银行累计推出15个领域40余项绿色金融产品和服务。中国银行支持了世界最大光伏电站——阿布扎比1.5 GW太阳能光伏电站等一批标志性绿色项目。中国银行在绿色债券的发行、承销、投资方面均成绩斐然。2021年，中国银行发行了全球首笔金融机构公募转型债券、金融机构生物多样性主题绿色债券和可持续发展再挂钩债券。

"十四五"期间，中国银行计划对绿色产业提供不少于1万亿元的资金支持，实现绿色信贷占比逐年上升。境内对公绿色贷款余额占境内对公贷款的比例较"十三五"末提升不低于5个百分点，力争达到10个百分点。

3. 坚守自身绿色低碳责任

中国银行注重自身节能降耗管理，减少办公活动中各类资源损耗及废弃物产生，并已完成中国内地及境外62个国家和地区的逾1.1万家机构的运营碳盘查工作。

"十四五"时期，中国银行将加快行业授信结构调整，加强"高能耗、高排放"（以下简称"两高"）行业余额管控，境内对公"两高"行业信贷余额占比逐年下降，加大对减排技术升级改造、化石能源清洁高效利用、煤电灵活性改造等绿色项目的授信支持。从2021年第四季度开始，除已签约项目外，中国银行将不再向境外的新建煤炭开采和新建煤电项目提供融资。

三、中国移动"三能六绿"新模式助力碳达峰与碳中和

（一）企业介绍

中国移动通信集团有限公司（以下简称中国移动）是按照国家电信体制改革的总体部署，于2000年组建成立的中央企业。中国移动目前是全球网络规模最大、客户数量最多、品牌价值和市值排名位居前列的电信运营企业，注册资本3 000亿元人民币，资产规模超过1.7万亿元人民币，员工总数近50万人。中国移动位列2021年《财富》世界500强企业第56位。

（二）中国移动积极采取节能减排措施

中国移动作为中央企业，积极主动承担起相应的政治责任、经济责任和社会责任，自2007年以来连续14年开展"绿色行动计划"，加强管理和技术创新，控制企业能源消耗，推广信息化技术应用，推动社会绿色低碳发展。"十三五"期间，中国移动集团实施多项节能措施，累计节电近100亿度，减少二

氧化碳排放约630万吨，单位电信业务总量综合能耗累计下降86.5%；同时深化信息技术与千行百业的融合创新，助力社会减排量超过8亿吨。

1. 建设绿色通信基站

（1）引领硬件能效提升。“十三五”期间，通过新设计、新材料、新指标，引领产业不断降低设备功耗、提升设备能效。“十三五”期间基站设备满载功耗下降率超过20%。

（2）部署站点级节能技术。全网广泛开启4G 网络符号关断、通道关断、载波关断和5G网络亚帧静默、通道静默、深度休眠等节能功能。通过应用站点级节能技术，2020年4G网络节电约10.6亿度。

（3）实现基站网络级节能。研发基站网络级智能节能平台，在河南、江西、浙江、湖南规模部署验证，接入小区数超过40万个，节能效果显著。

2. 推动机房节能改造

自2017年开始，针对老旧通信机房启动专项节能改造，组织全集团因地制宜采用冷源优化、冷量分配优化、末端设备优化、湿膜加湿等措施，降低机房PUE，提升能效、节约用电。截至2020年年底，已完成超过2 200个通信机房的改造，每年节电约2亿度。

3. 提升新建数据中心能效

自2015年开始，积极采用安全可靠、高效经济、节能环保、灵活柔性的设计理念，不断加大节能措施应用力度，逐步提升新建数据中心能效批复标准，设计PUE从1.40下降到1.31。

4. 推广绿色包装

以金属托盘、环保纸箱、金属周转架等环保材料或可循环利用材料代替传统的木材包装，推进绿色包装的有效循环和重复利用，对特殊使用场景（林地、山地）的物资外包装开展虫害检疫环保认证跟踪。2020年主设备绿色包装应用比例为78%，节材16.4万立方米，可减少砍伐2 600亩松林。

5. 开展绿色宣传

中国移动连续多年开展“节能宣传周”等环保宣传活动，发布VR节能倡议书、分享节能最佳实践、访谈节能专家、展播绿色摄影作品、组织碳排放盘点，播种绿色发展梦想，传递低碳环保理念。

（三）中国移动碳达峰、碳中和行动计划

2021 年 7 月 15 日，中国移动联合产业链合作伙伴代表在京举行“C^2 三能——中国移动碳达峰、碳中和行动计划”发布会。C^2 即 C×C，体现了信息技术对经济社会节能减排的杠杆作用，也展示了助力实现碳达峰、碳中和需要把握其级联递进的内在关系，系统谋划设计，形成倍增效应（图 12.8）。

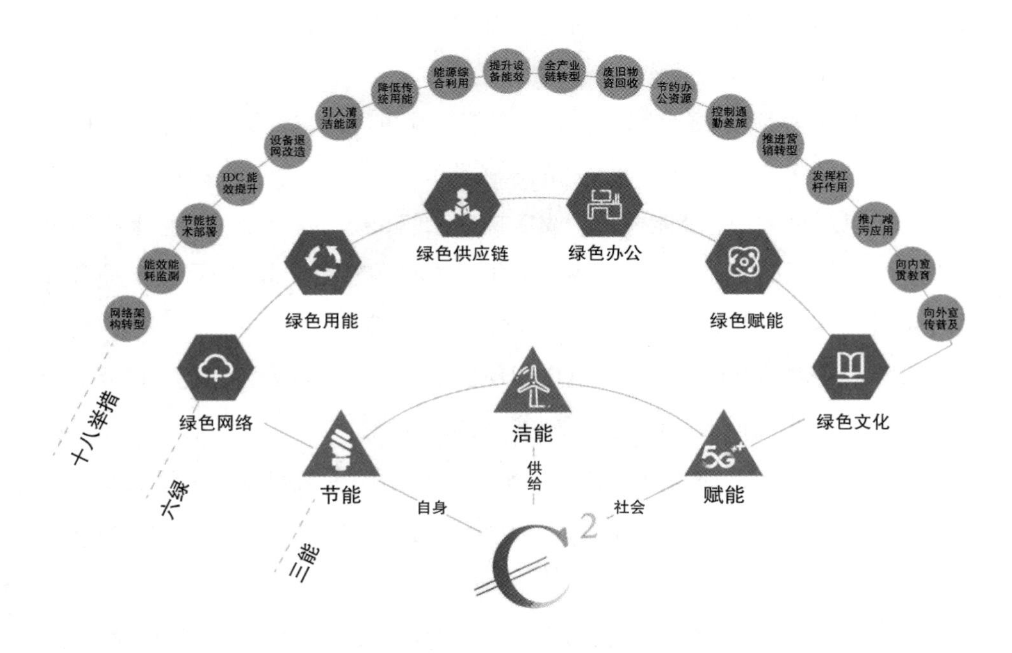

图 12.8　C^2 三能——中国移动碳达峰、碳中和行动计划

面对新形势新挑战，中国移动将“绿色行动计划”升级为“C^2 三能——中国移动碳达峰、碳中和行动计划”，创新构建“三能六绿”绿色发展模式，落实中央决策部署，助力实现碳达峰、碳中和目标。预计到“十四五”期末，单位电信业务总量综合能耗、单位电信业务总量碳排放下降率均不低于 20%，企业自身节电量较“十三五”翻两番、超过 400 亿度。

（四）中国移动构建“三能六绿”新模式

“C^2三能——中国移动碳达峰、碳中和行动计划”立足于绿色低碳发展理念，在守护绿水青山、建设美丽中国的宏大目标指引下，建立“三能六绿”绿色发展模式。

1.“三能”

“三能”是指节能、洁能、赋能三条行动主线。节能方面，全领域、全流程、全员挖潜，节约企业自身能耗；洁能方面，提高清洁能源供给比例，稳步降低传统用能；赋能方面，发挥信息技术杠杆作用，助力社会减排降碳。

2.“六绿”

“六绿”是指通过绿色网络、绿色用能、绿色供应链、绿色办公、绿色赋能、绿色文化等实现绿色低碳发展的六条路径。

（1）以绿色架构、节能技术为驱动打造绿色网络。持续推进网络架构绿色转型，健全能耗能效监测分析机制，深化无线网络节能技术部署，逐步提升数据中心能效水平，推进“一高一低”设备退网改造。

（2）以能源消费电气化、绿电应用规模化为目标推进绿色用能。积极引入清洁能源，稳步降低传统用能，推进能源综合利用。

（3）以科学制定设备节能技术规范、完善绿色采购制度为保障建设绿色供应链。不断提升网络设备能效，带动全产业链绿色转型，完善废旧物资回收利用。

（4）以线上化、低碳化为方向倡导绿色办公。节约办公生活资源，降低通勤差旅排放，推进营销绿色转型。

（5）以拓展信息服务应用、推广“智慧环保”解决方案为依托深化绿色赋能。发挥信息化技术降碳杠杆作用，推广污染防治领域信息化应用。

（6）以加强宣贯教育、弘扬绿色低碳理念为抓手创建绿色文化。开展系列内部宣贯教育，面向社会宣传绿色理念。

参考文献

[1] IPCC. Emission Scenarios. Cambridge: Cambridge University Press, 1994.

[2] 张燕龙，刘畅，刘洋. 碳达峰与碳中和实施指南[M]. 北京：化学工业出版社，2021.

[3] 光明网. 碳达峰和碳中和是什么关系[EB/OL]. https: //m.gmw.cn/2021-06/22/content_1302372363.htm? source=sohu? source=sohu.

[4]新浪网. 中央经济工作会议强调正确认识和把握碳达峰碳中和！哪些重要表述值得关注[EB/OL]. https: //finance.sina.com.cn/wm/2021-12-11/doc-ikyakumx3485669.shtml.

[5] 中国政府网. 中共中央 国务院关于完整准确全面贯彻新发展理念做好碳达峰碳中和工作的意见[EB/OL]. http: //www.gov.cn/zhengce/2021-10/24/content_5644613.htm.

[6] 国际节能环保网. 2020—2021 年中国碳排放快速增长，"十四五"减排难以达标？[EB/OL]. https: //huanbao.in-en.com/html/huanbao-2338998.shtml.

[7] 中国气象报. 多年冻土退化 水资源时空分布不均 极端天气增加 气候变化对我国重大工程的影响和挑战[EB/OL]. http: //www.cma.gov.cn/2011xwzx/2011xqxxw/2011xqxyw/ 201511/t20151102_296367.html.

[8] 中国科学院. 关于气候变化对我国的影响与防灾对策建议[EB/OL]. https: //www.cas.cn/zt/jzt/wxcbzt/zgkxyyk2008ndsq/ysyxb/200806/t20080604_2668381.shtml.

[9] 金融界. 碳中和特别专题："双碳"战略意义深远 能源转型势在必行[EB/OL]. http: //futures.jrj.com.cn/2021/06/09094332897946.shtml.

[10] 罗时. 中国碳达峰碳中和的必要性和战略意义[EB/OL]. https: //zhuanlan.zhihu.com/p/396331128.

[11] 吉林省政府发展研究中心. "十四五"时期我国碳达峰、碳中和政策规划及比较[EB/OL]. http: //fzzx.jl.gov.cn/gzdt/yjdt/202107/t20210729_8157473.html.

[12] 国际新能源网. 盘点 31 个省级行政区！"十四五"规划中的"双碳"[EB/OL]. https: //newenergy.in-en.com/html/newenergy-2411162.shtml.

[13] 金书秦，林煜，牛坤玉. 以低碳带动农业绿色转型：中国农业碳排放特征及其减排路径[EB/OL]. http: //www.scicat.cn/ll/20211225/121126.html.

[14] 中国碳排放交易网. 中国林业减缓气候变化的措施方法和途径[EB/OL]. http: //www.tanpaifang.com/tanhui/2012/0414/1154.html.

[15] 国家林业和草原局政府网. 碳达峰碳中和是林业发展的重要机遇[EB/OL]. https: //www.forestry.gov.cn/main/5383/20220113/100945892933219.html.

[16] 中国农业科学院. 着力构建畜牧业低碳发展长效机制[EB/OL]. https: //caas.cn/xwzx/mtbd/314659.html.

[17] 韩文科. 我国碳达峰碳中和实现路径及“十四五”能源发展 [EB/OL]. http: //www.71.cn/2022/0210/1158680_4.shtml.

[18] 米琪讲碳中和. 工业制造业如何实现碳中和? [EB/OL]. https: //zhuanlan.zhihu.com/p/424011996.

[19] 国家发展改革委员会. 国家发展改革委办公厅关于印发首批10个行业企业温室气体排放核算方法与报告指南(试行)的通知[EB/OL]. https: //www.ndrc.gov.cn/xxgk/zcfb/tz/201311/t20131101_963960.html? code=&state=123.

[20] 生态环境部. 关于统筹和加强应对气候变化与生态环境保护相关工作的指导意见[EB/OL]. http: //www.mee.gov.cn/xxgk2018/xxgk/xxgk03/202101/t20210113_817221.html.

[21] 国际新能源网. 各产业碳排放现状及科技支撑碳中和实现路径 [EB/OL]. https: //www.in-en.com/article/html/energy-2310690.shtml.

[22] 中国碳排放交易网. 部分国家及中国地方政府、行业和企业落实碳达峰、碳中和目标举措浅析 [EB/OL]. http: //www.tanpaifang.com/tanzhonghe/2021/0217/76733_3.html.

[23] 九派新闻. 加快建设低碳交通运输体系助力实现“双碳”目标 [EB/OL]. https: //baijiahao.baidu.com/s? id=1714741713189380470&wfr=spider&for=pc.

[24] 中国碳排放交易网. 近期中央和地方的“双碳”政策汇总盘点 [EB/OL]. http: //www.tanpaifang.com/tanzhonghe/2022/0201/82221.html.

[25] 南京市水务局.《关于推动城乡建设绿色发展的意见》文件解读 [EB/OL]. http: //shuiwu.nanjing.gov.cn/njsswj/202110/t20211027_3170414.html.

[26] 中国政府网. 建设更加绿色宜居的美丽城乡 [EB/OL]. http: //www.gov.cn/zhengce/2021-10/26/content_5644899.htm.

[27] 方精云. 中国及全球碳排放: 兼论碳排放与社会发展的关系 [M]. 北京: 科学出版社, 2018.

[28] 前瞻产业研究院. 一文了解全球碳达峰市场现状及碳中和发展规划, 碳排放大国逐步达峰 [EB/OL]. https: //www.qianzhan.com/analyst/detail/220/210716-eb0e630c.html.

[29] 世界资源研究所 (World Resources Institute). 6张图带你了解中国人均碳排放 [EB/OL]. https: //wri.org.cn/insights/data-viz-6-graphics-per-capita-emissions-china.

[30] 三个皮匠报告文库. 世界各国碳达峰碳中和时间表, 碳排放重要协议一览 [EB/OL].https: //www.sgpjbg.com/info/23226.html.

[31] 快资讯. 走进碳达峰碳中和丨碳达峰: 世界各国在行动[EB/OL]. https: //www.360kuai.com/pc/960e6d5d4064ee1fb? cota=4&kuai_so=1&tj_url=so_rec&sign=360_57c3bbd1&refer_scene=so_1.

[32] 新浪网. 碳中和系列报告之一: 全球碳中和政策梳理[EB/OL]. http://stock.finance.sina.com.cn/stock/go.php/vReport_Show/kind/search/rptid/666632170869/index.phtml.

[33] 知乎. 如何评价欧盟碳中和之路? [EB/OL]. https: //www.zhihu.com/question/473488766/answer/2014538583.

[34] 知乎. 国际主要碳交易市场经验系列 1: 全球碳市场发展史 [EB/OL]. https: //zhuanlan.zhihu.com/p/389129960.

[35] YUE Q, XU X, HILLIER J, et al. Mitigating Greenhouse Gas Emissions in Agriculture: From Farm Production to Food Consumption [J]. Journal of Cleaner Production, 2017,149: 1011-1019.

[36] 搜狐. 实现碳达峰、碳中和，农业农村要跟上！[EB/OL]. https: //www.sohu.com/a/503476009_121123767.

[37] 胡伟莹. 中国种植业碳排放现状及对策 [J]. 中外企业家，2014 (21): 33-34.

[38] MINASNY B, MALONE B P, MCBRATNEY A B, et al. Soil Carbon 4 Permille [J]. Geoderma, 2017,292: 59-86.

[39] 张书红. 浅谈低碳循环农业经济发展途径 [J]. 现代农村科技，2017 (3): 6-7.

[40] 冯木兴. 大力发展低碳循环农业努力实现生态与经济双赢 [J]. 中国农业信息，2014 (1): 238.

[41] EYRING V, GILLETT N P, ACHUTARAO K, et al. Human Influence on the Climate System. In Climate Change 2021: The Physical Science Basis. Contribution of Working Group I to the Sixth Assessment Report of the Intergovernmental Panel on Climate Change [J]. IPCC Sixth Assessment Report, 2021.

[42] 陈迎，辛源. 1.5℃温控目标下地球工程问题剖析和应对政策建议 [J]. 气候变化研究进展，2017，13 (04): 337-345.

[43] 朱建华，侯振宏，张小. 气候变化对中国林业的影响与应对策略 [J]. 林业经济，2009 (11): 78-83.

[44] 李佳轩. "双碳" 目标下金融支持地方林业碳汇发展的路径 [N]. 金融时报，2021-10-11 (010).

[45] 程毅明. 不同类型 CCER 林业碳汇项目碳汇供给成本及其敏感性分析 [D]. 杭州：浙江农林大学，2020.

[46] 王璐. 我国实行 REDD+融资机制可行性分析 [D]. 北京：北京林业大学，2013.

[47] 郝嘉伟，王冰，唐赛男，等. 林业碳汇项目类型特征及发展策略探析 [J]. 农业与技术，2020，40 (11): 86-87.

[48] 王丽华，许跃坤. 简析我国碳汇林发展现状 [J]. 阿坝师范学院学报，2021，38 (04): 66-73.

[49] 张艳，李锋，李援. 碳中和背景下林业碳汇市场及海南发展林业碳汇交易研究 [J]. 海南大学学报 (人文社会科学版)，2021，39 (03): 35-43.

[50] 龙飞，沈月琴，祁慧博，等. 基于企业减排需求的森林碳汇定价机制 [J]. 林业科学，2020，56 (2): 164-173.

[51] 刘珉，胡鞍钢. 中国打造世界最大林业碳汇市场 (2020—2060 年) [J/OL]. 新疆师范大学学报 (哲学社会科学版)，2022 (08): 1-15.

[52] 林文珍. 草业在畜牧业发展中的作用 [J]. 中国畜牧兽医文摘，2018，34 (04): 33.

[53] 于连超，张卫国，毕茜. 禁养区政策能实现环境保护和经济发展的双赢吗？[J]. 农村经济，2020 (06): 91-98.

[54] 中国农业科学院. 着力构建畜牧业低碳发展长效机制 [EB/OL]. https: //caas.cn/xwzx/mtbd/314659.html.

[55] 刘晓芳. 草业在畜牧业发展中的作用分析 [J]. 乡村科技，2019 (26): 19-20.

［56］中国科技网．碳中和目标下，生态草牧业何去何从？［EB/OL］．http: //www.stdaily.com/index/kejixinwen/202202/76371bc85a41442ba313ebe56c89bab1.shtml.

［57］光明网．用高质量绿色发展推进畜牧业碳达峰和碳中和［EB/OL］．https: //theory.gmw.cn/2021-04/10/content_34754862.htm.

［58］MARN J H，COALE K H，JOHNSON K S，et al. Testing the Iron Hypothesis in Ecosystems of the Equatorial Pacific Ocean［J］. Nature，1994,371（6493）：123-129.

［59］JIAO N，HERNDL G J，HANSELL D A，et al. Microbial Production of Recalcitrant Dissolved Organic Matter：Long-term Carbon Storage in the Global Ocean［J］. Nature Reviews Microbiology，2010,8（8）：593-599.

［60］ROTHMAN D H，HAYES J M，SUMMONS R E. Dynamics of the Neoproterozoic Carbon Cycle［J］. Proceedings of the National Academy of Sciences of the United States of America，2003,100（14）：8124-8129.

［61］MCLEOD E，CHMURA G L，BOUILLON S，et al. A Blueprint for Blue Carbon：Toward an Improved Understanding of the Role of Vegetated Coastal Habitats in Sequestering CO_2［J］. Frontiers in Ecology and the Environment，2011,9（10）：552-560.

［62］JIAO N，TANG K，CAI H，et al. Increasing the Microbial Carbon Sink in the Sea by Reducing Chemical Fertilization on the Land［J］. Nature Reviews Microbiology，2011,9（1）：75-75.

［63］JIAO N，WANG H，XU G，et al. Blue Carbon on the Rise：Challenges and Opportunities［J］. National Science Review，2018,5（4）：464-468.

［64］JIAO N，LIU J，JIAO F，et al. Microbes Mediated Comprehensive Carbon Sequestration for Negative Emission in the Ocean［J］. National Science Review，2020,7（12）：1858-1860.

［65］LUBCHENCO J，HAUGAN P M，PANGESTU M E. Five Priorities for a Sustainable Ocean Economy［J］. Nature，2020,88（5）：30-32.

［66］GAO K，MCKINLEY K R. Use of Macroalgae for Marine Biomass Production and CO_2 Remediation：A Review［J］. J Appl Phycol，1994（6）：45-60.

［67］ZHANG Y，ZHANG J，LIANG Y，et al. Carbon Sequestration Processes and Mechanisms in Coastal Mariculture Environments in China［J］. Science China Earth Sciences，2017，60：2097-2107.

［68］张永雨，张继红，梁彦韬，等．中国近海养殖碳汇形成过程与机制［J］．中国科学：地球科学，2017，47：1414-1424.

［69］SUI J，ZHANG J，REN S，et al. Organic Carbon in the Surface Sediments from the Intensive Mariculture Zone of Sanggou Bay：Distribution，Seasonal Variations and Sources［J］. Journal of Ocean University of China，2019,18：985-996.

［70］ZHANG D，TIAN X，DONG S，et al. Carbon Dioxide Fluxes from Two Typical Mariculture Polyculture Systems in Coastal China［J］. Aquaculture，2020.

［71］ZHANG D，TIAN X，DONG S，et al. Carbon Budgets of Two Typical Polyculture Pond Systems in Coastal China and Their Potential Roles in the Global Carbon Cycle［J］. Aquaculture Environment Interactions，2020,12：105-115.

[72] 董红敏，李云娥，陶秀萍，等. 中国农业源温室气体排放与减排技术对策［J］. 农业工程学报，2008，24（10）：269-273.
[73] 张凡，王树众，李艳辉，等. 中国制造业碳排放问题分析与减排对策建议［J/OL］. 化工进展，2022，41（03）：1645-1653.
[74] 汪旭颖，李冰，吕晨，等. 中国钢铁行业二氧化碳排放达峰路径研究［J］. 环境科学研究，2022，35（02）：339-346.
[75] 张伟宏. 碳排放挑战与中国建材行业的机遇［J］. 混凝土世界，2021（10）：30-37.
[76] 中国建材报. 中国建筑材料工业碳排放报告（2020 年度）［R］. https: //m.thepaper.cn/baijiahao_11876793.
[77] 柒国联军. 石化碳中和：我国化工行业碳排放现状面面观（6）［EB/OL］. http: //www.360doc.com/content/21/0917/21/71804609_996034419.shtml.
[78] 张文平. 基于情景分析的中国有色金属产业碳排放问题研究［D］. 北京：北方工业大学，2012.
[79] 庞凌云，翁慧，常靖，等. 中国石化化工行业二氧化碳排放达峰路径研究［J］. 环境科学研究，2022，35（02）：356-367.
[80] 搜狐. 走进碳达峰碳中和｜碳达峰：世界各国在行动［EB/OL］. https: //www.sohu.com/a/445563820_100188001.
[81] 新材料情报（NMT）. 可持续｜中国制造业成碳减排“主力军”［EB/OL］. https: //xw.qq.com/cmsid/20210513A0CB9000.
[82] 郭士伊，王颖. 工业实现“碳达峰、碳中和”的五大关键领域［EB/OL］. http: //www.goootech.com/topics/72010394/detail-10304486.html.
[83] 付华，李国平，朱婷. 中国制造业行业碳排放：行业差异与驱动因素分解［J］. 改革，2021（05）：38-52.
[84] 陶有生. “住”与“碳中和”［J］. 砖瓦，2021（11）：68-71.
[85] 郑新钰. 碳排放大户建筑业如何节能减排［N］. 中国城市报，2021-11-22（011）.
[86] 胡永红，赵玉婷. 建筑环境绿化的功能和意义［J］. 上海建设科技，2003（05）：39-41.
[87] 闫辉，刘惠艳，邱若琳，等. 基于逐步回归的建筑业碳排放影响因素分析［J］. 工程管理学报，2021，35（02）：16-21.
[88] 绿色建筑研习社. 中国建筑能耗研究报告（2020）［EB/OL］. http: //www.gba.org.cn/h-nd-1489.html.
[89] 马勇. 建筑行业碳中和目标的实现路径探讨［J］. 居舍，2021（33）：14-16.
[90] 李怡德. 基于短期碳生产模型的电力行业碳排放权价值评估研究［D］. 南昌：江西财经大学，2021.
[91] 申杨硕. 我国发电侧 减排途径分析及其优化模型研究［D］. 北京：华北电力大学，2013.
[92] 王天庆. 安徽省电力行业碳持放脱钩效应及影响因素研究［D］. 合肥：合肥工业大学，2021.
[93] 卢灿. 1.5 约束下中国电力行业碳达峰后情景及效应研究［D］. 北京：华北电力大学，2020.
[94] 喻小宝，郑丹丹，杨康，等. “双碳”目标下能源电力行业的机遇与挑战［J］. 华电技术，2021，43（6）：21-32.

[95] 能源界."后疫情时代"我国电力产业转型的新思考[EB/OL]. http: //www.nengyuanjie.net/article/53587.html.

[96]腾讯网."中国加速迈向碳中和"电力篇:电力行业碳减排路径[EB/OL]. https://new.qq.com/omn/20210914/20210914A07DF900.html.

[97] 腾讯网. 道路交通运输行业"双碳"行动策略与实施路径[EB/OL]. https: //new.qq.com/omn/20220118/20220118A0BMZF00.html.

[98] 李晓易,谭晓雨,等. 交通运输领域碳达峰、碳中和路径研究[J]. 中国工程科学,2021,23(6): 15-21.

[99] 赵艳丰,沈海滨. 零售企业如何打造低碳供应链[J]. 世界环境,2014(02): 49-51.

[100] 于颖. 提升我国低碳零售业发展水平的路径研究[J]. 中国商贸,2014(01): 81-83.

[101] 翟红华. 国内零售业低碳化经营现状及对策[J]. 当代经济,2013(10): 8-9.

[102] 尹政平,王超萃. 我国发展低碳超市面临的问题与对策研究[J]. 价格理论与实践,2012(03): 75-76.

[103] 陈葆华,任广新. 浅析零售业低碳经营[EB/OL]. https: //mq.mbd.baidu.com/r/CdGxCBF5CM? f=cp&u=4d84b8abc71b36f6.

[104] 中国连锁经营协会. 2017年中国零售业节能环保绿皮书[EB/OL]. https: //mbd.baidu.com/ma/s/RWxIxCqh.

[105] 张红霞,苏勤,陶玉国. 住宿业节能减碳研究进展及启示[J]. 地理科学进展,2017,36(06): 774-783.

[106] 陈芹,梅洪常. 低碳城市建设中的低碳餐饮实现机制研究:以重庆市为例[J]. 江苏商论,2016(12): 3-6.

[107] 徐峰. 低碳酒店研究与实践[M]. 杭州:浙江工商大学出版社,2014.

[108] 黄亚芬,全华."低碳餐饮"的实现机制研究:基于餐饮企业经营者视角[J]. 特区经济,2014(03): 107-109.

[109] 曹进冬. 餐饮业的绿色与低碳之路[J]. 青海科技,2013(06): 47-49.

[110] 张岳军,方法林. 低碳餐饮的内涵分析及实现途径[J]. 扬州大学烹饪学报,2012,29(03): 51-55.

[111] 邢园通. 我国批发零售和住宿餐饮业碳排放影响因素及区域差异分析[D]. 天津:天津理工大学,2020.

[112]中国经济社会大数据研究平台. 中国能源统计年鉴[EB/OL]. https://data.cnki.net/yearbook/Single/N2021050066.

[113] 中国碳排放交易网. 酒店餐饮服务行业正在成为城市中的碳排放大户[EB/OL]. http: //www.tanpaifang.com/jienenjianpai/2013/0617/21344.html.

[114] 农村金融时报编辑部. 激活"瑞市场"的金融功能应成为金融业的重要课题[N]. 农村金融时报,2021-08-16(A02).

[115] 陶凤,吕银玲. 8494万吨!全国碳市场交出百日成绩单[N]. 北京商报,2021-12-14.

[116] 周宏春. 碳金融发展的理论框架设计及其应用探究[J]. 金融理论探索,2022(01): 10-18.

［117］陈邦丽，徐美萍．中国碳排放影响因素分析：基于面板数据 STIRPAT-Alasso 模型实证研究［J］．生态经济，2018，34（01）：20-24+48．

［118］孙天印，祝韵．金融机构碳核算的发展现状与建议［J］．清华金融评论，2021（04）：55-58．

［119］汪惠青，李义举．金融支持碳达峰、碳中和的国际经验［J］．中国外汇，2021（09）：20-22．

［120］中国节能协会碳中和专业委员会．推动实现碳达峰、碳中和加快构建以新能源为主体的新型电力系统［EB/0L］．http：//wwwacet-ceca.com/pro_desc/10075.html．

［121］中国电信研究院．国内电信运营商碳达峰及碳中和实现分析［EB/OL］．https：//zhuanlan.zhihu.com/p/403794168．

［122］北极星环保网．碳达峰目标、碳中和愿景所带来的挑战与机遇［EB/OL］．https：//huanbao.bjx.com.cn/news/20211029/1184559.shtml．

［123］中商产业研究院．国家统计局：中国信息技术产业蓬勃发展 动力强劲［EB/OL］.https：//www.askci.com/news/chanye/20200201/0946011156568.shtml．

［124］中国电力网．以信息通信产业优势助推实现碳达峰碳中和目标［EB/OL］．http：//www.chinapower.com.cn/dlxxh/xxh/20210409/64616.html．

［125］新京报．信息产业可提前实现碳中和［EB/OL］．https：//baijiahao.baidu.com/s?id=1695611404145608214&wfr=spider&for=pc．

［126］王群伟，周小勇，等．绿色低碳引领信息通信相关产业高质量发展［EB/OL］.http：//www.tanpaifang.com/tanguwen/2022/0104/81655.html．

［127］百度百科．清洁能源技术［EB/OL］.https：//baike.baidu.com/item/%E6%B8%85%E6%B4%81%E8%83%BD%E6%BA%90%E6%8A%80%E6%9C%AF/1266275? fr=alad-din．

［128］中国绿发会．周宏春：碳达峰碳中和需要创新驱动和技术支撑［EB/OL］．https：//baijiahao.baidu.com/s? id=1715286512073455342&wfr=spider&for=pc．

［129］中国核电网．林伯强：推进碳中和需要发展核电［EB/OL］．https：//www.cnnpn.cn/article/24329.html．

［130］林伯强．中国碳中和视角下，如何发展 CCUS 技术｜能源思考［EB/OL］．https：//www.yicai.com/news/101083782.html．

［131］贤集网．一文了解碳中和背景下的 CCUS，二氧化碳捕集利用与封存减排［EB/OL］.https：//www.xianjichina.com/news/details_277081.html．

［132］全国能源信息平台．碳管控形势下 CCUS 技术的应用建议［EB/OL］．https：//baijiahao.baidu.com/s? id=1685766041784524932&wfr=spider&for=pc．

［133］中国能源网．储能技术发展现状与趋势［EB/OL］．http：//www.cnenergynews.cn/chuneng/2020/10/20/detail_2020102080340.html．

［134］中电传媒数据研发中心&全球能源互联网研究院有限公司．储能在新型电力系统中的战略定位［EB/OL］．https：//xueqiu.com/9331049986/178822445．

［135］搜图网．储能技术对实现碳达峰、碳中和目标可以发挥什么作用?［EB/OL］．https：//www.aisoutu.com/a/1098281．

［136］张彩平，吴延冰，宋开阳．中国碳交易市场发展现状及未来展望［J］．价值工程，2019，

38（23）：294-297.
[137] 周健，邓一荣，庄长伟．中国碳交易市场发展进程、现状与展望研究［J］．环境科学与工程，2020，45（09）：1-4.
[138] 聂兵，史丽颖，任捷，等．碳普惠制的创新及应用［C］//温室气体减排与碳市场发展报告（2016）．北京：世界知识出版社，2016.
[139] 人民日报．截至2021年底全国新能源汽车保有量达784万辆［EB/OL］．http://www.gov.cn/xinwen/2022-01/12/content_5667734.htm.
[140] 前瞻研究院．行业深度！一文带你详细了解2021年中国电动汽车换电行业市场现状、竞争格局及发展趋势［EB/OL］．https://bg.qianzhan.com/trends/detail/506/220216-16782455.html.
[141] 高德地图．2021年度中国主要城市交通分析报告［EB/OL］．http://www.199it.com/archives/1381053.html.
[142] 36氪．以北斗智能物联践行碳中和政策，我们做了这些事情［EB/OL］．https://36kr.com/p/1392606582179203.
[143] 碳足迹，道和环境与发展研究所．碳足迹计算器［EB/OL］．http://2018.carbonstop.net/carbon_calculator/school/.
[144] 邢晓迪．我国低碳经济发展中的公众参与研究［D］．南京：南京工业大学，2012.
[145] 中国碳排放网．服装碳排放指数［EB/OL］．http://www.tanpaifang.com/tanguwen/2013/0401/19029_2.html.
[146] Our World in Data Emissions by Sector［EB/OL］．https://ourworldindata.org/emissions-by-sector.
[147] 江西省人民代表大会常务委员会．关于支持和保障碳达峰碳中和工作促进江西绿色转型发展的决定［N］．江西日报，2021-11-22（014）.
[148] 鲍健强，蒋惠琴，苗阳，等．浙江能否成为“碳达峰、碳中和”先行省［J］．浙江经济，2021，（02）：17-21.
[149] 卞勇．粤港澳大湾区率先实现碳中和方略［J］．开放导报，2021（03）：105-112.
[150] 刘雅静．“碳达峰、碳中和”目标的实现逻辑：基于政府、市场与社会三元驱动的视角［J］．中共山西省委党校学报，2022，45（01）：59-65
[151] 宋国恺．中国落实碳达峰、碳中和目标的行动主体及实现措施［J］．城市与环境研究，2021（04）：47-60.
[152] 王灿，张雅欣．碳中和愿景的实现路径与政策体系［J］．中国环境管理，2020，12（06）：58-64.
[153] 许丁，张卫民．基于碳中和目标的森林碳汇产品机制优化研究［J］．中国国土资源经济，2021，34（12）：22-28+62.
[154] 智慧，牛迪凡．山西实现碳达峰碳中和的几点思考［J］．三晋基层治理，2021（06）：97-100.
[155] 陕西省生态环境厅．牢记“国之大者”坚持稳中求进扎实推进陕西碳达峰碳中和工作［EB/OL］．http://sthjt.shaanxi.gov.cn/dynamic/zhongs/2022-03-01/77324.html.
[156] 湖南省工业和信息化厅．中共湖南省委湖南省人民政府关于完整准确全面贯彻新发展理念

做好碳达峰碳中和工作的实施意见［EB/OL］. http: //gxt.hunan.gov.cn/gxt/xxgk_71033/tzgg/202203/t20220321 22709872.html.

［157］羊城晚报. 广东 2030 年前实现碳达峰委员建议尽快制定实方案［EB/OL］. https: //www.sohu.com/a/513011677_119778.

［158］波士顿咨询公司（BCG）. 企业碳中和路径图：落实巴黎协定和联合国可持续发展目标之路［EB/OL］. https: //www. 163.com/dy/article/GO7UIV850511B3FV.html.

［159］中国农资导报网. 先正达集团中国润田项目助力农业可持续发展［EB/OL］. http: //www.nzdb.com.cn/qy/20210712/270951.html.

［160］世界农化网. 先正达集团中国实施“润田项目”减少农业碳足迹［EB/OL］. https: //cn.agropages.com/News/NewsDetail-24875.htm.

［161］先正达集团中国. 这项目，我们和联合国开发计划署、农业农村部共同推动［EB/OL］. https: //syngentagroup.cn/stories/8.html.

［162］中国网. 中利万农“智能光伏+科技农业”实现创新突破［EB/OL］. http: //finance, china.com.cn/roll/20161025/3954275.shtml

［163］快资讯. 解困占地瓶颈光伏农业助力碳达峰碳中和［EB/OL］. https: //www. 360kuai.com/pc/9bedf2c800f7ada23? cota=3&kuai_so=1&sign=360_57c3bbd1&refer_scene = so_1.

［164］齐鲁晚报网. 伊利股份成为国家农业农村碳达峰碳中和科技创新联盟唯一乳企［EB/OL］. https: //baijiahao.baidu.com/s? id=1727426491992748146&wf =spider& for =pc.

［165］伊利官网. 第二十七次乳协年会召开，伊利绿色产业链铸就美好生活［EB/OL］.https: //www.yili.com/cms/rest/reception/articles/show? id=2694.

［166］伊利官网. 伊利率先承诺实现碳中和，做好绿色发展的“加减法”［EB/OL］. https: //www.yili.com/cms/rest/reception/articles/show? id=2620.

［167］伊利官网. 夏季达沃斯的伊利声音：共建全球健康生态图践行绿色可持续发展［EB/OL］. https: //www.yilicom/cms/rest/reception/articles/show? id=2466

［168］伊利官网. 世界环保大会连续六次授予伊利“国际碳金奖”［EB/OL］. https://www.yili.com/cms/rest/reception/articles/show? id=2368

［169］国际电力网. 首份发电央企碳达峰行动方案公布，华电集团计划 2030 年非化石能源装机占比达到 65%［EB/OL］. https: //power.in-en.com/html/power- 2391557.shtml.

［170］中国华电集团有限公司.［全国两会精神进基层系列报道之二］华电浙江公司聚力“双碳”目标，打造绿色发展“示范窗口”［EB/OL］. http: //www.chd.com.cn/site/2/ 2022-03-21/884e8fb8243c4e2b95e5ddb251061cd5.html.

［171］国家能源集团. 国家能源集团：发挥煤电支撑作用推动绿色低碳发展［EB/OL］.https: //www.ccic.com/gjnyjtww/chnjtyw/202203/7341dce2d7fd4f43a7515d36289cf3c7.shtml.

［172］中国经济网. 国家电网为实现“碳达峰、碳中和”目标贡献智慧力量［EB/OL］. http: //views.ce.cn/view/ent/202102/23/t20210223 36331103.shtml.

［173］国务院国有资产监督管理委员会. 国家电网公司发布“碳达峰、碳中和”行动方案［EB/OL］. http: //www.sasac.gov.cn/n2588025/n2588124/c17342704/content. Html.

[174] 北极星火力发电网. 中国宝武：力争 2023 年实现碳达峰、2050 年实现碳中和 [EB/OL]. https: //news.bjx.com.cn/html/20210121/1131181.shtml.

[175] 腾讯新闻. 中国宝武发起设立全球低碳冶金创新联盟公布低碳冶金技术路线图 [EB/OL]. https: //new.qq.com/omn/20211118/20211118A09MCG00.html.

[176] 中国宝武钢铁集团有限公司. 湛江钢铁零碳示范工厂百万吨级氢基竖炉开工 [EB/OL]. http: //www.baowugroup.com/media_center/news_detail/233109.

[177] 中国宝武钢铁集团有限公司. 矿业：亚洲首家发布矿产品碳足迹数据 [EB/OL]. http: //www.baowugroup.com/media_center/news_detail/233352.

[178] 水泥网. 看华润水泥如何助力实现"碳达峰、碳中和"目标! [EB/OL]. https: //www.ccement.com/news/content/19064001464795001.html.

[179] 中国碳排放交易网. 中石油、中石化两大石油公司"十四五"双双发力碳达峰 [EB/OL]. http: //www.tanpaifang.com/tanguihua/2021/0402/77331.html.

[180] 中国石油天然气集团有限公司. 瞄准瑞达峰布局风光电：大港油田整合资源打造绿色低碳油田 [EB/OL]. http: //www.cnpc.com.cn/cnpc/mtjj/202106/cb568cdaffd44bc3a016 eb78ce964a07.shtml.

[181] 国际节能环保网. 中石化再推进碳中和、碳排放达峰战略目标及路线图制定 [EB/OL]. https: //huanbao.in-en.com/html/huanbao-2336104.shtml.

[182] 中国石化. 荆州采油厂应用智能装置实现节能减排 [EB/OL]. http: //www.sinopecgroup.com/group/xwzx/gsxw/20220422/news_20220422_322146149848.shtml.

[183] 中国石化. 江苏油田布局新能源"风光"向"绿"行 [EB/OL]. http: //www.sinopecgroup.com/group/xwzx/gsxw/20220418/news_20220418_361407242249.shtml.

[184] 中国建筑股份有限公司. [碳索建行] 中建五洲"踏风"而行阔步迈向"双碳"目标 [EB/OL]. https: //www.cscec.com.cn/zgjz_new/xwzx_new/zqydt_new/202204/3510354.html.

[185] 客车网. 比亚迪启动碳中和规划研究用技术创新助力零碳目标 [EB/OL]. https: //www.chinabuses.com/buses/2021/0201/article_97436.html.

[186] 江苏铁鑫能源科技有限公司. 什么是三联供地源热泵 [EB/OL]. http: //www.jstiexin.com/newsshow/97.html.

[187] 京东物流. 绿色创新 [EB/OL]. https: //www.jdl.com/innovation.

[188] 中国银行. 构建绿色金融"一体两翼"格局全面践行绿色发展 [EB/OL]. https: //www.bankofchina.com/aboutboc/bi1/202203/t20220328_20928449.html? keywords=%E7% BB%BF%E8%89%B2%E9%87%91%E8%9E%8D%E4%BA%A7%E5%93%81.

[189] 中国银行. 中国银行制定《中国银行服务"碳达峰、碳中和"目标行动计划》[EB/OL].https: //www.bankofchina.com/aboutboc/bi1/202109/t20210924 20085963.html? kcywords=%E7%BB%BF%E8%89%B2%E9%87%91%E8%9E%8D%E4%BA%A7%E5%93%81.

[190] 知乎. 中国移动"碳中和"行动方案! [EB/OL]. https: //zhuanlan.zhihu.com/p/ 393682834.

[191] 人民网. 中国移动启动碳达峰碳中和行动计划 [EB/OL]. http: //hi.people.com.cn/n2/2021/0720/c231190-34828986.html.